密集市街地の防災と住環境整備

実践にみる15の処方箋

UR密集市街地整備検討会 = 編著

学芸出版社

はじめに

　日本列島は、毎年のように大地震などの自然災害に見舞われています。最前線で市街地整備に関わってきた UR は、復興支援に組織を上げて取り組んでいますが、このなかで、災害がもたらす住民、社会、まちへの爪痕をつぶさに見てきました。その経験から、災害に強い安心・安全のまちづくりを進める意義を強く感じているところです。

　とりわけ、戦後最大級の都市型災害をもたらした阪神・淡路大震災では、都市部に広がる密集市街地の防災面の脆弱さが浮き彫りになり、密集市街地の改善は喫緊の都市課題となっています。

　遡れば、UR（日本住宅公団、住宅・都市整備公団、都市基盤整備公団を経て現在の UR へ）は、高度成長に伴う都市圏への急速な人口流入に対応するため、工場跡地や公的用地などの土地利用転換による住宅供給を使命としてスタートしました。UR の密集市街地整備の取り組みは、それら住宅の周辺に広がる市街地の防災性を向上させ、住環境を改善することから始まりました。そして、阪神・淡路大震災を契機として、政策的に密集市街地の防災性向上の重要性が増すなか、UR も政策執行機関として密集市街地での取り組みを強化して今日に至っています。

　これらの実践を通して、密集市街地を改善するには、防災性の課題　〜これは日々の暮らしの中では実感しにくいものですが〜　について住民の皆さんと理解を深めていきながら、同時に、住み心地の良い市街地を追及する、というアプローチが大切であると考えています。本書を「防災」と「住環境」を冠するタイトルとした意図もここにあります。

　本書の特徴は、15 の地区について、UR が取り組むことになったきっかけ、防災性や住環境の向上をどうやって実現してきたのかを紹介している点です（第 3 章）。その中では、担当者の悩みや苦労にも触れて、リアルな現場感が伝わるようにしました。この中から見出した進め方や課題の解決方法を、副題にある「15 の処方箋」として読者の皆様に読み取っていただければ幸いです。

　そして、実例の紹介に先立って密集市街地整備の全体像を俯瞰し、密集市街地の問題点、政策的な流れと UR の取り組みの変遷を振り返り（序章・第 1 章）、また、これら 35 年の実践経験に基づき、フェーズごとの担い手と住民との関

係・アプローチの方法を主な切り口としながら、事業論としての一般化を試みています(第 2 章)。この事業論で密集市街地整備の考え方を捉えていただくことで、第 3 章にある具体地区の実践も、より俯瞰的に読みとっていただけるのではないかと考えています。

　密集市街地の課題は、高齢化や若手不足による地域の担い手の減少など、防災面に限られるものではありません。密集市街地の目指す姿は、市街地の安全性が確保され、日常の中で住み心地が良い暮らしが持続するまちであろうと考えています。第 4 章では、座談会という形で住吉洋二先生、高見沢実先生から、歴史を振り返りながら今後の展望を語っていただきました。

　密集市街地整備に関わる地域のリーダーを始めとする住民の方々、防災行政を担う地方公共団体の職員、まちづくりを業とするコンサルタントや開発事業者、まちづくりを研究又は学ぶ方などにとって、密集市街地整備に取り組む際の手がかりとして本書が一助になることを願っています。

2017 年 9 月

独立行政法人都市再生機構　副理事長　石渡 廣一

目次

第 4 章　これからの密集市街地整備　₂₆₇

座談会：これからの密集市街地整備というまちづくり　₂₆₈

密集市街地の成り立ち

1948 年に撮影された東京都墨田区京島地区。
空襲による焼失を免れたエリアは、狭い道路や建物がそのまま残っている。

鳥の目、猫の目で見る
密集市街地の今

細い路地、入り組んだ路地、行き止まりの路地

コミュニティ・文化の継承

阪神・淡路大震災（提供：朝日新聞社）

災害時の危険性

密集市街地は、災害時の避難・救助の動線となる道路や、延焼をくい止める公園・広場といった都市基盤が脆弱である。下町らしい路地の入り組む街並みも、大地震や火災が起きた際にはすべてを失う危険性をはらんでいる。

阪神・淡路大震災　神戸市長田区

熊本地震　熊本県益城町（２枚とも）

糸魚川市大規模火災　新潟県糸魚川市（提供：糸魚川市消防本部（２枚とも））

総合的な取り組みによる防災と住環境

大学跡地にUR賃貸住宅の整備と併せて、防犯機能や生活支援施設を整備。災害時に機能する都市計画道路をURが区に代わって施行し、6年間で完遂。その後の住民主体のまちづくりへの発展に繋がった。

上馬・野沢周辺地区（p.90）

6m幅員の一方通行道路

16mに拡幅した緊急輸送道路
都市計画道路補助209号線（明薬通り）

整備前の道路

拡幅して歩道を確保

整備前の道路

拡幅して歩道を確保

一時避難場所として整備した世田谷ティーズヒル

高齢者・子育て支援施設

周辺に開放された通り抜け通路

地域住民の交流を生む生活支援施設

従前居住者の生活再建に配慮した市街地の整備

地区ごとの整備課題、各住民の意向や課題に丁寧に対応しながら、自治体とも連携して、最適な事業手法を選び、柔軟に組み合わせることで生活再建を実現し、市街地の改善を実現している。

根岸三・四・五丁目地区（p.238）

狭隘な行き止まり道路

拡幅して行き止まりを解消

従前居住者のための賃貸住宅〈コンフォール根岸〉

共用廊下（夕涼みコーナー）

まちなみに配慮したエントランス

室内（洋室）

地域の交流拠点と一体となった従前居住者のための賃貸住宅〈コンフォール町屋〉

整備前の道路

6m に拡幅した道路

京島三丁目地区 (p.214)

整備前の長屋

防災街区整備事業により共同化した〈スプラウト曳舟〉

地区内に整備した避難経路

阪神淡路大震災と共同再建事業 (p.172)

震災前のまちなみを継承した路地上通路と引戸

コミュニティ広場を囲んだ共同化建物〈東尻池コート〉

整備前の道路

防災街区整備事業により拡幅した道路

防災街区整備事業により整備された防災建築物
〈パークプラザ門真本町〉

アースカラーを基調としたまちなみ

都市計画道路の整備

高規格の道路整備とあわせ沿道の耐震化・不燃化が進むことで延焼遮断と災害時の避難・救助の円滑化がなされる。

緊急輸送道路として整備した補助 209 号線と沿道のにぎわい形成　上馬・野沢周辺地区（p.90）

防災環境軸として整備した補助 138 号線と不燃化が進む沿道建物　西新井駅西口周辺地区（p.102）

生活道路の整備

いざという時の避難路のネットワークを形成するだけでなく、普段の生活環境、生活利便性の向上にも寄与している。

整備前の道路

課題であったクランク部の拡幅　太子堂・三宿地区（p.250）

共同化により拡幅した道路　京島三丁目地区（p.214）

整備前の道路

防災公園整備により拡幅した道路　西ヶ原地区（p.112）

整備前の道路

防災公園・広場の一体整備

避難場所や災害時の拠点として機能する公園や広場を周辺市街地と一体的に整備している。

日常的に地域住民に親しまれている防災公園〈西ヶ原みんなの公園〉　西ヶ原地区（p.112）

地元住民とのワークショップをもとに計画〈西ヶ原みんなの公園〉（p.112）

再開発により整備した広場〈イーストコア曳舟〉 曳舟駅前地区（p.122）

防災広場として整備した〈フレンド公園〉 西新井駅西口周辺地区（p.102）

かまどベンチ

マンホールトイレ

防災井戸

序

密集市街地整備の変遷とまちづくり

高見沢 実

1. はじめに

　「密集市街地整備」というまちづくりについて考えるにあたって、そのような
テーマがなぜ重要なのか、どのように重要なのかを整理してみる。ここで言う
「密集市街地」とは、日本で一般的な低層木造高密度住宅地をイメージしている。

(1) 密集市街地の特徴・利点・課題

　そもそもなぜ密集市街地があるのか。それはどのような市街地であると記述
できるのか。

　第一に、地理的あるいは地理学的にみると、そこは一般に都市機能が集中し

多様な雇用が発生する都心部の周辺に形成されやすい。アーネスト・バージェスがモデル化した「同心円理論」においては「遷移地帯」と表現された小さな工場や倉庫、商店などの雑多な用途が混み合う場所で、都市にやってきただれもが住める、勤務地に近い場所である。特に高齢者や外国人、若年単身者には魅力的な場所となる。「同心円理論」ではその外側に「労働者住宅街」が取り巻いているが、地理的には「遷移地帯」と「労働者住宅街」を合わせたあたりに密集市街地は対応している。ただしバージェスのモデルは1920年代のシカゴをベースにしているので、日本の状況に即して捉える必要はあるだろう。

第二に、これは日本の特徴と考えられるが、密集市街地を構成する建物は木造である場合が多く、狭い敷地に低層木造住宅が集積している。道路基盤も脆弱なため、さらに密集感は高まる。ただし、その独特な空間は温かみもあり、ただちに問題であるとはいえない。むしろ、長期的にみればそうした空間の特徴をさらに増進するような工夫も必要だろう。

第三に、都市全体の観点からみると、都心部周辺はもっと高度に利用すべきなのに密集市街地は非効率な利用がされているとの指摘もある。特にサラリーマンが次第に遠距離通勤を強いられる大都市においては、こうした議論が起こりやすい。ただしこの種の議論も、人口減少時代に入りあまり大きなテーマにはならない可能性がある。

第四に、「温かみがある空間」などと言っているが一旦大地震が起これば多大な犠牲が出るから、そうならないうちになんとか問題解決すべきとの政策的な観点が強まっているのが密集市街地である。

第五の特徴は、特に東京大都市圏の密集市街地については、家主が地域に住んでいる場合が多く地域管理力が高いことが挙げられる。特に近年「エリアマネジメント」が注目されるなかで、この特徴については再度認識する必要がある。

第六に、これは密集市街地に限ったテーマとも言い切れないが、新しい住まい方、暮らし方、働き方について捉え直す、あるいは密集市街地ならではの特質・特徴を踏まえて考えることは重要である。とりわけ地域の「価値向上」が大切と近年言われている。そのとき、向上すべき「価値」とは何か。どのような整備によりそれは可能になるかがポイントになる。ある意味それは「考える」というよりも、すでに出てきている現象やニーズから「発見する」ことも重要

であると言えるし、まだ出てきていないものも含めて「創造する」ことも求められている。

（2）UR とのかかわり

　以上の認識のうえで、UR とのかかわりについて、先に挙げた 6 点を少し意識しながらラフに考えておきたい。

　少しさかのぼると、宅地開発と住宅供給機能が統合された都市基盤整備公団時代以降も、しばらくはこの両面の役割を担っていた。すなわち上記認識の第一と第二を束ねたような都市の状況のなかで、主に「遷移地帯」の中の工場跡地に、基盤を整備しながら勤労者向け住宅を供給する（結果として第三の点にも応える）。第四の防災的視点もなかったわけではないが、この視点が強く出始めたのは 1995 年の阪神・淡路大震災[注1]がきっかけだったと考えられる。直接的にはそれは 2001 年の都市再生プロジェクトの第三次決定[注2]で明確な役割を与えられた。

　とはいえこれだけであれば、UR が地域まちづくりに乗り出す根拠としては薄い。上記の第五、第六の点に踏み込むためには、なんらかのミッションなり位置づけが必要だろう。この点については節を改め、年代を追って密集市街地整備の流れをつかむなかで確認したい。そのうえでこれから UR がこの分野で担うべき役割や可能性につき最後に論じる。

2. 密集市街地整備の系譜

　「密集市街地整備」というまちづくりを位置づけるため、密集市街地がどのように形成されたかを踏まえて、
　①その政策的位置づけ
　②その事業的視点
　③そのまちづくりの視点
　④UR の役割
の 4 点を意識しながら年代を追ってつかんでいく。

（1）1970 年代まで：そのバックグラウンド

　あまりさかのぼることはできないので、ここでは「密集市街地整備」の分野

を、今日の UR 事業におけるかかわりの範囲を意識しながらからさかのぼって、簡単に整理しておく。

　キーワードとしては、（不良）住宅改善、基盤整備、不燃化である。「まちづくり」は密集市街地のみならずどこにおいても関連するのでここでは正面からは扱わない。

　まず、不良住宅改善。中堅所得層への住宅供給をミッションとして設立された UR との関係では、直接繋がらない。不良住宅改善問題は戦前より続く政策課題であるが、とりあえずここではそのように位置づけておく。

　基盤整備。基盤が整備されないまま各時代に形成されてできあがった市街地を、後になってなんとかしようというのが UR の中心的テーマと考えられる。

　不燃化。防災・減災も付け加えておく。不燃化そのものは明治以来の近代日本の都市の基本テーマであった。冒頭でみたように、このミッションが大きく据えられたのは後の時代のこととしておく。

　こうしてみると、どうやら不良住宅改善や不燃化というよりも、既成市街地の基盤整備を通して都市に貢献しようとするのが本稿の特にとりあげるべきテーマで、1970 年代までに、さまざまな形でこのあたりの課題が積みあがっていたと捉えられる。

（2）1970 年代：課題蓄積期

　1970 年代は、昭和 40 年の住宅白書などで「もはや戦後は終わった」「住宅の絶対的不足は解消された」と言われたように、国民の関心が住宅の絶対的不足から、その質的向上、さらには住環境に向かいつつある時期だったといえる。

　木賃住宅や文化住宅の供給に研究者が注目しはじめたのもこの時期である。「木賃ベルト地帯」など、いくつかの問題を指摘。UR の位置づけも徐々に変化していく。

（3）1980 年代：基本が出揃う

　密集市街地整備が政策課題になる。正確に言うと、この時期の位置づけには三つの系統がある。

　第一は、（不良）住宅改良から派生した住環境整備モデル事業の系統（1978 〜）。その背景には、だれの目にも明らかな「不良」な住宅が所得水準の向上などに

よってほぼ姿を消し、基盤の未整備に起因する住環境問題など、一定水準以上ではあるが「問題」といえそうな居住地を特定してその整備をはかる、という政策へとシフトした。具体的には、「不良」の採点基準が変更されて基盤未整備のような「住環境」面の不十分性がカウントされるようになった。その改善のために用意された住環境整備モデル事業の執行にあたって、地元自治体だけでは対応が困難な場合に UR が事業主体として入っていけるよう位置づけられた。

第二は、木造密集市街地整備事業が要綱事業として創設され（1982 〜）、事業が国の制度要綱に基づいて実施されることになった。それに前後して、東池袋や太子堂・三宿（p.250）においてモデル的に事業計画づくりのための本格的調査と整備計画づくりが行われた。この時点での UR の役割は、どちらかというとそうした調査をサポートするものであって、事業主体は地元自治体が担うこととなった。第一の系統との関係でみると、第一のものは「不良住宅」そのものの改善に力点が置かれていたのに対して、第二の系統では「不良」の判定基準が緩められて、より広範に広がった密集市街地にも対応できるようにした点、もう一つは、ちょうどこのころから普及しはじめた「住民参加」「まちづくり」などの試みと一体的に整備が指向された点に特徴がある。

すでに、神戸丸山台、神戸板宿区画整理などにおいて「住民参加」の試みが先行しており、1980 年に地区計画が制度化されていたことも関連している。

木密事業に共通するテーマを挙げるとすると、細街路の拡幅整備と、共同建替えといった空間整備方法が開拓された。細街路整備については建築基準法 42 条 2 項道路が規定されていたものの、それは建築物を建替える際の道路中心線からのセットバック規定であって、細街路そのものを拡幅整備する規定にはなっていなかった欠陥が、その後是正されていく。ただし、幅員 4m までの道路拡幅は建築基準法を基本に据えた条例・要綱を補完的に用いることで事業化が可能になったものの、それ以上の幅員の道路、とりわけ生活に直接関係する 6m から 8m 程度の生活道路については対応する制度もなく、課題として残った。

第三の系統が、住宅市街地総合整備の流れである。UR の中心的事業として、大川端をはじめとする多くの地域で事業化され、特にこの場合は、しっかりしたインフラ整備により住宅供給面で大きな実績をあげた。これに関連して、工場地域での UR の試みがある（神谷一丁目、p.74）。工場跡地を、周辺の密集市街地整備に伴う移転用地としても位置づけつつ、より広域の住宅需要に応える

住宅供給地として活用しながら、地区内の骨格道路を整備することにより、さらにその成果を周辺地域へと波及させた点が高く評価された。

　以上は特に制度面をベースにした整理であり、実際には、これら三つの要素が組み合わされて地区ごと、事業ごとに事業計画が立てられたものと考えられる。その際、とりわけ住民に近い事業になる場合には「住民参加」「まちづくり」の要素が強くなる傾向があり、それらがやがて来る次の時代に「密集市街地事業」として進化していく。

（4）1990 年代：80 年代に加えて

　時代として区分すると、1980 年代末期の「民活」バブルにより高度利用の圧力が高まった時期から、1995 年の阪神淡路大震災までで一区切りできる。ここでは特に震災後に注目して時代を整理する。

　阪神淡路大震災は、木造密集市街地の整備改善に根本的な見直しを迫る契機であったと共に、そもそも目の前の甚大な被害から回復をはかるべきミッションを突き付けられた。下町を襲った大きな揺れによって、木造密集市街地はある意味、ことごとく被害を受けた。当時、「白地区域」「灰色区域」「黒地区域」と、被害の度合いに応じて復興のための方向づけがなされた。「黒地地域」は甚大な被害のあとの区画整理や再開発事業が想定された。「白地区域」では、被害は出ているものの活用可能な事業制度に乏しく、そのギャップをどう埋めるかが悩みとなった。「灰色区域」では、例えば住宅市街地総合整備事業のような、面整備を伴わないけれども一定の基盤整備や住宅供給が可能なツールによってカバーしていく方針となった。UR にも特別なミッションが設定され、関西に復興事業本部が設置されて、特に「黒地区域」「灰色区域」において地元自治体だけでは対応困難な場面で大きく貢献した。密集市街地整備の面では、そもそもこれといった制度に乏しかった「白地区域」での役割も期待された。とはいえ、そもそも「これといった」制度がないなかでどのように対応が可能か。この場合、大きくみると、共同再建による（住宅供給も一定程度伴った）復興事業、および、地主が自ら再建する場合の代行事業の二つに、結果的に効果があった。もちろん、「白地区域」で被災した多くの地元の方々からのニーズは多くあったと思われる。そうしたなかで、UR として果たすべき役割、UR にしかできない役割とは何かを突き付けられたのである。

震災後、特に建物倒壊による犠牲者がほとんどであったことを踏まえて、建築構造の強化に注目が集まり、その施工方法も含めて基準が改定された。NPOや地域まちづくりに注目が集まったのもこの大震災がきっかけである。というのも、あまりに被害が大きい場合、助けに来てくれるはずの消防車が火災件数の多さに忙殺されて来てくれない（公助の限界）などの現実があらわになったからである。「自助」を基本としつつ、「共助」の領域を拡大することがその後真剣に模索され、それは現在に続いている。阪神淡路大震災をきっかけに防災の視点が強まったのは自然な変化であるし、さらにその後「防災」に加えて「減災」というタームも広まるようになった。

　「事前復興」についても徐々にその概念や取り組みが広げられている。政策的意味としては、なかなか「防災」といっても何も起こっていない時点では理解が得られにくい。しかし、大規模災害が発生してしまうとその被害は甚大であり復興もたいへん困難になるので、災害が起こる前に、さまざまな整備などに投資をすることは、お金や労力はかかるけれどもトータルでみれば効果が高い、むしろ被害を受けてから重い腰をあげるよりも費用は小さくて済む、という考え方である。しかしながらそうした理屈だけではなかなか実際の事業は進まない、という現実は変わっていない。

（5）2000 年代：80 〜 90 年代の流れの上に

　この時期に特徴的なのは、「都市再生」のフレームの明確化や、整備量（面積）とスピードの定量化、政策目標のデジタル化、PDCA サイクルの強化といった、マネジメントツールの拡大と政策的位置づけの強化である。

　UR が打ち出した「バリューアップ」も、その一環として捉えることが重要だろう。というのも、密集市街地整備の効果・効用、より正確にいうならば、コストに対するベネフィットが適正であることを求められるようになった時代である。そのことはすなわち UR の存在そのものの説明責任にも直結する。そのようななかで重視されるようになったのが、「民間の建替えによって自然に更新される割合は、基盤整備によってどれくらい上昇するか」「いくつかの代替施策が考えられるなかで、最も効果的な施策はどれか」「いつまでにその目標を達成できるか」などの問いにどれだけ答えられるかである。

　この部分をどれだけ踏まえられるかが、「バリューアップ」の鍵になると考え

られる。このことについて次節で議論してみる。

（6）2010 年代：ポスト 3.11（東日本大震災）と新たな時代

2011 年の東日本大震災の津波により、近代都市そのもののあり方が問われることになった。東京都は「木密地域不燃化 10 年プロジェクト」[注3] を宣言。オリンピックが決まりさらに積極的になってきたのは密集市街地整備にとっての追い風と捉えられる。エリアマネジメントの視点も次第に強くなり、ある意味、この動きに乗っていればそれなりに整備は進みそうである。しかしこういう時期だからこそ、もう一度原点に立ちかえり、これまで加えられてきたさまざまな側面を吟味し、順序づけ、重要な面は強化しながら次の時代に繋げていく必要がある。

3. 展望：都市のパフォーマンスを最大化するために

密集市街地整備を行うための背景・意義・市街地や暮らしのニーズは常に変化している。近年、大規模災害を契機に防災的視点が強まってきたが、一方で、整備方法として一般の「まちづくり」の要素も強まってきたと言える。そのなかで、UR の役割も刻々と変化している。とはいえ、変わらない点、本質的な点、はずせない点を整理すると、以下のようになる。

まず、市街地側から。「密集市街地」をどう捉えるかであるが、冒頭に整理したように、ある意味、こうした市街地の形成はどの時代、どの地域にもみられることであり、そのものが課題と捉えることは適切とは言えない。それどころか、密集市街地ならではの役割やそこにみられる空間的特色・特徴、住むという点から見たときの長所などを最大限踏まえるべきである。しかし、低水準住宅の集積、住環境上の問題、防災面での問題など、課題として解決するべき部分もいまだ存在する。

次に UR 側からみると、そもそもそのミッションは（不良）住宅そのものの解消ではなく、防災上の問題解決そのものでもない。あえて狭めに定義すれば、適切な（住宅）インフラの供給・維持によって、その地域が潜在的にもつ、あるいは発揮すべき性能を発揮できるようにすることを通して、都市のパフォーマンス向上に資すること、と言えないだろうか。またその際、UR の果たすべき役割とは、他の主体と協調しつつ、それら他の主体だけでは及ばない能力

を発揮することで、トータルなアウトカムを最大化することであるともいえる。

UR に求められる四つの視点

その基本方向を整理すると、以下の 4 点にまとめられる。

（a）国が定めた市街地の水準までの底上げ

国で定めた市街地の水準に達しない市街地のうち、地元自治体や民間の力では限界があり、UR が入ることによってしか解決できない場合に、その水準に達するまで市街地の性能をアップすること。

（b）地域のトータルなバリューアップ

（a）の際に、その整備の効果が最大限出るように工夫すること。この場合、「効果」を何によって計測するかが問われるが、地域の特質・特徴が出ることなど、広義の地域価値向上をしっかり定義し、その目標に向かって整備し、こまめに事後点検して、もし定義された効果が出ない場合は次のサイクルで方法を改善することが求められる。なお、あとで示す図では、一般に言われる「地域価値」とは別に、「新しい価値」という概念を付け加えている。一般に「地域価値」というと、どちらかというと既存の価値、現在存在する地域の特徴、あるいはそれをうまく伸ばした状態、といったニュアンスが感じられるからである。

（c）まちづくりの主体としてのマネジメント

（a）（b）の過程で必要となる範囲において、あるいは戦略的に重要となる方法において、地域内外の諸主体と連携しつつ、（a）（b）の効果が最大限発揮できるようにするための業務として、これからより必要となるプロセスだと捉えられる。

（d）都心近接などのメリットに再度注目

利便な環境にあり歴史も一般的に蓄積されており、近隣コミュニティが残っており、高齢期に暮らしやすいはずの場所において、その価値の発現や増進に寄与すること。ただしその際、例えば国際化時代の新しい住宅需要や、その他の新たな住まい方、ライフスタイルを受け止める場所でもある。こうした視点も、木造密集市街地整備の際の配慮事項・着目事項にあたるものと思われる。

以上の中で、（a）は最重視しつつ、（b）の最大化を目指すなかで（d）も組み込みながら、そのプロセスをデザインする際に（c）をうまく取り込むことが基本と考えられる。

次の図はそれを概念的に示したものである。

　木造密集市街地には、「問題」を構成する諸要因と共に、その場所ならではの「地域価値」も含む（左下）。「問題解決型アプローチ」（左下から右下へ）では、確かに密集市街地の「問題」要因、例えば基盤の脆弱性や「不良」な街区の解消がなされて、結果的に「問題」が小さくなる（図では新たな枠が右側にズレており、白地の面積が増加している）が、ここでは既存の問題解決にこだわるあまり、結果的に「地域価値」の大きさが減じている。例えば、既存住民のニーズばかりを重視した結果、かえって高齢化が進み持続性が低下したり、防災性能の向上ばかりが重視されて個性が失われるなどである。逆に、「新しい価

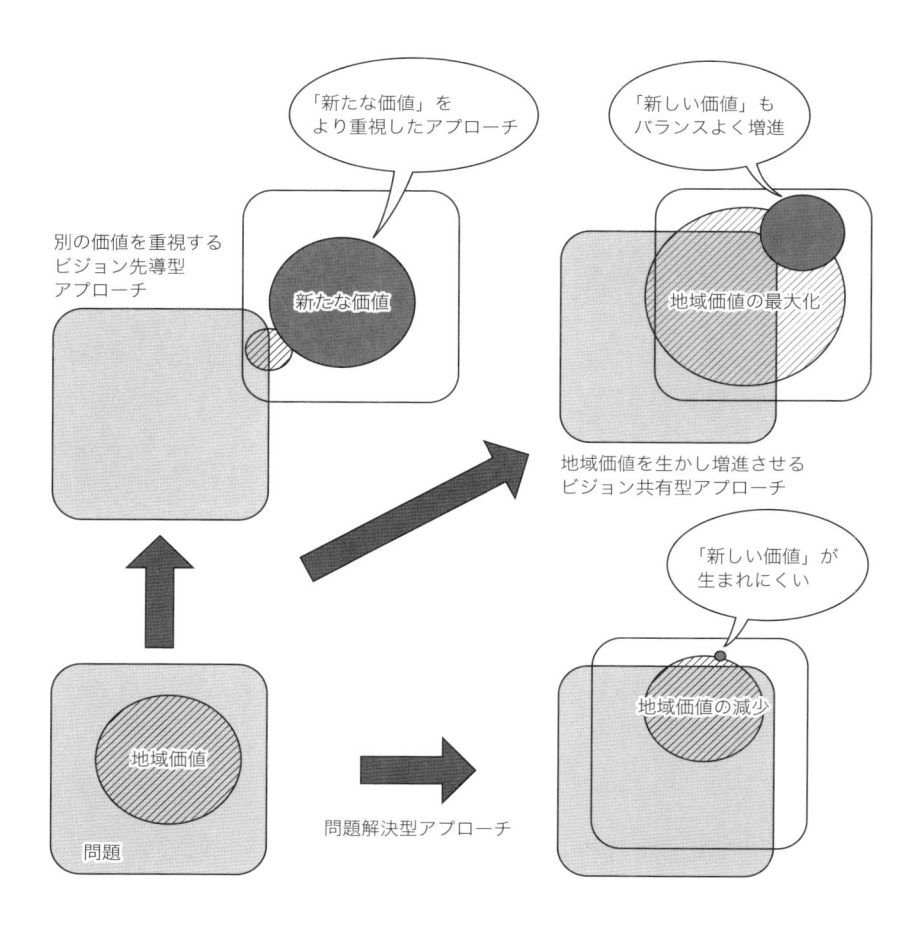

値」、例えばより広域のニーズに応える新しい店舗ができたり若い世代が住めるアパートが増えるなどの変化に乏しい状態をイメージしている。

　これに対して「地域価値を生かし増進させるビジョン共有型アプローチ」（左下から右上へ）では、問題だった要因も大幅に減少すると共に「地域価値」について十分検討され、整備計画で工夫される（直接的な効果のみならず、波及効果を見越した整備およびその後のマネジメントが行われる）ことにより、地域価値が増進している。さらに、「新しい価値」にも応えており、バランス良く持続的な市街地へとシフトしている。かつて木造密集市街地が形成されたときのように、都市に対する新たな需要に積極的に対応している。

　実際には「問題解決型アプローチ」と「地域価値増進型アプローチ」の間にさまざまなバリエーションが考えられるが、ここでのミソは、「地域価値」とは別に「新しい価値」がバランス良く加わっている点である。

　さらに、工場跡地も含むような市街地の再生や駅直近の密集市街地のように、現状を大きく変えるような整備もある。図では「ビジョン先導型アプローチ」（左下から左上へ）としている。イメージとしては密集市街地そのものもつくりかえて、新たな価値を中心に据えながら持続するような市街地を目指す。例えば、大災害後の復興などにおいては、こうしたアプローチもときには必要と考えられる。

第一章　密集市街地整備の目的と意義

密集市街地の課題と魅力

1. 密集市街地とは

　「密集市街地における防災街区の整備の促進に関する法律」（以下、密集法）において、密集市街地とは、「当該区域内に老朽化した木造の建築物が密集しており、かつ、十分な公共施設が整備されていないことその他当該区域内の土地利用の状況から、その特定防災機能が確保されていない市街地」と定義されている。そして、特定防災機能とは、「火事又は地震が発生した場合において延焼防止上および避難上確保されるべき機能」と定義されている。つまり、密集市街地とは、火事や地震に弱い老朽木造建築物が密集した市街地ということになる。

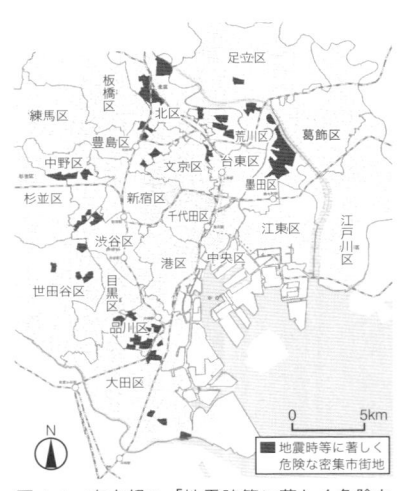

図 1・1　東京都の「地震時等に著しく危険な密集市街地」（出典：2012 年国土交通省発表資料）

　1995 年 1 月に起きた阪神・淡路大震災[注1] では、木造住宅が多く、道路などの都市基盤が未成熟な市街地において甚大な被害が生じた。震災時の延焼や避難に係る課題が大きく、除却・建替えによる延焼防止や都市基盤整備の必要性が明らかになったのである。

　1995 年度の国土交通省（当時建設省）の調査によると、地震時に大きな被害が想定される危険な密集市街地は全国で約 2 万 5,000ha（東京・大阪で各 6,000ha）があるとされた。2010 年度の調査では、「延焼危険性（際限なく延焼することで大規模な火災による物的被

害を生じ、避難困難者が発生する危険性）」に加え、「避難困難性（建物倒壊および火災の影響により、地区内住民らが地区外へ避難することが困難となる危険性）」をあわせて考慮した新たな指標により、「地震時等に著しく危険な密集市街地」が約 6,000ha があるとされた。この「地震時等に著しく危険な密集市街地」とは、「密集市街地のうち、延焼危険性や避難困難性が特に高く、地震時などにおいて、大規模な火災の可能性、あるいは道路閉塞による地区外への避難経路の喪失の可能性があり、生命・財産の安全性の確保が著しく困難で、重点的な改善が必要な密集市街地」と定義されている。

　そして、2011 年 3 月に閣議決定された住生活基本計画において、2020 年度に最低限の安全を確保する目標を掲げている。2016 年 3 月には、この「地震時等に著しく危険な密集市街地」が約 4,450ha 残っていると発表されている。

2. 成立過程などから見た密集市街地の類型

　密集市街地と一言で言っても、大都市圏と地方圏ではその様相は異なる。

　地方圏においては、①漁港の周辺部において漁業従事者とその家族によって形成され、主たる産業が漁業であることから若年層が流出し高齢化した漁村集落地区、②江戸時代以前からの街道筋沿いに宿場町や城下町などとして発展し、

図 1・2　斜面市街地地区（長崎県五島市上大津町よりの眺め）

図1・3　戦災を逃れた市街地、京島地区（東京都墨田区）

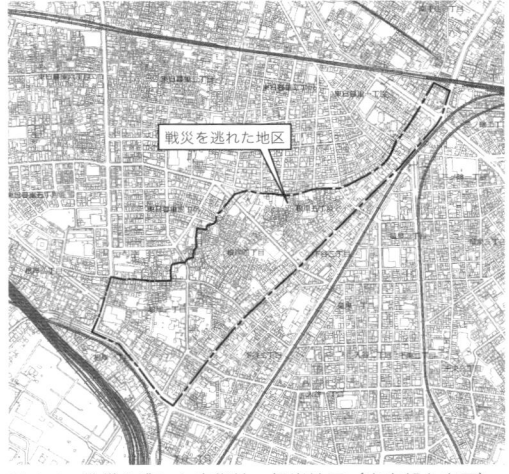

図1・4　戦災を逃れた市街地、根岸地区（東京都台東区）

地元商業の衰退し老朽化した建物が空き家として残存する中心市街地地区、③沿岸部に面した斜面地に形成され、港や工場の発展と共にその従事者の住宅市街地として形成され、階段状の道路で車利用ができず若年層の流出により建物更新が進まない斜面市街地地区がある（図1・2）。

　一方、大都市圏およびその周辺では、戦前からの自然発生的な市街地や、戦後高度成長期のスプロール市街地などと分類できる。

　①戦災を逃れた市街地

　近代以前の歴史的な町割りに、戦前からの長屋などを中心とした老朽化した建物が残る市街地。戦後復興土地区画整理事業からも除外されたため、道路などの基盤も未整備なままとなっ

図1・5　木造賃貸アパート密集地区、太子堂・三宿地区（東京都世田谷区）

図1・6　木造賃貸アパート密集地区、門真市北部地区（大阪府門真市）

図1・7　住・商・工混在地区、神谷一丁目地区（東京都北区）

図1・8　住・商・工混在地区、関原一丁目地区（東京都足立区）

ている（図1・3、1・4）。

　②木造賃貸アパート密集地区

　高度成長期において大都市への人口流入に対応するために大都市周辺の農地などに多くの木造賃貸アパート（庭先アパート）が建設された市街地。この建設ラッシュに生活道路などの基盤整備が追い付かず、接道不良建物などが多く残っている（図1・5、1・6）。

　③住・商・工混在地区

　高度成長期に町工場の隙間に住宅が建設され、町工場や商店街と住宅が混在した市街地。高齢化に伴う工場の廃業や商店の空き店舗化などにより地区の活力が失われつつある（図1・7、1・8）。

3. 密集市街地の課題と緊急性

　前項で密集市街地を類型化して解説したが、密集市街地の一般的な特徴としては、基幹道路が未整備、生活道路が4m未満、広場や公園の不足などの都市基盤が未整備であること、それゆえ狭小で接道条件が悪い敷地の建物の更新が進まず、木造で老朽化した建物が広範囲に建て詰まったままになっていることである。

　これらの特徴から大きく三つの課題がある。

　一つは、大地震や火災が起きた際、延焼の危険性が高く、建物倒壊による道

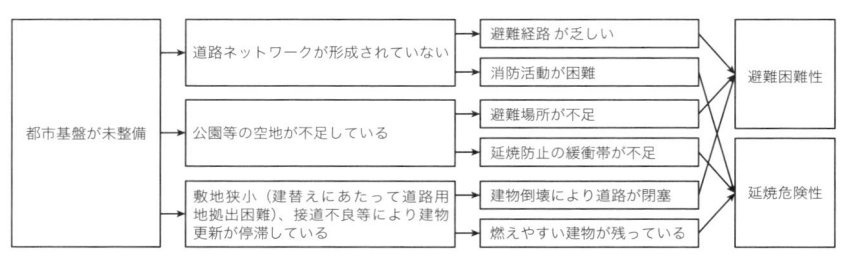

都市基盤が未整備	道路ネットワークが形成されていない	避難経路 が乏しい	避難困難性
		消防活動が困難	
	公園等の空地が不足している	避難場所が不足	
		延焼防止の緩衝帯が不足	延焼危険性
	敷地狭小（建替えにあたって道路用地拠出困難）、接道不良等により建物更新が停滞している	建物倒壊により道路が閉塞	
		燃えやすい建物が残っている	

図 1・9　都市基盤が未整備であるがゆえの防災面の脆弱さ

路閉塞により避難や消防活動も困難であり、防災面の脆弱さという課題である。

　二つ目は、日常生活上の課題である。接道不良の建物が多く建物更新が進まない老朽住宅は住宅性能が劣り、また、建て詰まっているために日当たりも悪い。道路が狭いため、救急車やデイサービスなどの車両が入れないなどの課題がある。

　三つ目は、資産に関わる課題である。借地や借家が多く権利関係が輻輳していることや、昔からの長屋ゆえに土地の境界が定まらないなど、建物更新の停滞を招き、住民の入れ替わりも阻害しているという課題がある。

　一つ目の防災面の脆弱性は、1995 年 1 月 17 日に起こった阪神・淡路大震災において如実に表れた。老朽木造住宅が密集した区域が広がっていた神戸市長田区では、数百棟が焼失する大規模な火災が何カ所も発生した。神戸市全体では火災による被害が全体被害の 1 割だったのに対し、長田区では火災による被害が全体被害のうち、建物（全壊・全焼）では 2 割以上、人（死亡者数）では約 3 割を占めたのである（神戸市、兵庫県警察本部、神戸市民生局調べ）（図 1・10 〜 1・12）。

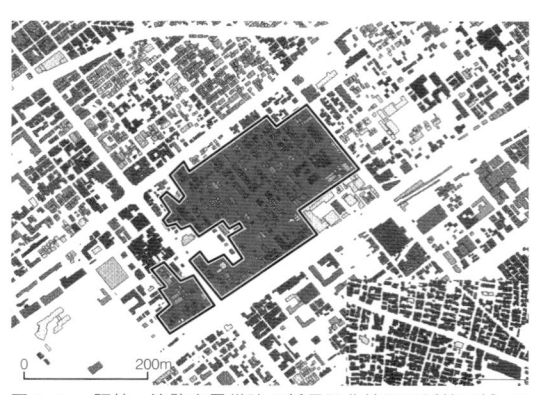

図 1・10　阪神・淡路大震災時の新長田北地区の延焼区域 (資料：国土交通省)

これ以降も、新潟県中越地震や東日本大震災など、大規模地震が頻発しており、2004 年の文部科

図1·11　神戸市内の焼失写真 (提供：人と防災未来センター)

図1·12　神戸市内の焼失写真 (提供：人と防災未来センター)

学省地震調査研究推進本部地震調査委員会ではマグニチュード7クラスの首都直下地震が発生する確率は30年間で70％と推定されるなど、いつ大規模地震が起こっても不思議ではない状況にあり、密集市街地の改善は喫緊の課題である。

4. 密集市街地の魅力

(1) 密集市街地の文化、コミュニティ、路地

　密集市街地の形成経緯はさまざまであるが、大都市への労働人口の流入に伴い、スプロール化による住宅供給の受け皿として、あるいは住工混在の産業基盤として、現在に至っている。そこでは、地域を維持するための町内会などの運営、祭りや防火活動、商店街のイベントといった地域のさまざまな活動が展開され、お互いの顔が見える濃密なコミュニティが形成されてきた。そして、防災や治安の維持、見守りなどで高密度であるがゆえの弱点を補い、豊かに暮らす知恵と工夫が積み重ねられてきた。路地空間は、幅員が狭く延焼の危険性も高いが、手入れの行き届いた緑は路地に潤いを与え、生活がにじみ出る空間は地域にとっては親しみやすい、ヒューマンスケールの空間として維持されている。

(2) 利便性の良い密集市街地

　密集市街地は都市中心部からスプロールするように形成され、比較的都心に近い場合が多い。そのため、大都市近郊では鉄道やバスなどの公共交通が発達しており、移動しやすく都心へのアクセスも良い。また、高密度であるがゆえ

に公共施設が充実し、近隣に商店街が発達していることも多く、近傍で生活が完結できる利便性の良い市街地である。

（3）密集市街地の可能性

　敷地が狭小、建替えが進まないなどの理由から、高齢化が急速に進み、若い世代の居住が進まないのが一般的である。しかし、近年アートスペースとしての活用や、リノベーションによる木造建物の多彩な活用、商店街や地場産業の活性化など、密集市街地の潜在的な価値を生かそうとする取り組みが増えてきている。また、若い世代にも市街地の歴史やコミュニティの価値を積極的に捉える動きがあり、日照や住宅の性能だけでなく、住宅市街地の新しい価値を見出そうとする視点が生まれている。

5. 密集市街地の改善はなぜ進まないのか？

　これらのことから、密集市街地は魅力的な市街地として維持・再生していくことができるポテンシャルをもっていることがわかる。
　一方で、なぜ密集市街地の改善は進まないのか。

（1）自律更新による改善が進まない理由

　本来、市街地は住民の自主的な更新（自律更新）により建物更新が進んでいくものである。密集市街地においては、それと併せて道路が拡幅されるなど、

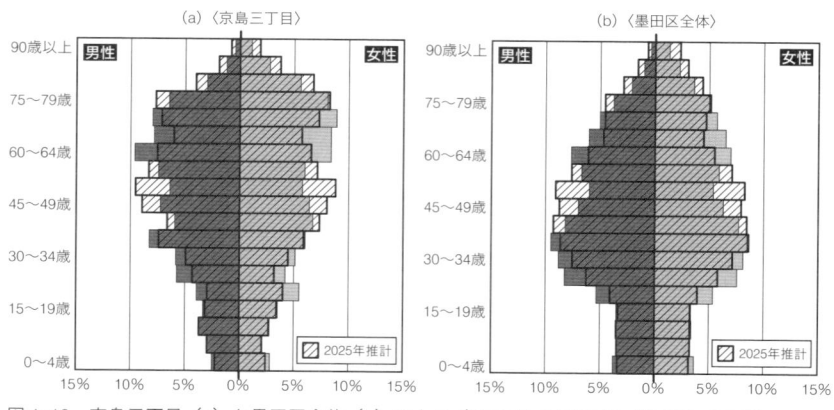

図1・13　京島三丁目（a）と墨田区全体（b）の人口（2010年／2025年（推計））の比較

改善が進んでいくのである。これが市街地の改善のベースとなる。

　しかしこの自律更新が進まないことが、密集市街地の改善を阻む最大の理由である。前述したとおり都市基盤の未整備、敷地条件（狭小地、接道条件、権利関係）の悪さなどから自律的な建替えや土地の流動化は難しい。よって、若年層が転出する。そうすると高齢化が進行し、まちの改善意欲は低下、さらにはまちの魅力が低下し衰退していくという、いわゆる密集の負のスパイラルに陥っているのである。

（2）事業による改善

　自律更新が進みにくいなか、事業による改善はどうか。

　ここで言う事業とは、権利者の建替えなどをきっかけとした道路用地拠出による道路整備ではなく、現存建物の補償を行いながら道路用地を買収する道路事業や、防災街区整備事業[注4]や土地区画整理事業[注5]といった面的整備の手法を用いた取り組みである。

　住民の立場からすると、防災などの課題はあるものの、長年平和に暮らしてきた良好な地域コミュニティ継承への不安、変化を望まないという傾向がある。その意識は高齢化によりますます高くなっている。また、面的に広がる密集市街地において、ある道路の拡幅や、ある区域の面整備の意義を理解してもらうことが難しいという課題もある。

　事業者の立場からすると、大規模な土地（取得候補地）が少なく、基盤が未整備ななかでは高度利用などが難しいうえに、権利関係も複雑でその整理や合意形成に時間と労力がかかることから、事業への参画が難しい。

　そして、地方公共団体にとっては、密集市街地整備は一般的に地区計画の壁面線の指定などの規制・誘導[注6]策を講じ、権利者の建替え時に道路部分のセットバックにより道路空間を確保していくという「待ち」の仕事が中心となっており、熱意をもって取り組んでいるものの、実績が上がっていないのが実情である。

　よって、事業による改善も非常に難しいのである。

6. 密集市街地整備が目指すところ

　密集市街地が目指すべきところはどこだろうか。それは災害に対する安全性

が確保されるとともに、普通の住宅市街地のように自律更新がされ、自律的なまちづくりが進む状況になることではないか。つまり前述した負のスパイラルを脱し、良質な住宅整備がなされ、多様な世代が暮らせるまちとなり、まちの活力が向上していくような正のスパイラルに変えていくということだ。都市居住の場として非常に適した立地にある密集市街地は、そのような市街地に再生できる可能性がある。

　そのためには、脆弱な都市基盤の整備や共同建替えなどによる権利関係の整序といった、外部者の介在による外科手術が必要となる。また、住民のまちづくり意識を高める「きっかけ」をつくり出すことも必要となる。

　それは、密集市街地整備の呼び水となる「先導的事業」を、公共側が明確な意思をもって推進していくということであろう。それによって一体的に建物更新を進め、具体的な効果を見せることにより地域に波及させていくプロセスが有効であると考えられる。その先導的事業の例としては、幅員6〜10m程度の主要生活道路[注16]と沿道の建替えを一体的に推進することや、低未利用地の活用による防災性の高い街区の整備などがある。

　それら先導的事業が進むことにより、まず建物更新上の物理的な阻害要因が解決される。また、周辺住民らが市街地の目標像を具体的に捉え、地域がより安全で住みやすい環境に変わっていくことが実感されれば、住民らの協力を得つつ、建物更新や土地の有効活用もより促進される。こうして、先導的事業に続き、自律更新や共同化などの連鎖的な展開に繋げていくことが有効である。このようにして、先導的事業から連鎖的事業へ、そして住民自らの自律的なまちづくりへと展開していくことが可能になると考える。

　しかし前項では、事業による改善も課題があり難しいと述べた。それらの課題は、事業者側の課題であると共にその地域や住民の課題でもあり、地域や住民の課題を解くという視点で事業に向き合うことが必要になる。そして、住民や行政が課題を共有し、住民参加で解決策を話し合うことが重要であろう。その具体的な方法については第2章で述べることとする。

> 1.2
密集市街地整備に係る
政策の変遷と UR の取り組み

　密集市街地の整備において、UR は政策の要請に対応することはもとより、独自の視点や経験に基づき、制度や手法を工夫しながら整備を推進してきた。この節では、密集市街地整備に係る国などにおける政策の変遷（図 2・6 に詳しい）と UR の取り組みを整理する。

1. 1978（昭和53）年〜　住宅の量的供給から住環境整備へ

　1970 年代後半は、住宅に困窮する勤労者のための住宅・宅地供給の量的な政策から、住環境整備や既成市街地の面的な整備に舵を切る変革期であった。

　国は、住環境整備モデル事業（現在の住宅市街地総合整備事業[注7]（密集住宅市街地整備型））を 1978 年に創設した。これは住環境が悪化している地区における総合的な住環境整備を行う制度であり、部分的な整備を積み重ねることにより整備を進める、いわゆる修復型まちづくりの制度であった。その後、工場移転による種地などを有効活用し、住機能の都心部への呼び戻し、防災性の向上や職住近接を実現するための大規模な地区整備の手法である特定住宅市街地総合整備促進事業（現在の住宅市街地総合整備事業（拠点開発型））を 1979 年に創設した。木賃地区においては、小規模で構造や設備水準が低く住環境が劣っている木造賃貸住宅の建替え促進を軸とした木造賃貸住宅地区総合整備事業を 1982 年に創設している。

　UR（当時、日本住宅公団）においても、国の制度づくりへの支援や木造賃貸住宅建替え支援のための地方公共団体への職員の出向などを行いながら、事業による住環境整備への貢献方法や役割を模索していた。また、住環境整備モデル事業は、創設当初は UR が施行者になれず、UR からの粘り強い要求で施行者として加えられたのが 1984 年となったことからもわかる通り、UR の役割もまた模索の対象だったのである。

こうした動きのなかで、具体的な事業として最初の実績となったのが 1981 年に着手した【神谷一丁目地区】（東京都、p.74）である。工場跡地を種地として、UR 賃貸住宅の供給に併せ、隣接する密集市街地の区画街路や公園などの整備、共同化のコーディネートなどを総合的に実施した。当時は住宅・宅地の大量供給が中心であり、密集市街地整備の困難さや業務効率の低さから、内部的にはさまざまな意見があるなか、関係者の努力により実現に至り、これ以降の取り組みを示唆する貴重な実績となった。また、このころ東池袋地区（東京都）や【東大利地区】（大阪府、p.158）で、密集市街地における共同化や民営賃貸用特定分譲住宅制度[注8]などを組み合わせた小規模な建替えを推進した。

　この時期の取り組みは、木造賃貸住宅が密集する地域における住環境の改善が目的であり、市街地大火の危険性などの防災性の確保が主目的とされた阪神・淡路大震災以降の取り組みと大きく異なっていた。

2. 1995（平成 7）年〜 コーディネートによる地方公共団体支援の本格化

　1995 年 1 月 17 日に発生した阪神・淡路大震災は、耐震性と耐火性能が低い木造住宅が密集する市街地において、建築物の倒壊だけでなく、火災の発生により複数の地区で市街地大火が発生し、十数 ha に延焼が及んだ地区もあり、尊い人命と財産が失われる結果となった（図 2・1）。阪神・淡路大震災の経験から、国は大規模地震時に市街地大火を引き起こすなど防災上危険な状況にある密集市街地の整備・改善を総合的に推進するため、1997 年 5 月に「密集市街地における防災街区の整備の促進に関する法律」（以下、密集法）を制定した。この法律では、密集市街地を都市計画上で明確化する防災再開発促進地区の設定、延焼防止上危険な建築物の除却・建替えの促進、防災性の向上を目的とする地区計画の創設、地域住民による取り組みを支援する体制の構築が講じられることになり、さらに UR（当時、住宅・都市整備公団）のノウハウの活用も加えられた。また、当時の UR は住宅の建設や基盤整備等の整備事業[注9]が主要業務とされ、地方公共団体からの受託調査などのコーディネート[注10]業務は優先順位の低いものとされていたが、密集法で初めて主要業務として位置づけられることになる。

　密集法では、地方公共団体による建替えの促進や地区計画の指定により、

個々の建替えに併せて地区の防災性を向上させる、規制誘導による整備促進策が講じられた。しかしそれらの適用には、技術的な支援や住民の合意形成が必要であり、そこにURのノウハウやマンパワーの支援による促進が期待された。また、特に老朽住宅が密集する区域

図 2・1　阪神・淡路大震災による火災被害 (提供：人と防災未来センター)

において、土地収用も可能となる住宅地区改良事業[注11]の整備主体は地方公共団体に限られていたが、この整備においてもURの事業ノウハウを生かすことが可能であり、1997年以降、URはコーディネートによる地方公共団体支援を本格化した。

　1998年には、国の総合経済対策を推進するため、主にいわゆる地上げにより不良債権化した土地をUR（当時都市・基盤整備公団）が買取り、まちづくりに活用することを主力業務とした土地有効利用事業本部が発足したが、この時初めて密集市街地整備の専属部署が設置された。広範囲にわたる密集市街地を相手に、整備事業だけでなく、コーディネートも含め、幅広く地方公共団体を支援する位置づけと体制が整い、これ以降多くの地域でURが密集市街地整備の推進に関わっていくことになった。（【大谷口上町地区】（p.202）、【戸越一・二丁目地区】（p.188）など）

　一方国では、内閣総理大臣が本部長を務める都市再生本部[注12]が、2001年12月の都市再生プロジェクト第三次決定[注2]において、「密集市街地の緊急整備」を打ち出した。特に大火の可能性の高い危険な市街地（東京、大阪各々2,000ha、全国で約8,000ha）について、今後10年間（2011年度まで）で重点地区として整備し、最低限の安全性を確保するという目標が設定された。

　このころのURは、大規模低未利用地を活用した密集市街地整備が本格化し、併せて防災上重要な都市計画道路等の骨格的整備[注13]を行う手法を多く活用していた。道路の整備においては、道路用地の買収や建物の補償交渉、取得地を

活用した移転用代替地の確保などに UR のノウハウが活用でき、短期間で都市計画道路の整備が完了するなど、整備のスピードアップが UR による整備事業の特徴となった。また、新規の UR 賃貸住宅[注14]を建設しなくなってからは、大規模低未利用地の基盤整備を UR が行い、建物の整備は民間事業者に委ねる仕組みとなった。整備した敷地の譲渡や賃貸においては、建物用途などの公募条件を付した上で民間事業者を選定する方法となったが、UR が自ら建設していた時と同様、地域に不足する高齢者施設や生活利便施設の誘致を行い、防災性の向上に加え、住環境の向上に寄与する整備を推進した（【上馬・野沢周辺地区】(p.90)、【太子堂・三宿地区】(p.250)、【西新井駅西口周辺地区】(p.102) など）。

3. 2003（平成15）年〜　街区内整備への事業展開

　個別の建替えに併せて整備を進める規制・誘導策が強化されてきたが、幹線道路で囲まれた街区の内部では、道路に接道しない建築物や建築規制により建替え後の面積が小さくなる場合などは特に建替えが進まず、整備のスピードが遅かった。また、共同化を進める手段である市街地再開発事業は、土地の高度利用を目的としているため、どこでも適用できるわけではない。このような背景から、2003 年 6 月に密集法が改正され、密集市街地の特性に対応する手法として防災街区整備事業が創設された。これは、市街地再開発事業と同じ権利変換の仕組みを密集市街地にも適用し、建物だけでなく土地にも権利変換ができる仕組みを導入したものである。権利関係が複雑な密集市街地において権利変換の選択肢を増やし、共同化による防災上危険な建築物の除却と防災に資する公共施設の整備促進を狙ったのだ。

　防災街区整備事業の創設は、UR がそれまで実施してきた大規模低未利用地を活用した事業や、それに併せた都市計画道路の整備などの骨格的整備に加え、整備がなかなか進まない街区内整備[注15]に切り込むきっかけとなった。

　防災街区整備事業の先行モデルを実施すべく、当時土地の買収による

図 2・2　防災街区整備事業（京島三丁目）。左手前が個別利用区、右奥が防災施設建築物

整備を目指していた【京島三丁目地区】（東京都、p.214）および【門真市本町地区】（大阪府、p.226）において、防災街区整備事業による整備に切り替え、事業化を推進した（図2・2）。

4. 2007（平成19）年〜　生活道路整備を先導的事業とした連鎖的整備の展開へ

（1）防災性向上に併せた地域価値向上の視点の付加

共同化の手法として防災街区整備事業が創設されたが、広範囲にわたる密集市街地の街区内整備には限界があり、大規模低未利用地を活用しようにも、そう種地があるわけではない。また当時は「地価が下がるから危険危険と言わないでくれ」（当時は今のようにハザードマップが公表できるような時代ではなかった）と言われ、政策とはいえ住民の心に働きかける何かが足りず、防災対策の理解を得るのに遠回りせざるを得ない状況であった。大規模地震が想定されるなか、街区内整備を促進させるための、より有効な手法とシステムが必要であった。

職員で議論した結果、任意の合意に基づいて進める密集市街地整備においては、防災性の向上（ボトムアップ）だけでなく、住民にとってより身近な地域の課題解決に向けた取り組みなど、暮らしやすいまちをつくる視点（バリューアップ）が必要ではないかとの結論に至った。また、まちづくり協議会による協働の仕組みが一般化し、NPO法人といった地域の多様な担い手が成長しはじめた時期であった。こうした当時の背景も踏まえ、防災対策に併せた地域の価値向上のための新たな方策の検討および整備促進のための体制のあり方とURの役割を検討するため、有識者にも協力いただきUR内に「次世代型住宅市街地への再生研究会」を2006年7月に立ち上げた。

（2）主要生活道路整備に向けた手法開発

研究会での検討に並行して、東京都と共に街区内部の主要生活道路[注16]の拡幅整備（一般的に4m未満の道路を6m以上に拡幅する）を地方公共団体の委託に基づきURが実施する方法を検討していた。主要生活道路の整備は、緊急車両のアクセス確保や広域避難所への避難路のネットワークを形成するだけでなく、沿道の不燃化による延焼遅延効果もあり、整備効果の高い事業である。

それまでは、地区計画により拡幅を担保し、建替え時にセットバックしてもらう仕組みが主流であったが、個々の建替えが進まず整備の進捗は芳しくなかった。そこで、建替えを待つのではなく、事業期間を定め、道路拡幅部分を用地買収で行う方法が検討された。この時、地方公共団体には集中的に用地買収に入るマンパワーやノウハウも限られることから、URの支援が求められたのである。

（3）次世代型住宅市街地への再生研究会提言とURの事業指針の策定

「次世代型住宅市街地への再生研究会」では、この主要生活道路整備など、きっかけとなる事業を先導的事業とし、道路沿道の用地買収に関連した共同化などの事業を連鎖的に展開する方法が有効とされた。また、道路の拡幅による防災性の向上（ボトムアップ）だけでなく、沿道の建替えや低未利用地の整備に併せて高齢者施設や生活利便施設を誘致し、日常的な生活の利便性が高いヒューマンスケールの街路として整備するなど、住民の目線からも整備の効果が実感できる、住環境の価値の向上（バリューアップ）も目標とされた（図2・3）。これらの取り組みは、ボトムアップである防災対策からスタートして、小規模な事業を連鎖的に展開してバリューアップを図ることで、住民がまちづくりへの理解を深めていくプロセスとしても有効と考えられた。

併せて、地域の担い手が育ってきている状況を踏まえ、多様な主体が連携して地域の課題に応える体制として「地域再生プラットフォーム」が提案された（図2・4）。

この検討成果は、URの事業指針となり、2007年5月に三軒茶屋地区の都市計画道路補助209号線の完成イベントとして開催された密集市街地再生フォーラムにおいて、「次世代型住宅市街地の創生にむけて」として公表した。

（4）国による密集市街地整備の強化

このフォーラムの直前である2007年1月に、都市再生本部は、都市再生プロジェクト第十二次決定として、重点密集市街地の解消に向けた取り組みの一層の強化を打ち出した。それまでのペースでは目標期限としていた2011年度までに密集市街地の解消が困難だったからである。同年3月には、密集法が改正され、整備事業で移転を迫られる従前居住者のための賃貸住宅を、地方公共

ボトムアップ
道路整備や不燃化の促進による
「防災対策」「安全性の強化」

バリューアップ
地区の特性を生かした「日常生活の質の向上」
「地区の魅力・価値の増進」

建築物の不燃化
・建替え・共同化の促進

生活インフラの強化
・子育て世帯、高齢者等が快適に
　生活できる地域ニーズに応じた
　多様な施設の導入
・既存商業の活性化、地域の生活
　を豊かにする新たな商業・生活
　利便施設の導入　など

災害に強い道路・公園の整備
・災害時の避難路・避難場所の
　確保、緊急用車両の進入路の
　確保　など

自然・歴史環境の継承
・まちに培われてきた歴史的ストック等の地域性の継承　など

多様な世帯の居住促進
・これまで少なかった若年世帯や子育て世帯の居住を促進　など

図2・3　主要生活道路整備（先導的事業）と住環境整備のイメージ

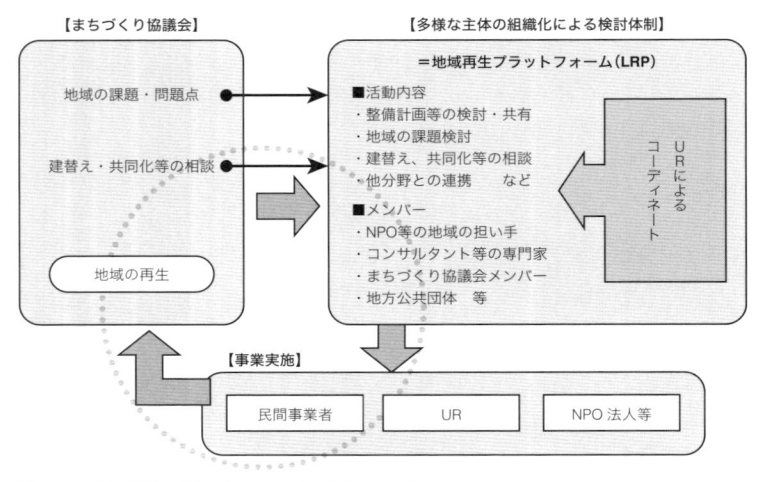

図2·4　地域再生プラットフォーム（イメージ）

団体からの要請に基づきURが建設・管理する仕組みが追加された。もともと、URの整備事業に伴って移転が必要な方の生活再建のため、移転用代替地の確保や既存のUR賃貸住宅のあっせんといった支援メニューを用意してきたが、住み慣れた地域で居住を継続できる制度が整備の促進に有効であるとの認識のもと法改正に反映されたものである。

（5）「待ち」から「攻め」へ

　これら一連の流れのなかで、主要生活道路の整備は密集市街地整備を加速させる有効な手段として国や地方公共団体に認識され、URによる主要生活道路の受託整備を、強力に推進することとなった。首都直下地震の発生が予測されるなか、それまでの規制・誘導を主体とした「待ち」から、積極的な用地買収による早期の主要生活道路の整備という「攻め」に転じたのである。これにより、地区計画等による規制・誘導をベースとしながら、計画的かつ期限を定めた生活道路整備を先導的事業として実施して着実に市街地の安全性を高め、さらに連鎖的な事業展開を目指す手法が具体化され、多くの地区で展開していくことになる（【太子堂・三宿地区】（p.250）、【中葛西八丁目地区】（p.132）など）。

　一方、URの密集市街地整備の大方針は決まったものの、それを実践する上では、地元との対話の方法や地域ごとに異なる整備課題への柔軟な手法の展開

など、実務的に多くの課題があった。それまでの組織としての豊富な経験やノウハウを生かそうと思っても、人事異動で個々人の持つノウハウが分散していた。そこで、これまでの経験を集約して戦略的に取り組むため、社内の密集市街地整備の経験者を集め、「密集市街地整備戦略会議」を 2007 年 10 月に立ち上げた。座長を【神谷一丁目地区】以来 UR の業務に精通している住吉洋二東京都市大学教授（当時）にお願いし、現在もノウハウの集約と具体的な課題解決策の検討を行っている。

　また、整備を広く推進していくためには、UR だけでなく関係業界との連携や情報交流も必要であり、密集市街地整備に関わる関係者に広く声掛けを行い「街みちネット」を設立し、見学・交流会や勉強会を開催している。

5. 2011（平成 23）年〜　機動的な土地取得による多彩な事業展開へ

　国や東京都は、2011 年 3 月 11 日に発生した東日本大震災や首都直下地震の切迫性を踏まえ、密集市街地の改善を一段と加速するための取り組みを開始した。国では、2011 年 3 月に住生活基本計画が閣議決定され、「地震時等に著しく危険な密集市街地」について、2020 年までに最低限の安全性を確保する目標を掲げた。東京都においては、2012 年 1 月に「木密地域不燃化 10 年プロジェクト」[注13] を策定し、主要な都市計画道路を特定整備路線と位置づけ 2020 年度までに整備するとともに、特に重点的・集中的に改善を図る地区を「不燃化特区」として位置づけ 2020 年度までに不燃領域率[注17] を 70％に引き上げる目標を掲げ、都と区が連携して不燃化を強力に推進することを打ち出した。

　そこで、新たな UR の取り組みとして、密集市街地の改善を一段と加速させる方策が検討された。公共団体が実施する面整備や線整備（道路整備）を促進するため、または住民による個別更新（不燃化、耐震化のための建替え）を促進するために「木密エリア不燃化促進事業」[注18] を制度化し、2013 年度より当事業に着手している。この制度によって、密集市街地内で UR が機動的に土地を取得し、老朽建物の除却の促進や、その土地を公共施設用地、公共施設整備などの代替地、建替え希望者と土地交換用地、接道不良を解消する敷地整序や共同化の種地などとして活用していくようになった。つまり、当事業自体が地区の不燃化を促進し、かつ、先導的事業の促進ツールや、連鎖的な建物更新を促

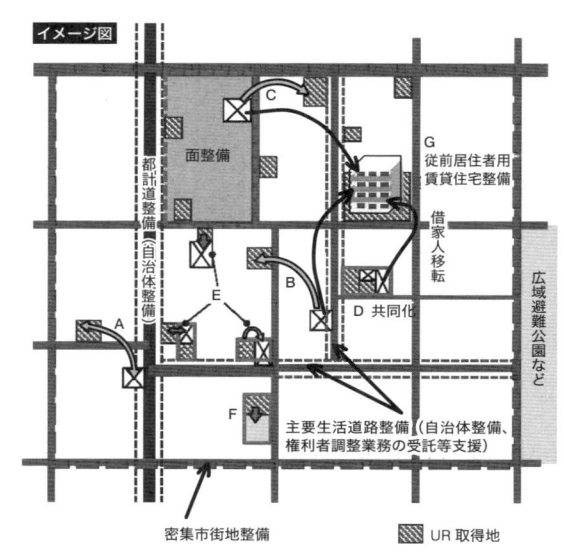

図 2・5　木密エリア不燃化促進事業の概要

す手法と捉えたのである。2017 年現在、着手してから約 4 年が経過しているが、地方公共団体や住民組織に対して認知が進み、実際に主要生活道路や都市計画道路（特定整備路線）の権利者の移転用代替地として活用されている。

6. 2016（平成 28）年〜　連鎖的な展開に繋げる、そして、地域価値向上に向けて

前述の木密エリア不燃化促進事業は、地方公共団体が主体的に取り組む公共施設整備や不燃化建替えを促進させるツールであるとともに、これまで地方公共団体の支援を主な業務としていた UR が、事業者として主体的に地区に関わることができる契機となった。2016 年度末までの約 4 年間で 5 地区に導入され、権利関係の輻輳や土地取引が少ないなど土地取得には苦労しながらも、7,000m² 以上の土地を保有している。これらの土地をいかに効果的に活用するかが、次なる課題である。

ここで、2007 年の次世代型住宅市街地への再生研究会における検討に立ち返ることとなる。

一つは、主要生活道路の整備を UR が支援することを先導的事業とし、そこ

から共同化などの連鎖的な事業に展開することを目標としていたが、実際は共同化の展開には繋がっていないという点である。これはまず、地方公共団体としては道路拡幅のみが目的化され、連鎖的な展開は権利者の個別更新に委ねられていることが大きい。また、原則は道路用地の取得に限定されることから、道路整備に直接影響のない裏側宅地の建物更新支援を積極的に打ち出しにくいことにも起因する。そこで UR は、木密エリア不燃化促進事業の施行者として権利者の意向把握や種地取得といった積極策を講じ、連鎖的な展開に繋げる動きを始めた。また、担当地区の担当者以外のノウハウや経験も生かすため組織横断的に意見交換する場として「密集連鎖的展開推進検討会」を社内で立ち上げた。

さらには、木密エリア不燃化促進事業による取得地を、バリューアップのためにも活用（連鎖的に展開する事業の活用も含む）していくための具体策を検討しはじめた。ボトムアップに加えて住環境の価値の向上というバリューアップも事業指針として示したものの、実際には大規模低未利用地での生活支援施設整備や、道路・公園のワークショップなど、防災性向上とセットで取り組める内容に留まっていたためだ。前述した密集市街地整備戦略会議の場において、地区の特性（魅力や課題）や住環境としての価値向上のために何ができるか、何が必要か、積極的に意見交換し、できることから実行に移していくこととした。

喫緊の課題である防災性の向上と併せて、住環境のバリューアップとして生活支援機能の導入、若年層の定住促進、コミュニティ醸成、景観誘導など、住宅市街地としての再生を目指すべく動き出したのである。

〈引用〉
・密集市街地における防災街区の整備の促進に関する法律（平成 9 年 5 月 9 日法律第 49 号）
・密集市街地住宅整備研究会編著（2008）『安心まちづくりガイドブック密集市街地を再生する』創樹社

図 2·6 密集市街地整備の制度と UR の取り組みの変遷に関する表

年度	政策上の位置づけ等	URの位置づけ等	事業制度の系譜とURの取り組み
1976年			過密住宅地区更新事業
1977年			
1978年			住環境整備モデル事業
1979年			
1980年			特定住宅市街地総合整備事業
1981年		●住宅・都市整備公団設立	▼神谷一丁目（土地利用転換と周辺整備）
1982年			木造賃貸住宅地区総合整備事業 ▼東大利（共同化）
1983年			（大川端地区、淀川リバーサイド地区、木場地区等）
1984年			▼UR職員の行政への出向等による事業支援
1985年			
1986年			
1987年			
1988年			
1989年			コミュニティ住環境整備事業　市街地住宅密集地区再生事業
1990年			
1991年			
1992年			
1993年			
1994年	●阪神・淡路大震災		住宅市街地総合整備事業
1995年			▼震災復興共同建替え（23地区）　密集住宅市街地整備促進事業
1996年		地方公共団体からの受託コーディネートが主要業務に	▼上馬・野沢（三軒茶屋）（大規模土地利用転換と都計道）
1997年	●密集法制定		
1998年		●密集市街地整備専属部署設置	▼コーディネート開始（戸越一・二丁目等）　住宅市街地整備総合支援事業
1999年		●都市基盤整備公団設立	
2000年			
2001年	●都市再生プロジェクト第三次決定		▼太子堂・三宿（太子堂三丁目）（大規模土地利用転換と周辺整備）
2002年			
2003年	●密集法改正（防災街区整備事業創設）		▼曳舟駅前（再開発）▼西ヶ原四丁目（防公事業）
2004年		●独立行政法人都市再生機構設立	住宅市街地総合整備事業　▼西新井駅西口周辺（梅田五丁目）（大規模土地利用転換と都計道）
2005年			
2006年	●住生活基本計画制定 ●都市再生プロジェクト第十二次決定		
2007年	●密集法改正（URによる従前居住者賃貸住宅整備が可能に）	●密集市街地再生フォーラムにて「次世代型住宅市街地の創生に向けて」を公表	▼生活道路整備（受託支援）開始（太子堂・三宿等）
2008年			▼根岸三・四・五丁目（従前住宅・区画整理等）
2009年			▼門真市本町（防街事業）
2010年			▼京島三丁目（防街事業）
2011年	●東京都が木密地域不燃化10年プロジェクト開始		▼荒川二・四・七丁目（従前住宅等）
2012年			▼木密エリア不燃化促進事業開始（弥生町三丁目周辺等）
2013年			
2014年			
2015年			
2016年			

※2016年3月末時点
※事業制度は特徴的な制度のみを記載（出典：国土交通省「市街地整備2016ハンドブック」）
※再開発：市街地再開発事業、防公事業：防災公園街区整備事業、区画整理：土地区画整理事業、従前住宅：従前居住者用賃貸住宅整備、
　防街事業：防災街区整備事業、都計道：都市計画道路の直接施行

図 2·6　密集市街地整備の制度と UR の取り組みの変遷

第2章

密集市街地整備をいかに実践するか

> 2.1
密集市街地整備が目指す方向性

1. ボトムアップとバリューアップ

　前章では、密集市街地の何が問題なのか、それに対する政策と UR の取り組みの変遷を見てきた。本章では、UR の具体の取り組みから見えてきた「密集市街地整備の実践方法」について、一般化を試みながら考えていく。

　最初に、密集市街地整備の方向性を、前章を踏まえて再確認する。密集市街地整備は、政策的には防災の問題として扱われ、指標として「不燃領域率」^{注17}が用いられる。この指標は、空地の確保や個々の建物の不燃性を評価するものである。したがって、「防災性が向上する」とは、すなわち「道路などの空間が確保」され、「建替え更新が進む」ことを指す。裏返すと、これがまさに密集市街地の主要課題〜公共施設の不足と建替え更新サイクルの停滞〜である。何より問題なのは、この課題が放っておいても解消には向かわないことである。その要因は、密集市街地に特有の条件の重なり〜物理的な制約（公共施設の不足や狭小な敷地など）、権利関係の輻輳（借地や借家の多さなど）、高齢化の進展など〜にあると考えられる。

　つまり、密集市街地の整備は、「自律的なまちのサイクルを取り戻す」ことを目指し、その歯車を回そうとする取り組みと言える。これに対して、UR は「ボトムアップ」と「バリューアップ」という二つの方向性を据えて、これを「車の両輪」として取り組むことが鍵であると考えている。

　まず、「ボトムアップ」は、防災性など市街地の基本性能を改善する取り組みである。公共施設の整備がその代表である。一方「バリューアップ」は、密集市街地の地域価値を高め、住環境を向上する取り組みである。密集市街地は元来、生活の便利さや顔の見えるコミュニティなどのある暮らしやすい街であり、魅力をより高めることで個人の意欲を促す方向である。

　密集市街地というとボトムアップに目が向くが、実際の事業は両方の要素を含んで成り立っている。詳しくは第 3 章の事例で紹介していきたい。

2. 当事者としての住民と担い手

次に、密集市街地整備を実践する「当事者」として、「住民」と「担い手」について考えていく。

密集市街地の整備は「住民」が主役である。住民の生活場所において、住民の資産を扱い、個々の建替え更新が主の取り組みだからである。その一方、個人が実行できることには限界があり、住民の力だけでは建替え更新のサイクルが動き出さないという問題がある。

こうして、密集市街地整備の歯車を回すために、外部の「担い手」〜行政、コンサルタント、事業主体、専門家など〜の力が必要になる。外部者だから担える役割は幅広い。客観的な目からの提案、当事者間の利害の調整、権利関係などの専門的・中立的な処理などである。

UR としては、住民と担い手を別々にではなく、相互に作用し合うセットと見るのが有効と考えている。そのうえで、密集市街地整備のフェーズが進むのに伴い、住民・担い手の役割も変化していくものと捉えている。

3. フェーズの進展と住民・担い手の役割の変化

密集市街地整備のプロセスを三つのフェーズに分けて考える。特に、前項で述べた「住民」「担い手」それぞれの役割の変化に注目していく。

(1) フェーズ1　先導的事業期

まずは、行政の発意の下、住民の意見を集約しながら密集市街地整備の計画をつくる。そして、課題が集積した箇所で先導となる事業を実施し、課題解決型のボトムアップを図る。この段階は行政が主導することが重要で、UR など事業主体も行政からの委託に基づいて参加するのが一般的である。「住民」側では、行政の声掛けで住民代表組織の「まちづくり協議会」が発足し、行政と住民のパイプ役や住民意見の集約を担い始める。

(2) フェーズ2　連鎖的展開期

先導的事業の実現で見えた整備効果を生かしながら、市街地全体に広がりをもった取り組みを展開する。柱は、①建替え更新などの「地域のルールづくり」

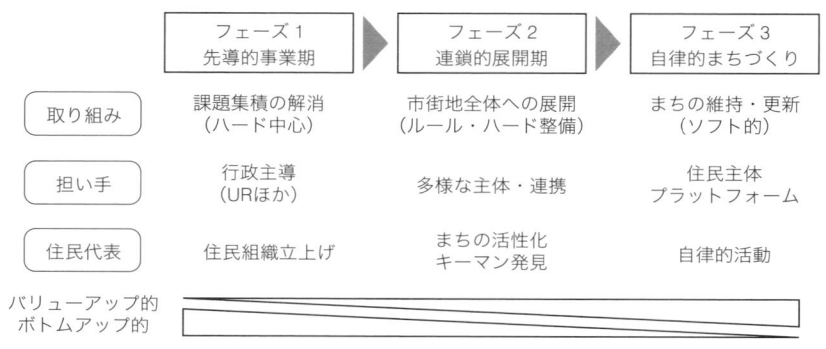

図1・1　密集市街地整備の三つのフェーズ

と、②バリューアップも意識したハード整備事業、である。「担い手」は、取り組み範囲の広がりに対応して、多様な主体が加わる形で裾野を広げていく。「住民」側では、まちづくり協議会が「ルールづくり」の取り組みを通じたキーマン発見など体制を強化し、活動が充実していく。個人レベルでも、密集市街地整備への参加意識の広がりも期待できるようになる。

（3）フェーズ3　自律的まちづくり期

　行政の施策としての密集市街地整備は、政策目標の達成や期限の到来により終了する。しかし、まちを良好に維持・更新する「まちづくり」には終わりがない。その中心を住民自身が担うことが最終目標である（図1・1）。

＞ 2.2
フェーズ１
先導的事業期の進め方

1. 先導的事業としてのハード整備事業の狙い

　先導的事業では、主に行政が主導しながらハードの整備を仕掛けていくが、これには二つの狙いがある。一つは、市街地の中で特に防災などの課題が集積

した箇所を緊急的に改善する、いわば外科手術である。二つ目は、市街地全体への展開のきっかけとなる「はじめの一歩」である。

　道路の拡幅を例にとれば、緊急車両の通行や避難路の確保といった道路本来の機能を確保するのが狙いの第一である。これに加えて、沿道の建替え更新の条件を整えて誘導し、住民に空間の変化を見せ生活再建のイメージを与える効果も狙いとしている。

　このような事業を位置づける計画づくりのプロセス自体も、住民と行政が密集市街地整備の目的や目標を共有するうえで重要なステップとなる。

2. ハード整備事業の手法

（1）公共施設の整備

　密集市街地の大きな課題は、公共施設の不足、特に骨格となる道路や地区内の主要な生活道路の不足を解消することである。これは市街地における更新サイクルの基本条件を整える効果も大きい。

　公共施設の整備方法には、公共事業、面的な事業の中での整備、さらに地区計画の規制誘導による漸進的な整備などがあり、公共事業が最も行政の主導性が強い。典型例は、都市計画道路の整備に併せて沿道の建替えと不燃化を促進し延焼遮断帯を形成する取り組みである。例えば、東京都では、主要生活道路[注16]を用地買収して幅員6m程度への拡幅に取り組む地区があり、URも地元区から委託を受ける形で成果を上げている。

（2）共同事業

　もう一つの柱となるのが、問題が重なり合った箇所で、他者と「共同する」ことで問題を解消する共同事業である。事業手法としては、法定事業である防災街区整備事業[注4]や土地区画整理事業[注5]、任意の共同建替えなどがある。共同事業の肝は、共同が真に必要かどうかの見極めである。住民の意向や担い手の条件から見た「やれるところ」と、客観的な「やるべきところ」を複眼で捉えて、両立し得る箇所を見極めることが重要になる。

（3）きめ細かい事業展開と事業手法の重ね合わせ

　密集市街地でハード整備事業を実現するには、地区の状況や権利者の意向に

きめ細かく対応することがポイントとなる。第3章の事例をその視点から見ると、事業エリアの設定、時間軸での分節、利用効率に着目した土地利用計画などの工夫がされている。事業手法も、手間をかけてでも柔軟に重ね合わせることで成立している事業が多い。このような進め方は、いわゆる修復型まちづくりの特徴と言えよう。

> **【事例3・8 寝屋川市東大利地区】p.158**
> 　地区内で改善を目指すエリアを一つの事業では扱わず、五つに区分することで、合意が可能となったエリアから順次事業化できる工夫をした。

3. 担い手から住民へのアプローチ

　ここからは、担い手（特に行政）から受け手となる住民にどうアプローチしていけば良いかを具体的に見ていく。なお、本項および次項では、合意を前提とする任意事業的な進め方を念頭に置いて話を進めていく。

（1）アプローチ①　〜防災の意味〜

　政策目的の「防災性の向上」は住民の目にどう映っているであろうか。

　住民を二つの立場に分けて考えてみたい。一つは、地域の一員である。この立場では、災害に対して強い地域をつくるのは、総論として当然のことである。しかしながら、その具体論に踏み込むと、多くの利害関係が絡み、地域が一枚岩になるのは簡単ではない。

　もう一つの立場は一人ひとりの個人である。個人にとっても防災が重要なのは言うまでもない。しかし、大きな災害は、日常生活の延長では当事者意識をもちにくいため、漠然とした不安の域を出ない。

　このように、住民にとって防災という政策テーマは、総論賛成・各論無関心になりがちである。総論として関係者間で共有する目標〜掲げる「旗」〜を立てる意義がある反面、それ単独では動機づけとして弱いという限界がある。

（2）アプローチ②　〜鳥の目と猫の目〜

　鳥の目と猫の目の「複眼思考」は、有効なアプローチである。

　まず「鳥の目」は、全体を上から俯瞰し、客観的、相対的に見る目である。

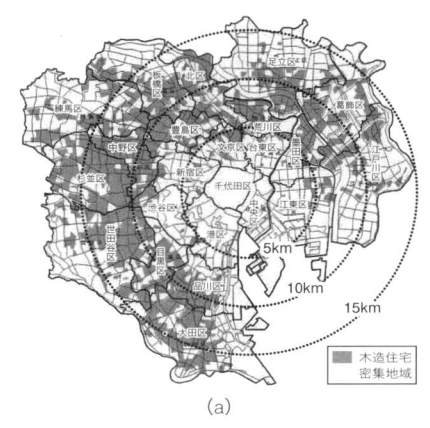

(b)

(a)

図 2·1　鳥の目（a）と猫の目（b）から見た密集市街地（(a)作成：東京都）

政策では、まさにこの目線から、密集市街地は防災安全性に大きな問題あり、とされている（図 2·1（a））。

　一方で、密集市街地の地平に立てば、そこは住民の生活の場である。生活者の目から街をクローズアップする目線が「猫の目」である（路地の好きな猫は密集市街地の象徴である）。この目線では、ヒューマンスケールな空間やコンパクトなまちの利便性などが目に入ってくる（図 2·1（b））。

　このように、密集市街地の評価は、目線の置き方で大きく異なる。では、二つの目線をどう使えば良いであろうか。

　出発点は、「鳥の目」「猫の目」の複眼思考である。生活に不安を抱える個人に対し、鳥の目から防災だけを説いても話は嚙み合わない。次に、複眼で見つつも軸足を「猫の目」に置く。これが基本的なアプローチとなる。さらに、「猫の目」（主観性）を軸としつつも、「鳥の目」からの客観性をバランスよく備えることである。客観性や合理性の乏しい提案では共感は得られない。

（3）アプローチ③　〜事業の発意〜

　先導的事業を立ち上げるには、発意が必要である。この部分は、担い手から「この指とまれ」と打ち出す覚悟が望まれる。

　行政が発意するという点で、公共施設の整備は、住民からも理解されやすい。逆に、共同事業は、本来は住民発意が馴染む。しかし、住民が最初から事業推進の立場で発意するのは難しい。事業の成否にかかわらず地域と縁が切れない

ためである。担い手は、そのことも頭に入れ、発意の役割を担った上で、個人の意向を尊重して進めるのが望ましい。

　また、担い手が住民と対話する場をどのような範囲に、どのような名目で声掛けするかというのも、後々の進め方に大きく影響するポイントである。

【事例 3・6　江戸川区中葛西八丁目地区】p.132

　主要生活道路の計画を地元に説明した段階で大反対が起こった。しかし、地元区と UR が整備の必要性を粘り強く説いていき、個別に住民との対話を進めるなかで、道路の必要性を理解している住民も多いことがわかり、事業化に向けた動きが進むこととなった。

（4）アプローチ④　〜働きかけ〜

　担い手からの発意に対して、話を進めるかどうか、個人の意向把握を行っていく。この際、意向を聞くに留まらず、有効な「働きかけ」により個人の意向を引き出していくことが何よりも重要である。対話の中で理解を深めていく部分は多く、そこに担い手の大きな役割がある。

　具体的には、まず、担い手は「聞き上手」に徹する。「猫の目」に立つことで、相手の立場や関心を理解し、共有できる部分を探っていく。次に、「気づかせ屋」となる。担い手の働きかけにより、住民自身に抱える問題や置かれた現状に気づいてもらうのである。この気づきが事業への動機となり、個人を「受け手」から「当事者」に変えていく。それを喚起するうえで、「バリューアップ」の視点から提案していくことが有効である。

【事例 3・12　墨田区京島三丁目地区】p.214

　事業について権利者との意見交換会を始めたものの、開発に巻き込まれる警戒感からすぐに継続が困難になった。ようやく再開に漕ぎ着けた後、その会を「説明会」ではなく、住民同士で現状認識を共有する「お隣の声を聞きあう場」から再スタートし、公平な第三者にも参加してもらい意図を視覚化した。この工夫により、徐々に現状や将来の問題点、自分たちの可能性に目が向き始め、話し合いが進んでいった。

4. 事業による選択肢と個人の意向

　前項では、担い手側から個人の動機や意向にアプローチする視点と方法を四つの方向から見てきた。その根底には、各個人が事業に納得して参加する「合意の重視」がある。住民にとっては、事業に参加し、生活や資産が変動するのは生涯最大とも言える重い決断である。自分の意思で選びとって事業に参加することは、後々まで見据えても重要である。

　この段階での担い手側の役割は、個人の動機や意向に沿いながら「動機を希望に変える」選択肢を用意することである。ここでは、個人にとって事業への動機となり得るキーワードを挙げておきたい。

（1）「住み続けられる」

　密集市街地では、敷地の制約などから通常の建替えでは住み続けられないケースがある。住み続けられることは、最も基本的な動機である。

> **【事例3・10　品川区戸越一・二丁目地区】p.188**
> 　当初の計画では地区外転出を余儀なくされる権利者の意欲が低く、対話が進まなかったが、新たな提案により、現地に住み続けられる可能性が見えると、急速に当事者意識が芽生え、前向きな対話が可能となった。

（2）「子どもたちが戻って来られる」

　住まいの老朽化や手狭なことで、子ども世代との同居やいつか戻って来る可能性を諦めているが、事業により希望が見えれば、大きな動機となる。

（3）「資産を後世に良い形で引き継ぐ」

　住まいは貴重な資産でもある。密集市街地では権利関係が複雑な場合も多いため、自分の代でそれを解決することは大きな動機となる。

　ここで例として挙げたような個人の動機が、事業の選択肢によって実現されるならば、合意形成に近づくことができる。理想的な形は、一人ひとりの動機や意向が実現されるよう事業手法を組み立てることである。

また、逆説的ではあるが、「事業に参加しないも選択肢」として扱う方が話を進めやすい場合もある。個人の選択が尊重されることを明らかにすることで、議論への躊躇を取り除き、また、最終的な納得にも繋がる。これも合意を重視する進め方の一つの現れと言える。

> 【事例3・14　台東区根岸三・四・五丁目地区】p.238
> 　あらかじめ把握していた土地所有者や借家人の課題や希望に叶うよう、地元区とURが連携して三つの事業手法を柔軟に組み合わせて選択肢を用意し、迅速な合意形成と整備に繋がった。

> 2.3

フェーズ2
連鎖的事業期の進め方

1. 先導的事業から連鎖的展開へ

　このフェーズでは、先導的事業の効果も利用しながら、市街地全体で連鎖的に市街地の改善を展開させていくことを目指す。本項では、ハード整備を連鎖的に進めていく方法と、その担い手に焦点を当てて考えていくこととする。

　ハード整備の連鎖としては、まず先導的事業の効果によるものがある。典型的なのは道路の拡幅後に起こる建替えである。また、防災街区整備事業が実現した近隣で、同じ事業手法により地域内で再建をしたいという検討の意向が出てきた例もある。

> 【事例3・10　品川区戸越一・二丁目地区】p.188
> 　共同事業により百反通りが延長115mにわたり幅員11mに片側拡幅された。拡幅後、道路反対側においても、道路斜線などの建築条件の緩和により、多くの建物が建替えられる効果があった。

【事例 3・15　世田谷区太子堂・三宿地区】p.250
　三太通りの拡幅に伴い、道路沿道の建替えに加え、直接は通りに面しない隣接宅地でも建替え更新率が高まる効果があった。

　また、先導的事業のなかで、従前居住者用住宅や代替地を整備することは、その後に展開する道路整備ほかの事業の受け皿を用意して、連鎖的な展開をつくる効果的な手法である。

【事例 3・2　世田谷区上馬・野沢周辺地区】p.90
　拠点開発敷地のうち、低層住宅に適する部分を都市計画道路 209 号線の移転代替地として活用することで、迅速な道路用地の取得を実現した。

2. 地域のルールづくりとまちづくり協議会の充実

　密集市街地整備は数十ha程度の広がりをもつ市街地が対象であるため、市街地全体に関わる方針や規制・誘導[注6]策といった地域に即したルールを「地区計画」として定めることが多い。主要生活道路を地区施設として位置づけたり、道路斜線制限の緩和を定めたりというのが代表的な例である。

　地区計画を定めることは、住民代表である「まちづくり協議会」の活動という側面からも大きな意味をもっている。協議会は、地域ルールを提案する主体として、行政やコンサルタントと共に地域の実情を調べ、素案の作成、関係者との共有などのプロセスを経験する。この過程でキーマンが見出され、体制が強化され、主体性を高めていく。これは、まちづくりのルールを住民自身が決められるという貴重な経験であり、まちづくりへの参加意欲を大いに高める効果がある。

3. 担い手の多様化と連携

　連鎖的展開では、市街地全体で前向きな関心や意向をもつ住民に対して、意向に沿った提案をしながら事業の実現を目指す。そのすべてに行政が対応するのには限界があり、多様な担い手がそれぞれの得意分野で連携して対応することが望まれる。同じ地域で複数の担い手が事業に取り組んでいる場合も、同じ

ように連携が鍵を握る場合がある。

　連携のあり方は、情報共有のような緩やかな形から、行政・UR・民間・コンサルタントの組み合わせ方、法人格を活用した「地域再生プラットフォーム」の組織化まで、可能性の幅は広い。専門家の間でも多くの知見が積み重ねられているが、密集市街地でも発展が期待される領域と言える。

4. 連鎖的展開に向けた新たな試み

（1）市街地内での起点づくり〜 UR が取り組む新たな土地取得〜

　連鎖的な展開を本格的に機能させる仕掛けとして、広い市街地の中に連鎖事業の起点をつくっていくことが考えられる。これに向けた UR の新たな取り組みが「木密エリア不燃化促進事業」[注18]である。これは、対象エリアで UR が土地の取得を機動的に進めるものであるが、従前建物を除却し更地にすること自

体が、防災性の向上に寄与するものである。

　取得した土地は、道路整備や面整備の代替地として活用するほか、連鎖的な事業の種地としての活用を狙っている。活用の本格化はこれからであるが、さまざまな担い手とも連携しモデル化を目指している。

（2）社会の新たな課題への対応

　今後に向けて検討を深める方向として、二つの視点が挙げられる。

　一つは、空き家問題への対応である。新たな法令が整備されたが、もともと密集市街地の整備メニューには老朽住宅除却があり、法律や政策メニューをうまく取り込み展開することが期待される。

> 【事例 3・7　荒川区荒川二・四・七丁目地区】p.146
> 　区が建物の寄付を受けて除却する事業に取り組み、これに UR の用地取得を組み合わせることで、空き家問題に一つの解を与えている。

　もう一つの視点は、都市政策の外側の領域との総合である。地域全体の「バリューアップ」を狙い、地域固有の魅力を生かしながら居住継続や若い人を呼び込み、多様な世代の居住促進の実現を目指す方向である。例えば、高齢者や子育てなどの福祉的な機能の強化、空地や空き家を活用した地域活動の活性化、アーティストなどの動きに見られる地域の魅力の発掘、クラインガルテンのような農や緑環境の要素を入れた取り組みなど、さまざまな方向が考えられるであろう。これらの実現には横断的な取り組みが不可欠であり、外部の担い手との連携がますます期待される。

> 2.4
フェーズ 3
自律的まちづくりへ

　ここまで「担い手」には外部の担い手を想定してきたが、最終ゴールは「住

図4・1　まちづくり協議会の様子 (提供：江東区)

民」自身が「担い手」の中心となり、これをファシリテーターや多様な主体が支えていく形である。

住民参加のまちづくりとしては、1982年に一早くまちづくり条例を制定し住民参加の仕組みを整えた神戸市の真野地区や密集市街地である世田谷区の太子堂・三宿地区がよく知られている。また、地方再生では、住民自身が立ち上がった取り組みも増えつつある。運動論としての住民主体の意義は専門家の筆に譲るとして、密集市街地ではもっと現実的な事情から住民主体のまちづくりが必要である。

政策としての密集市街地整備は、10年間など一定の時限的な取り組みである。よって、行政の地域への関与が弱まった後も、良好なまちの維持・更新を目指して自律的にまちづくりが持続できる仕組みが望まれる。

期待されるのは、「まちづくり協議会」などの地元住民組織の充実である（図4・1）。策定した「地域のルール」に沿いながら、地域再生プラットフォームのような多様な主体と連携できる体制を構築して、まちづくりを持続することが望まれる。

URが関わった世田谷区【上馬・野沢周辺地区】(p.90) では、拠点整備や都市計画道路の整備を契機として活動をスタートしたまちづくり協議会が、その後も継続的に活動を続けている。URの拠点整備や都市計画道路整備が完了して地区の安全性が向上した後、まちづくり協議会の活動は控えめになった。そこから少しずつ時間をかけて活動を継続し、とうとう地区計画策定という大きな成果を上げた。これにより、さらなるまちの安全性向上に効果を上げ続けている。

密集市街地整備は、もともと地域の「弱み」を改善するところからスタートしている。しかしながら、住民を主体とする地域の自律性という面では、まちづくりのプロセスを経験することが、むしろ地域力を向上させる「強み」にもなり得るのである。

第3章

密集市街地整備「事業」の実際

本章では、これまでの UR の取り組みの中から、特徴のある 15 地区を紹介する。UR の取り組みとしては、整備計画づくりや整備プログラムの作成支援、適用する事業手法や制度の提案などのコーディネートから始まり、多様な整備手法を駆使して対応してきた。

・大規模土地利用転換による防災拠点整備
・関連する都市の骨格となる道路整備や防災公園整備
・防災街区整備事業等の共同化、市街地再開発事業、土地区画整理事業
・生活道路整備
・移転が必要となる方向けの従前居住者用賃貸住宅の建設
・住宅地区改良事業等のコーディネート

　また、まちづくり協議会等の地元との協議・調整のプロセスや、事業実施後の地元によるまちづくりのルールづくりなど、UR の事業をきっかけとしたさまざまな波及効果も振り返っている。

表 1　事例概要

No	地区名称	UR の主な取組み	P
1	神谷一丁目地区	拠点整備 / 道路整備 / 従前居住者用住宅整備 / 共同化	74
2	上馬・野沢周辺地区	拠点整備 / 道路整備	90
3	西新井駅西口周辺地区	拠点整備 / 道路整備	102
4	西ヶ原地区	防災公園整備	112
5	曳舟駅前地区	市街地再開発事業	122
6	中葛西八丁目地区	道路整備	132
7	荒川二・四・七丁目地区	道路整備 / 従前居住者用住宅整備	146
8	東大利地区	共同化	158
9	阪神・淡路大震災と共同再建事業	共同化	172
10	戸越一・二丁目地区	まちづくりコーディネート	188
11	大谷口上町地区	まちづくりコーディネート	202
12	京島三丁目地区	防災街区整備事業	214
13	門真市本町地区	防災街区整備事業	226
14	根岸三・四・五丁目地区	区画整理事業 / 道路整備 / 従前居住者用住宅整備	238
15	太子堂・三宿地区	拠点整備 / 道路整備 / 区画整理事業	250

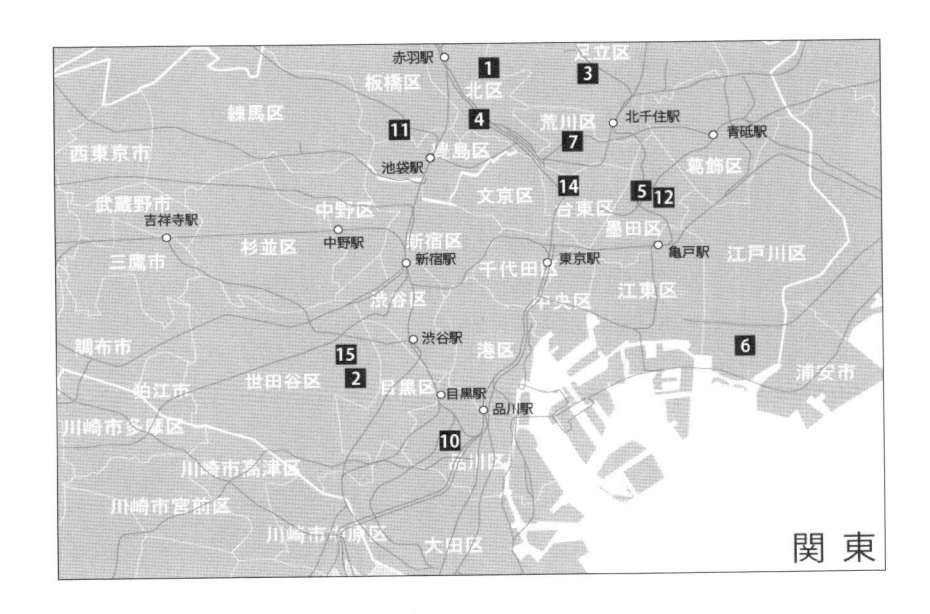

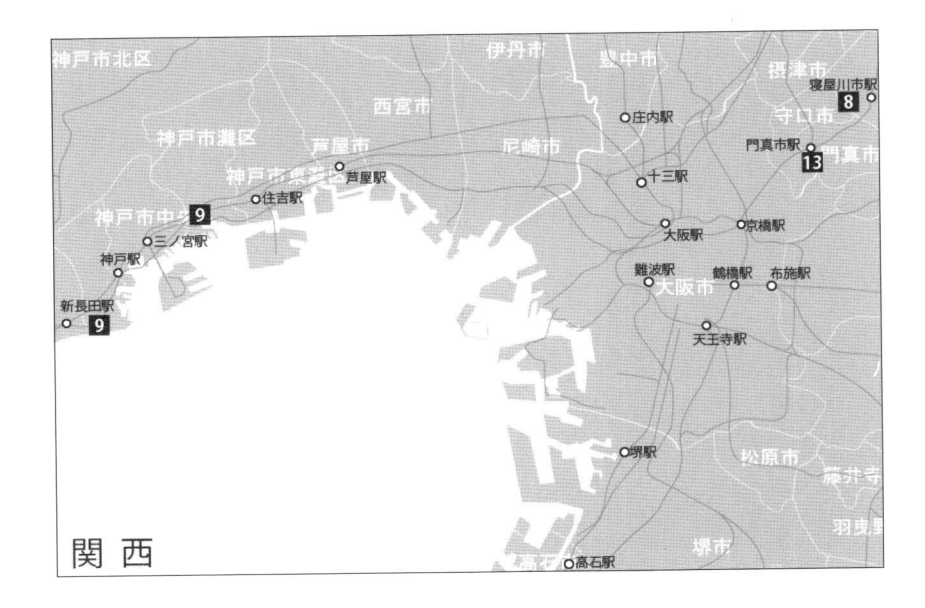

神谷一丁目地区 | 1981 〜 2000

UR の密集市街地整備はここから始まった

UR の役割が住宅供給からまちづくりへの転換期を迎えるなか、大規模工場跡地における UR 賃貸住宅の建設と併せた周辺密集市街地整備を実施。道路整備、公園整備、コミュニティ住宅整備、共同化などを総合的に展開した UR の密集市街地整備の代表的な事例である。

1. 立地と市街地特性

東京都北区の隅田川沿川地域では、多くの大規模工場が集積し、城北工業地域の一翼を担いながら 1960 年代後半まで発展を続けてきた。戦後の人口増加期には、これら工場の間を埋めるように住宅やアパートが建てられ、住工混在の密集市街地が形成されてきた。しかし、1970 年代以降、運輸手段や産業構造の変化から

図 1・1　神谷一丁目地区の位置

大規模工場の転出が相次ぎ、土地利用にも大きな変化が始まっていた。

当地区は北区の北東部、JR 京浜東北線東十条駅から東へ約 1km の隅田川沿いの、環状 7 号線と北本通りに囲まれたエリアに位置し（図 1・1）、周辺地域と同様に大規模工場が移転時期を迎えていた。この工場用地の北側に、密集市街地が広がっていた。道路・公園といった都市基盤がほとんど整備されず、消防車など緊急車両の通行も困難な状態で、未接道宅地も多く、建物更新も思うように進まない状況にあった（図 1・3）。

（1）事業化に至る経緯と UR の役割

UR が大規模工場移転後の跡地を 1982 年 3 月に取得し、当事業（表 1・1、図

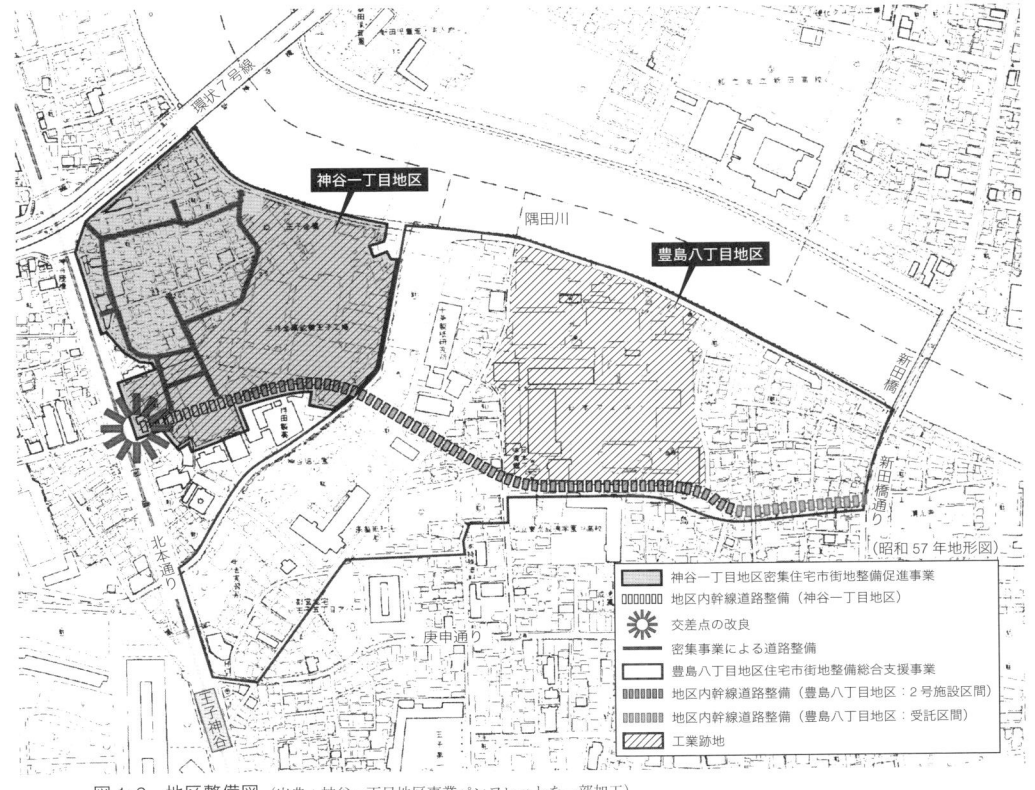

図 1・2　地区整備図 (出典：神谷一丁目地区事業パンフレットを一部加工)

表 1・1　UR 都市機構の取り組み

項目	概要
防災拠点整備	工場跡地（約 2.9ha）を取得し、UR 賃貸住宅（621 戸）整備
道路整備（直接施行）	緊急車路（6 〜 12m）、区画道路（4 〜 6m）整備
公園などの整備	児童遊園など 2 カ所（592m²）整備
従前居住者用賃貸住宅の建設・管理	コミュニティ住宅（従前居住者用賃貸住宅（16 戸））の建設・管理
共同建替え事業の施行	民営賃貸用特定分譲住宅制度などを活用した共同建替えの実施 （92 戸（うち 19 戸はコーディネート））
工場アパートの建設	工場アパート（7 区画）の建設
河川堤防整備（受託）	東京都からの受託により緩傾斜型堤防を整備

1・2) を実施することに至った経緯として、大きく二つの要因があった。

一つは、取得した工場跡地が工業地域内であったということ。東京都も北区も、公的主体であるURが工場跡地を取得すること自体には好意的であった。しかし、東京都は、工業地域内での公的住宅の建設は原則的に認められないとの方針があったため、当時のURの主力事業であった住宅建設のみでの開発は困難であった。そのため、当地区に相応しい開発のあり方を模索する必要があり、学識経験者と国・都・区で構成される委員会を設置し、工場跡地の周辺整備（にじみ出し）を検討することとなった。

図1・3　事業前の様子

その後、住民や工場経営者へのアンケートによる意向調査を実施し、東京都、北区との協議を重ねた結果、①周辺の住環境整備を行うこと、②南側既存工場との間に適切な緩衝帯を設け住工の相隣問題に留意すること、③工場アパートの計画実現に努めること、この三つの開発条件により、地区外施行区域として工業地域内でのUR賃貸住宅（神谷堀公園ハイツ）の建設が認められることとなった（図1・4）。

もう一つは、「日本住宅公団」から「住宅・都市整備公団」への組織改編にある。新組織は、住宅・宅地の的確な供給と都市整備とを総合的かつ一体的に実施する機関であり、まちづくりへの取り組みが大きな役割の一つであった。そのため、基盤整備から建物整備までを総合的に行う「住環境整備モデル事業」のUR施行に関する検討が行われていた。その後、URがこの事業の施行者となるよう国に要望し、当時の建設省、大

図1・4　住環境整備モデル事業の区域と地区外施行区域（UR賃貸住宅建設用地など）
（出典：神谷一丁目地区事業パンフレットより）

蔵省との協議を経て 1984 年 4 月に正式に施行者に加わることとなった。

　こうした二つの大きな要因が結び付き、1986 年度に住環境整備モデル事業の大臣承認を受け、翌 1987 年には現地事務所（神谷住環境整備事務所）を開設し、UR 施行による当事業がスタートした。当事業が終了する 2000 年度までの 14 年間に、当時の UR が持ち得た知恵と権能をフル活用し、さまざまな新たな取り組みを進めることとなったのである（表 1・2）。

表 1・2　事業年表

年度	主な内容	
1981	・UR（当時住宅・都市整備公団）が工場跡地を取得	
1982〜1983	・神谷一丁目地区整備基本計画の策定	
1984	・住環境整備モデル事業制度の一部改正により　施行者に UR を追加	・住民意向調査の実施 ・第一回地元説明会の開催
1985	・工場アパート計画の検討開始	
1986	・住環境整備モデル事業大臣承認	
1987	・神谷住環境整備事務所開設	・ループ道路工事開始
1988	・コミュニティ住宅入居希望者アンケート調査 ・UR 賃貸住宅（神谷堀公園ハイツ）入居開始	・優良再開発の協議開始
1989	・事業名称変更（→コミュニティ住環境整備事業） ・工場アパート完成	・コミュニティ住宅建設開始 ・優良再開発工事発注（民賃 59 戸（店舗工場付住宅））
1990	・緩傾斜型堤防工事開始 ・整備計画の変更	・コミュニティ住宅完成
1991	・民賃事業着手	
1992	・緩傾斜型堤防完成 ・優良再開発（民賃 59 戸）完成	・賃貸住宅（民賃 14 戸）完成 ・神谷住環境整備事務所移転（→日暮里）
1993	・豊島八丁目地区再開発地区計画都市計画決定 ・豊島八丁目地区特定住宅市街地総合整備事業大臣承認	
1994	・ループ道路完成	・事業名称変更（→総合住環境整備事業）
1995	・整備計画の変更（第 2 回） ・事業名称変更（→密集住宅市街地整備促進事業）	
1996〜1998	・共同化更新への働きかけ	
1999	・共同化の関係権利者間で「土地の共同利用についての合意」成立	
2000	・整備計画の変更（第 3 回） ・地主など（9 名）による都心共同住宅供給事業（共同建替え）開始	・区画街路（幅員 4m）の整備 ・子どもの遊び場の整備 ・事業完了

2. 事業の内容

（1）整備方針の組立て

1. 住工共存の土地利用

当地区は UR 用地を挟む形で、北側の小工場が混在する密集住宅地と南側の工場群とに大別される。開発条件は、北側にある密集住宅地の住環境の向上を図ると共に、UR 用地での住宅開発が南側の工場群の操業継続上の障害にならないように配慮することである。このため、UR 用地の南側の工場群に接する部分は、工業系施設用地や緩衝緑地として活用することとし、北側密集住宅地内の工場で操業継続を望む人への代替地もここに用意、地区内移転による南側への工場の誘導を促進し、土地利用の整序を図ることとした（図 1・5）。

図 1・5　土地利用の整序とエリアの考え方

2. 防災性を高める道路整備

地区北側の密集住宅地は、特に道路が脆弱であり、震災時の問題のみならず、平時の一般車両の通行、緊急車両の通行や消防活動を可能とす

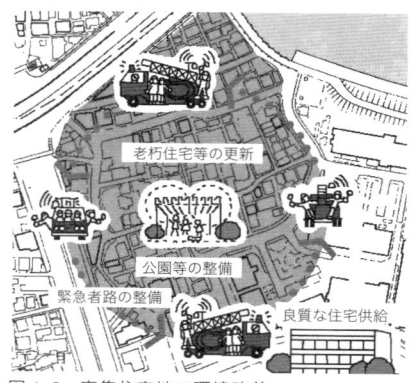

図 1・6　密集住宅地の環境改善

る道路の整備が最も緊急性を要する課題の一つであった。

また、老朽化した木造住宅も多く、道路の整備に併せた建替えなどを推進していく必要があった。このため、UR 用地の一部を道路や代替地などに活用しながら、密集住宅地の環境改善を図ることとした（図 1・6）。

3. 波及効果の計画的誘導

住宅開発や当事業を推進することで、当地区内および周辺地におけるまちづ

くりへの波及効果(関連事業の派生)が期待されていた。あらゆる機会で多様な権利者の意向を捉えながら、URの各種事業制度を活用し、周辺地での開発や共同化など計画的な事業展開を図ることを目指した（図1・7）。

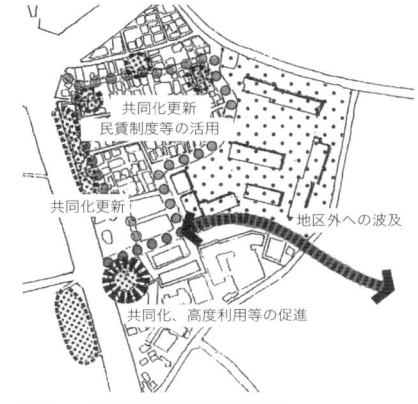

図1·7　波及効果の計画的誘導

（2）環境改善を図る具体策

1. 老朽（不良）住宅の除却

当初の整備計画では、地区内の老朽住宅179戸（全住戸数の約51%）のうち、除却するもの150戸（うち公共施設整備関係67戸、要区画形質変更58戸）、接道改善などを含め改修するもの29戸としていた。

実際に公共施設整備で除却した老朽住宅は29戸で、道路整備などの進捗により自律更新が可能となり改善されたものなどが109戸あり、結果、地区内老朽住宅の8割近くが解消されることとなった。

2. 道路整備

密集市街地改善の一番の肝となる道路の整備は、関係権利者の合意なしでは進められない。1984年10月19日に開催した工場跡地の地元説明会を皮切りに、権利者との交渉がスタートした。合意形成のツールとして、地区内に代替地とコミュニティ住宅[注19]を用意し、共同建替えなども提案しながら合意形成を推進した（図1·8）。

当事業による道路整備のための土地取得は、税制対策が大きな課題であった。従前資産の譲渡や代替資産の取得に対する租税特別措置法上の特例（譲渡所得の控除）の適用を受けるために関係機関と度重なる協議の結果、二つの根拠による適用を可能とした。一つは工場跡地での「50戸以上の一団地住宅経営に係る事業」による適用、もう一つは道路法24条に基づく自費工事施行承認の「道路管理者以外の者の行う工事」による適用である。これにより権利者交渉が大きく進むこととなった。

● 緊急車路（幅員 6 〜 12m）《図 1・8-a》

　当地区の重要な整備課題である緊急車路（ループ道路）については、消防活動困難区域[注23] の解消による防災性の向上と併せて、UR 賃貸住宅開発地への重要な導入路として計画した。また、東十条駅に向かう道路と北本通りの交差点に接続することで、その後に展開する豊島八丁目地区の開発に向けて先行的に整備する道路〈地区内幹線道路〉への導入部を確保することとした。

　なお、当地区には以前、隅田川に通じる旧宮堀川があり、子どもの事故が多発したため、1968 年ごろに埋め立てられたが、その後も水路敷（国有化）の扱い

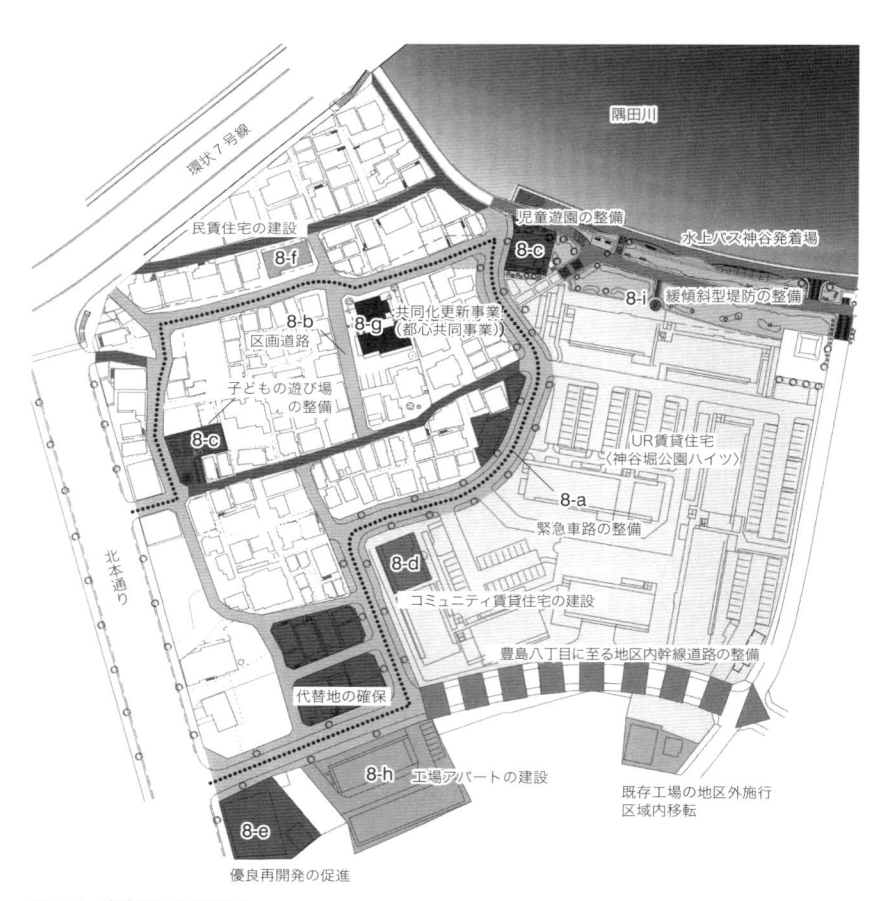

図 1・8　当事業の取り組み

となっていた。そこを隣接地の権利者などが不法に占用する問題があったが、ループ道路はこの問題を解消しながら国有地を道路用地に活用した整備を進め、1994年度に完成を迎えた。

● 区画道路（幅員4〜6m）《図1・8-b》

区画道路の整備は、既存の道路の拡幅と新設道路によってループ道路と接続し、地区内部の緊急時の避難や防災活動をスムーズに行えることを優先して整備を進めた。

3. 児童遊園・子どもの遊び場の整備《図1・8-c》

当地区には隅田川沿いに300m²弱の既存公園が1カ所のみであったが、当事業により公園・子どもの遊び場2カ所を整備した。一つは、ループ道路整備に伴い移設を必要とした既存公園（児童遊園）の代替として、緩傾斜型堤防との一体的活用が図られるよう整備。もう一つの新設公園（子どもの遊び場）はループ道路に接し、居住者の憩いの場であると同時に、防火水槽を備えた緊急時の一時的活動の場となるように整備した。

4. コミュニティ住宅の建設《図1・8-d》

当事業に係る道路整備などにより住宅を失う世帯の生活再建のため、コミュニティ住宅16戸（3DK約77m²8戸、1LDK約50m²8戸）をUR用地に建設した。事業終了時までに、すべての住宅が受け皿住宅として活用されている。

（3）波及効果による五つの事業

これらの整備に加え、波及効果による取り組みも積極的に展開している。

1. 優良再開発の促進《図1・8-e》

当地区の入口である、北本通りとループ道路の交差点南東側の敷地に立地する工場の建替え意向をキャッチし、1988年から優良建築物等整備事業[20]（当時、優良再開発建築物整備促進事業）による建替え協議を開始した。結果、北区第一号として同事業（共同化型）の適用を受けることとなり、2人の権利者を施行者として共同化・土地の高度利用による共同住宅・店舗・工場を整備し、1993年1月に完成した。同事業にはURの民営賃貸用特定分譲住宅制度[8]（民賃制度）を活用し、事業の初動期から完成までURが権利者を支援することで、当事業周辺地での波及効果をもたらす建物施設整備を実現した（図1・9、1・10）。

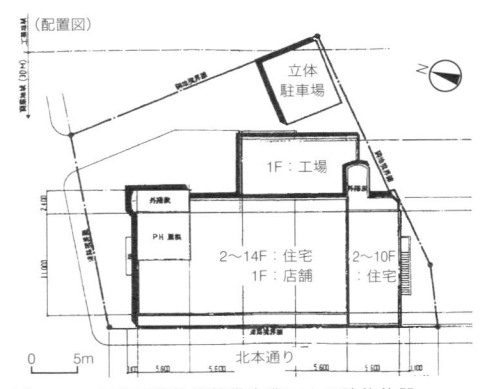

図1·9　優良建築物等整備事業による建物　図1·10　優良建築物等整備事業による建物施設

2. 民賃制度を活用した共同住宅建設事業《図1·8-f》

　ループ道路の関係権利者との補償交渉では、老朽アパートを所有する権利者との交渉が難航した。しかし複数回話し合うと、現状のアパート経営に何か手を打ちたいという権利者の意向が見えてきた。そこで、建物プランに加え UR の民賃制度の活用による事業収支も含めた建替え計画案を提示し、権利者の建替え意向を固めることができた。この結果、老朽建物の改善とループ道路の拡幅用地が確保され、権利者も鉄筋コンクリート造の共同賃貸住宅14戸の経営を行うこととなり、懸案事項を一度に解消することができた（図1·11）。なお、従前居住していた借家人についてはコミュニティ住宅への受入れとほかの民間賃貸住宅への移転により対応した。

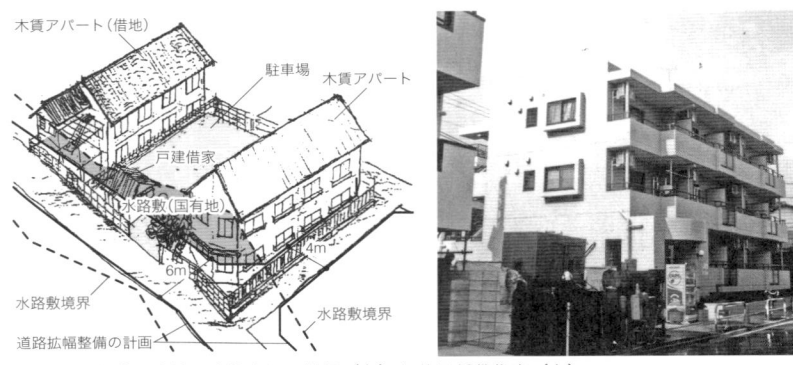

図1·11　従前の土地・建物などの状況（左）と共同賃貸住宅（右）

3. 共同化更新事業（都心共同住宅供給事業）《図 1・8-g》

　ループ道路の内側のブロックでは、大規模権利者の相続が発生した。借地も含めた権利関係の整理と併せて土地の有効利用を図りたいという意向を捉え、大規模権利者、借地人および隣接権利者に働きかけて、共同化更新の検討を開始した。自主個別更新を望む権利者を除いた区域で共同化を実施することとなり、都心共同住宅供給事業[注21] による補助金を導入し、民間コンサルタントのコーディネート[注10] によるコーポラティブ方式での共同化を実現した。共同化が

進む一方、当ブロック内では自律更新も進んでおり、当初計画した新設区画道路の見直しが必要となったことから、この共同化更新事業に併せて敷地西端沿いに新設区画道路を整備した。これにより、ブロック内側からループ道路への円滑な出入りが可能となった（図1・12、1・13）。

図 1・13　共同化更新後

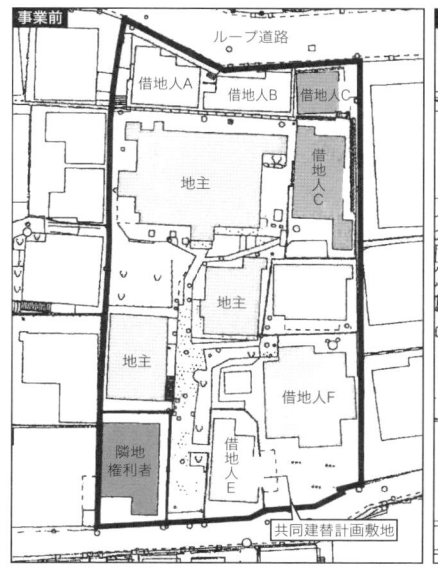
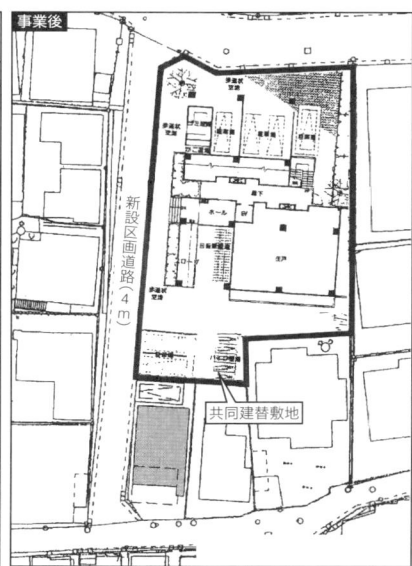

図 1・12　共同化更新事業の前後状況

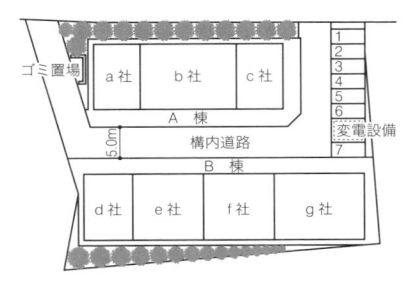

図 1·14　工場アパート配置図

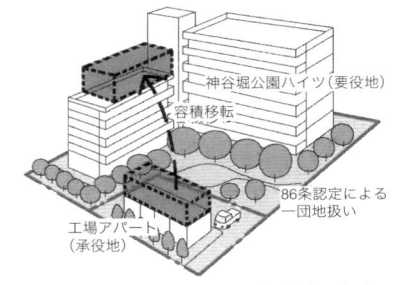

図 1·15　地役権の設定による容積移転の概念図

4. 工場アパートの建設《図 1·8-h》

開発条件の一つである工場アパート（図 1·8-h）については、他地区の経験をもとに UR で事業計画を作成し北区に提案した。北区としても、住居系地域に混在する中小工場の公害問題に適切な対処をすること、また区内の工場を経営する中小企業を育成するという点からも、UR の提案にて協働で進めることとなり、工場アパートの意向調査、企業選定、組合設立などを経て、当事業地区の周辺工場隣接地に 2 棟 7 区画からなる工場アパートを UR が建設し、工場アパート組合に対して用地と施設を分譲した（図 1·14）。また、同工場アパート敷地は〈神谷堀公園ハイツ〉の敷地と一体に建築基準法第 86 条の規定を適用し〈神谷堀公園ハイツ〉を要役地[注22]、工場アパート敷地を承役地[注22] とする地役権を設定。工場アパートの余剰容積を〈神谷堀公園ハイツ〉で利用することを可能とし、容積移転手法による土地の有効利用を促進した（図 1·15）。

なお、この工場アパートは当時の目的を果たし、2012 年 8 月に解体されている。

5. 緩傾斜型堤防の整備《図 1·8-i》

東京都は隅田川の魅力再生に向け、従来までのコンクリート造のいわゆるカミソリ堤防から、安全性や親水性に優れた堤防への改善を目指し、1980 年から緩傾斜型堤防整備事業に取り組んでいた。当地区の北側を流れる隅田川の堤防も、〈神谷堀公園ハイツ〉の建設と併せて河岸を地域住民に開かれた親水公園として整備するため、東京都から堤防工事、北区からは公園工事の設計施工を UR が受託し、緩傾斜型堤防の整備と共に神谷堀公園ハイツとの一体的で良好な空間整備を実現した（図 1·16）。

図1·16 緩傾斜堤防整備の様子 事業前（左）、事業後（右）

3. 事業による主な成果のまとめ

1. 建替えの促進

当事業の実施に伴い、自律更新による相当数の老朽住宅が解消。波及効果として事業地区内で63棟（199戸）の建替え、リフォーム、新築が進んだ。代替地への移転新築を含めると75棟（224戸）、棟数では代替地も含む地区全体（164棟）の約5割、戸数では同全体（382戸）の約6割が更新。周辺地域へも波及し、地区入口付近の北本通り沿い、地区内幹線道路沿いで、URの民賃や民間による住宅の建設が活発化した。

■老朽住宅　□良住宅

図1·17 老朽化住宅解消状況

2. 道路・公園の整備（道路面積率・公園面積率）

事業前の道路は全て幅員4m未満、公園は宮堀児童遊園1カ所のみで、当地

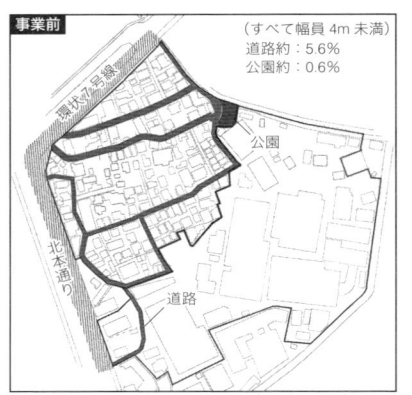

図 1·18　道路・公園の整備（道路面積率・公園面積率）

区と UR 取得地（地区外施行区域）を合わせた面積約 4.67ha に対する道路・公園面積は 6.2% に留まっていた。整備後は 19.7% と大きく向上している。

3. 消防活動困難区域[注23] の解消

　事業前は、4m 未満の屈曲した道路であったため、震災時や平常時の消防活動に支障のある区域が存在したが、ループ状の緊急車路と区画道路の整備により全域で円滑な消防活動が可能となった。

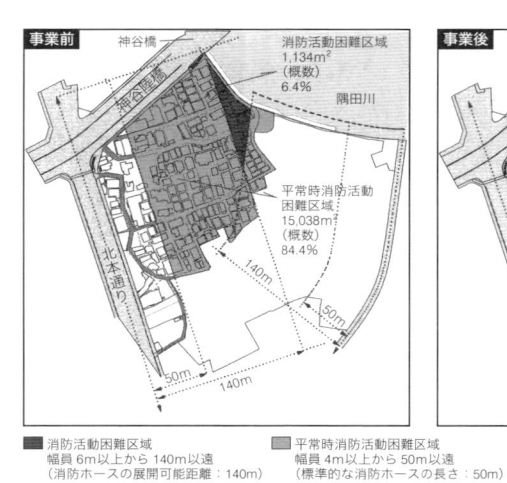
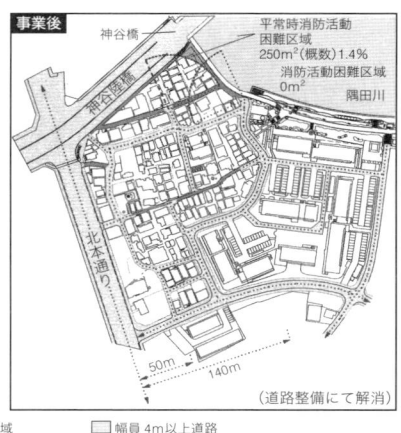

■ 消防活動困難区域
　幅員 6m 以上から 140m 以遠
　（消防ホースの展開可能距離：140m）

■ 平常時消防活動困難区域
　幅員 4m 以上から 50m 以遠
　（標準的な消防ホースの長さ：50m）

□ 幅員 4m 以上道路

■ 幅員 4m 以下道路

図 1·19　消防活動困難区域の解消

4. 不燃領域率の改善

事業前の当地区の不燃領域率[注17]は約31％に留まっていたが、事業後は約61％と基礎的安全性が確保される水準40％以上を大きく上回った（UR賃貸住宅を含めると、ほぼ延焼しない水準70％以上を達成）。

密集住宅地：約31％
密集住宅地＋公団住宅地：約51％

密集住宅地：約61％
密集住宅地＋公団住宅地：約81％

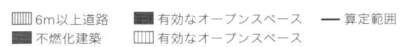

図1·20　不燃領域率の改善

4. 隅田川沿川への連鎖的な事業展開

当地区の特筆すべき点は、当地区を足掛かりとして、周辺地域へ連鎖的に事業が展開されたことがある。この展開を見越して当事業で整備したのが、地区内幹線道路である（図1·21）。冒頭に記述のとおり、当時、隅田川沿川で多くの大規模工場が移転検討を進めており、当地区に隣接する豊島八丁目の大規模工場もその一つであった。URは当事業の計画策定時から、豊島八丁目の土地利用転換に必要な道路の一部として、当事業で北本通りの交差点から約90mの区間を地区内幹線道路の導入部として整備している。その後、豊島の工場移転が現実となり、その跡地をURが取得して住宅市街地整備総合支援事業を開始し、住宅建設事業に併せて当地区から豊島地区までの約475mの区間を整備した。この区間は再開発地区計画の2号施設[注24]に位置づけられ、当事業の道路整備と同様、道路法24条に基づく自費工事施行承認により税制特例の適用を受けることで権利者交渉を促進した。

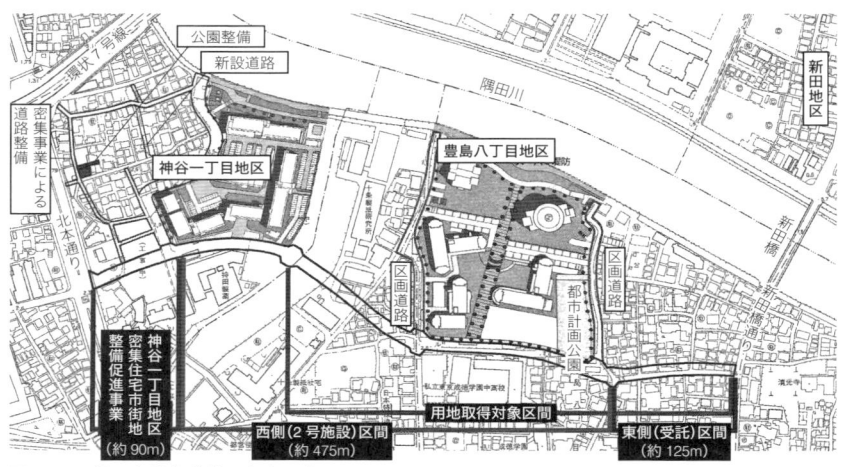

図1・21　地区内幹線道路の事業区分図

　この道路を東側に接続する新田橋通りまでの約125mの区間についても、北区から受託し総延長約690mの全区間での権利者交渉、用地取得から工事に至るまでの業務をURが行っている。さらに、対岸の足立区新田地区の大規模工場跡地もURが取得し、新たなまちづくりを進めることとなる（現〈ハートアイランドSHINDEN〉、図1・22）。このように、当事業の取り組みを見本として、後のさまざまな地区に連鎖して行くこととなった。

5. 行政・民間・URの協働による密集市街地整備の原点

　当事業では、数多くの手法・ノウハウが培われ、その後の密集市街地整備の幾つもの道筋となっている。ここではその主な道筋について類別する。

　一つ目は、大規模土地利用転換（跡地の拠点開発）と併せた周辺密集市街地の改善。【上馬・野沢地区】(p.90)、【太子堂・三宿地区】(p.250)、【西新井駅西口周辺地区】(p.102)などで同様の手法により密集市街地の改善に貢献している。

　二つ目は、上記跡地の一部を代替地などに活用した公共施設整備。上の3地区を始めとし、その後の木密エリア不燃化促進事業[注18]（エリア買い）に発展している。

　三つ目は、将来区道となるループ道路や区画道路、地区外幹線道路の整備。用地測量や用地費・補償費算定、用地取得交渉、税制関係対応、埋設管などの

他企業との調整、特に地区外幹線道路での無電柱化方式の採用といった、道路施行者であるがゆえのさまざまなノウハウが蓄積された。このノウハウは、【上馬・野沢地区】や【西新井駅西口周辺地区】の都市計画道路の直接施行にも生かされ、さらに 2007 年以降の UR の先導的事業として代表的な取り組みとなる主要生活道路注16 の拡幅整備支援へと繋がっている。

　四つ目は、コミュニティ住宅の建設。当事業が密集市街地での従前居住者用住宅活用の先駆けとなった。2007 年の密集法改正により、公共団体から UR への要請により建設できるという、一層事業に活用しやすい制度に発展し、【根岸三・四・五丁目】(p.238)、【荒川二・四・七丁目地区】(p.146) ではこの制度を活用している。

　当事業では、UR が施行者（事業主体）となって、道路・公園の公共施設整備や老朽住宅の除却など密集市街地の整備を進めてきた。しかし、事業性あるいは手法上の課題などから、すべてを UR が事業主体となって取り組むには限界があるということを実感することにもなった。当事業以降は、公共団体が主体的に取り組む密集市街地整備に対して、公共団体からの受託による支援や、ある特定の地区課題の解決に有効な UR 事業の導入により支援するといった役割を担っている。つまり UR は当事業を通じて、多様な主体と役割分担して連携するという、以降の密集市街地整備の基本となる枠組みを学ぶことができたのである。これも当事業のもたらしたノウハウの一つと言えよう。

　当事業の実績を礎としてその後の UR の密集市街地への取り組みは拡大し、その経験や実績がさらなるノウハウとなって、UR には密集市街地に取り組む専門部署が設置されるに至った。当地区、【神谷一丁目地区】が UR の密集市街地整備の"原点"なのである。

図 1·22　隅田川沿川の風景

> 3.2

上馬・野沢周辺地区 | 1996 ～ 2007 東京都世田谷区

防災拠点の形成と防災環境軸の整備から住民主体のまちづくりへ

　　大学跡地に防災機能を備える UR 賃貸住宅として整備。災害時に機能する 629m の都市計画道路整備を UR が区に代わって施行。権利者が UR の整備地区内で居住継続できるよう移転用代替地を確保しながら 6 年間で完遂した。UR による密集市街地整備の一つのモデルとして、住民主体のまちづくりへの発展にも繋がった。

1. 立地と市街地特性

　　当地区は東京都世田谷区の東部、区内有数の商業集積地の一つである三軒茶屋駅の南側に位置し、西側で国道 246 号、南側で環状 7 号線に接している（図 2・1）。三軒茶屋駅周辺は、関東大震災以降には都心からの人口流入、戦後～高度成長期には地方からの人口流入により宅地化に拍車がかかり、都市基盤が整備されないまま木造家屋の密集した市街地が形成された。

図 2・1　上馬・野沢周辺地区の位置

　　幹線道路の沿道では高層ビルなどへの建替えが進んでいるが、その他の部分では建物の老朽化が進行しているため、防災面で問題が生じていた。

2. UR の転換期：団地建設事業からまちづくり事業へ

　　UR（当時、住宅・都市整備公団）が当地区のまちづくりへ関与したのは、1996年 3 月に明治薬科大学の敷地（約 3ha）を土地取得してからである。明治薬科大学は、もう一つのキャンパス（西東京市）を含めて大学を移転集約化する方針だった。その大学跡地を対象として、まちづくりや事業実施のノウハウを有

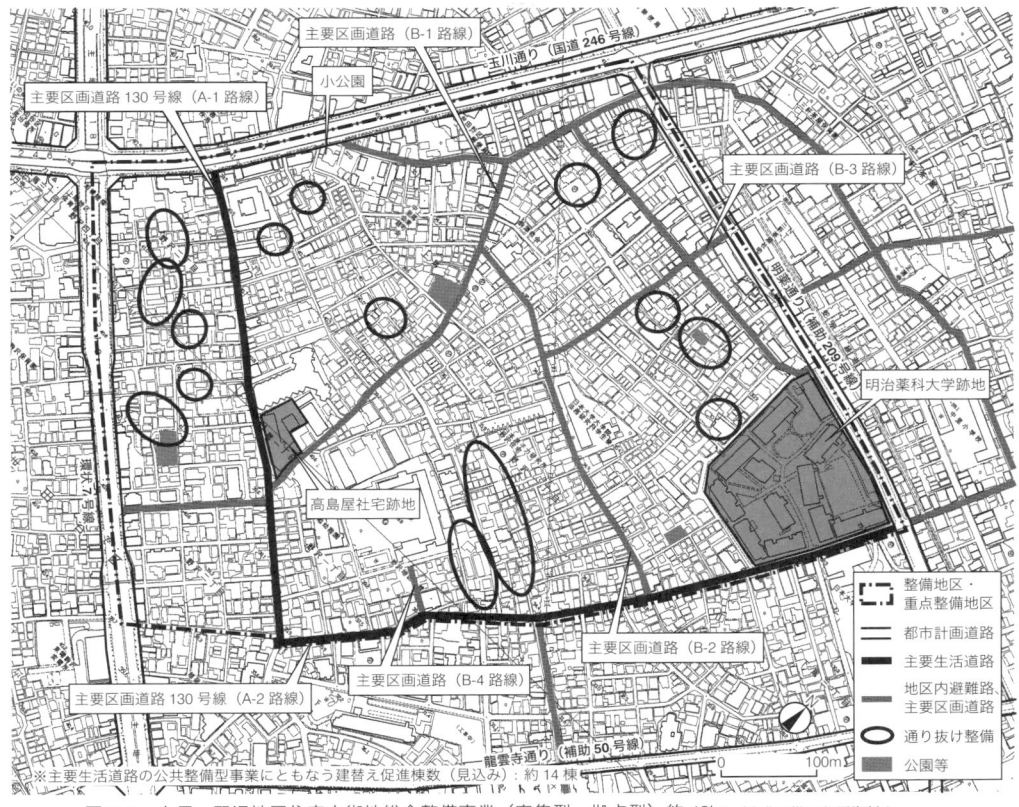

図2·2　上馬・野沢地区住宅市街地総合整備事業（密集型、拠点型）約42ha（出典：世田谷区資料を一部加工）

表2·1　UR都市機構の取り組み

項目	概要
防災拠点整備	大学跡地（約3ha）および社宅跡地（約0.5ha）の取得により以下を整備 ・UR賃貸住宅建設（561戸）、民間との共同分譲住宅整備（109戸） ・生活利便施設（保育所・高齢者施設・クリニック・コンビニエンスストアなど）誘致 ・広場（一時避難場所）整備 ・主要生活道路（幅員6m）整備 ・都市計画道路整備にかかる代替地整備
道路整備（直接施行）	直接施行制度により、都市計画道路補助209号線（幅員16m、延長629m）整備

する UR が両方の土地を取得してまちづくりに関与していくことになった。

　当時の UR は「住宅・都市整備公団」から「都市基盤整備公団」への組織改編を 1999 年に控え、従来以上に「まちづくりの貢献」に取り組んで行政支援や民間誘導のためのまちづくりを主業務とすることが求められていた。

　当地区では、1993 年度より区が「住宅市街地総合整備事業[注7]（密集住宅市街地整備型）」に取り組んでいた。しかし老朽建築物の建替えに併せて建物の不燃化や道路の拡幅整備を行っていく規制誘導の方法では、建替えがなかなか進まないため、その進捗は芳しくなかった。そこで UR が、大学跡地の整備事業と併せて密集市街地改善にも取り組むことになった（新たに「住宅市街地総合整備事業（拠点開発型）」を活用）。

　UR が大学から土地を取得した後、地域に資するまちづくりを目的とした「東京都・世田谷区・UR の 3 者による基本構想策定委員会」を組織して議論が始まった（1996 年 11 月）。その議論において、当地区における防災性の向上が重要課題とされた。こうした背景から、UR は大学跡地の単なる団地建設事業ではなく、防災機能を備えた住宅地の整備を担うことになった（以下、「防災拠点整備」という）。

　UR は防災拠点整備の計画を進める過程で、大学跡地の敷地北側に位置する未整備の都市計画道路補助 209 号線（幅員計画 16m だが従前は 6m 幅員の一方通行道路）に着目した。この道路は区の「緊急輸送道路障害物除去路線」に位置づけられ、「大地震が発生した際に、道路上の障害物を除去し、損傷箇所の補修をする道路」とされていた。そのため、この都市計画道路は地区全体の防災性を図るうえで非常に高い効果を発揮する重要施設であった。そこで UR は防災拠点整備に併せて、区にこの都市計画道路を「密集市街地の防災軸（以下、防災軸）」として整備していく必要性を提案した。

　しかし密集した住宅市街地を東西に貫く都市計画道路の沿道には、多くの戸建て住宅が建ち並び、道路拡幅に伴う生活再建は大きな課題であった。そして何より、区の通常の財政計画では、整備に必要となる集中的な予算立てが困難であった。

　そこで、UR が区に代わって、関連公共施設直接施行制度[注25]を活用して都市計画道路補助 209 号線の拡幅整備を行うことにした。当該制度では区予算の立替えとその費用の長期割賦によって区予算の平準化が可能となるため、区にと

ってメリットの高い仕組みであった。また、沿道権利者の生活再建については、大学跡地整備計画の中で移転用代替地の確保を考えた。URとしては、地区全体に防災性の向上を波及させていくうえで、緊急度が高く整備効果が高いこの都市計画道路を先導的に整備していくことに大きな意義があると考えたからである。

　さらにURは、防災性向上の取り組みを地区全域へ連鎖的に展開するため、大学跡地の整備に続く次の防災拠点整備の可能性を検討した。そして、地域住民が日頃利用する通りから避難できる防災拠点を増やし、防災性の向上を図ろうと考えた。しかし、三軒茶屋という立地条件の良さから地区内でまとまった土地の売却は少なく、仮に土地が出ても開発意欲の旺盛なハウスメーカーらによってミニ戸建てに変わってしまうため、安全性が向上しない状況だった。

　こうしたなか、URは地区の中央南部に位置する〈高島屋社宅〉に注目した（図2・1）。この土地は約0.5haという比較的小規模な面積であったが、地区内を逆L字型のルートで計画されている主要生活道路[注16]（130号線）と、それを補完する区画道路（B-1路線）の両方に接し、避難ネットワーク上の重要な場所に位置していた。そこでURはこの土地を防災拠点として整備していくことを検討し、所有者の高島屋に対して用地取得交渉に入った。そして、高島屋の協力を得て当該土地を取得することができた（前述の大学跡地を1996年に取得した4年後の2000年）。

　これらの取り組みにより、URは40ha以上に広がる密集市街地において、二つの防災拠点と都市計画道路を整備した。これにより、滞っていた当地区の密集市街地整備を大きく前進させた。

3. 防災拠点・防災軸整備を実現する計画

　区は1993年度より住宅市街市総合整備事業（密集住宅市街地整備型）を導入していたが、防災拠点整備や都市計画道路整備は計画に含まれていなかった。また、主要生活道路は「建物更新に併せたセットバックによる道路整備」を進めることとなっていた。そのため、用地買収方式による道路事業には位置づけられていなかった。そこでURは大学跡地や社宅跡地の防災拠点と都市計画道路補助209号線の整備を新たな住宅市街地総合整備事業（拠点開発型）の整備計画に位置づけ、先導的に実施することにした。この経緯により、住宅市街地

総合整備事業の拠点整備型と密集住宅市街地整備型を並行して進めることになった。

（1）大学跡地における防災機能を備えた住宅地整備

　大学跡地における防災拠点整備では、集合住宅（632戸）や施設などを整備する大半の敷地（約2.7ha）を第1工区とし、残りの一部敷地（約0.3ha）を第2工区とした。そしてこの第2工区を、都市計画道路補助209号線整備に伴う生活再建用の移転用代替地として留保した（図2・3、2・5）。

　「世田谷ティーズヒル」と名付けた第1工区では、URによる賃貸住宅〈アク

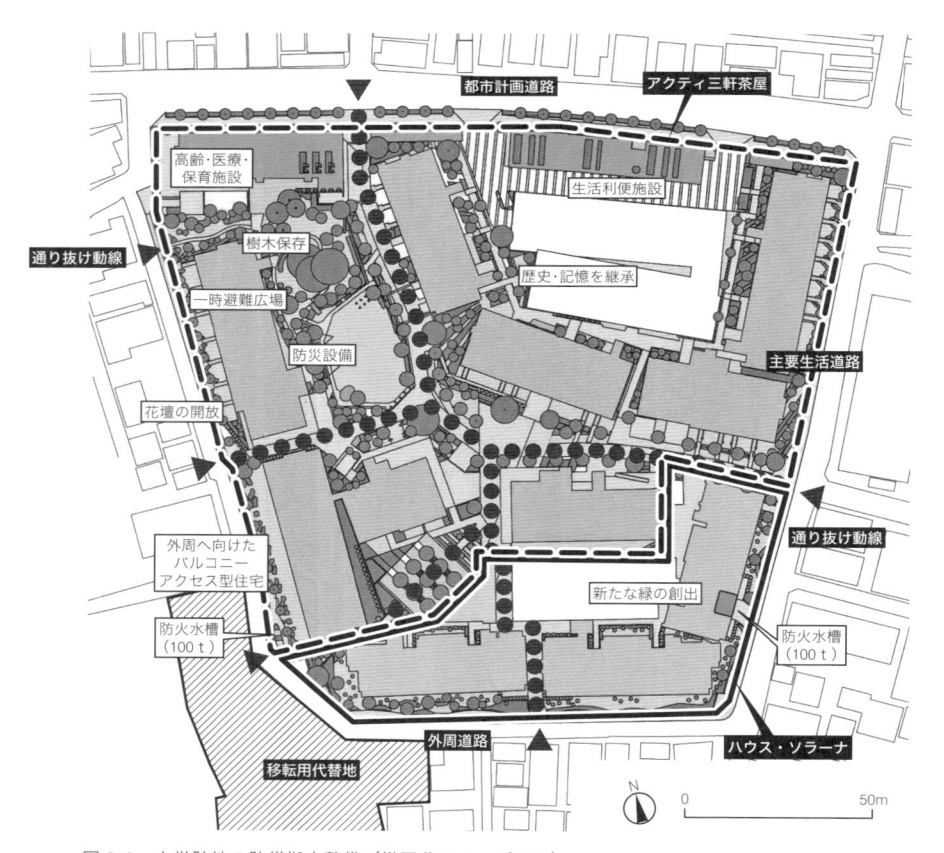

図2・3　大学跡地の防災拠点整備（世田谷ティーズヒル）

ティ三軒茶屋〉と、URと民間事業者による共同分譲住宅を整備した。共同分譲
住宅とは、エンドユーザーに対してURが土地を譲渡し、民間事業者がマンシ
ョン（〈ハウス・ソラーナ〉）を譲渡する方式である。これにより公的賃貸住宅
と民間分譲住宅の整備を可能とし、耐震耐火の安全な住宅への移転ニーズに応
えられるようにした。その際、地元と意見交換した結果を反映し、次のような
防災機能を確保した。

・耐震耐火建築物で囲まれた安全な空間の確保と一時避難広場（約1,500m²）
　の整備
・災害時用の仮設トイレ・かまど可変ベンチ・井戸などの整備
・一時避難広場と防災軸（都市計画道路）の結節
・周辺の地域住民が東西南北の各方面から一時避難広場へ通り抜けできる通
　路の整備
・周辺の消火活動や緊急車両通行を可能にする防火水槽や外周道路および延
　焼遮断帯（緑）の整備

また、ここでは防災機能だけではなく、地域住民の利便性向上に寄与する生
活支援施設を導入した。その導入にあたっては区や地域住民と意見交換を行い、
子育て・高齢者支援・医療などのサービスやコンビニエンスストアなども誘致
し、地域の医療福祉に貢献した。さらに、花壇の一部を地域住民へ開放するな
ど、地域のコミュニティ活動を促す取り組みも行った。

（2）さらなる防災拠点整備（社宅跡地 0.5ha）

高島屋社宅跡地は約0.5haの敷地面積であるが、密集市街地における避難ネ
ットワーク上の観点から重要な位置にあった。そこで、ここでも地元と意見交
換した結果を設計へ反映し、鋭角で危険な交差点の改良と見通しの確保、まち
かど広場（ポケットパーク）の整備を行った。さらに、区が計画する主要生活
道路や区画道路についても、UR側の敷地をセットバックして拡幅整備を先行
して行った（図2・4）。このように、ここでは前述の大学跡地に続く二つめの防
災拠点整備（〈シティコート上馬〉）を行った。

（3）わずか 6 年で実現した 629m の都市計画道路整備

緊急輸送道路障害物除去路線として位置づけられていた都市計画道路補助

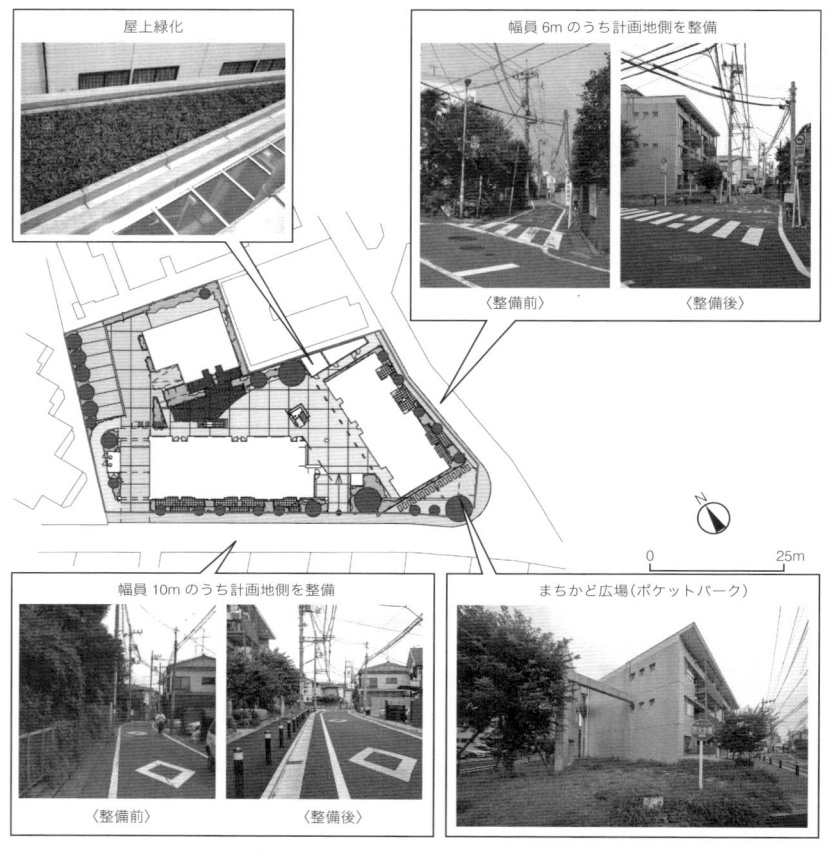

図2・4　高島屋社宅跡地の防災拠点整備〈シティコート上馬〉

209号線は、幅員16mで整備することで都市計画決定されていた（1963年）。しかし、当地区内の区間（629m）は拡幅されていなかった（当地区東側の一部は概成済み）。そのため、幅員が狭くて（約6m）見通しも悪く危険だった。さらに不便な一方通行道路のままであった。

　一方、道路整備で影響を受けることになる用地買収対象の沿道権利者は189名にも及んだ。そのほとんどは狭小な敷地だったため、生活再建用地の確保が非常に大きな課題だった。そのため、URが道路整備に伴い移転を余儀なくされる権利者の移転用代替地として確保したのが、大学跡地の第2工区のまちづくり用地である（図2・5）。また、賃貸住宅への移転を希望する権利者には、第

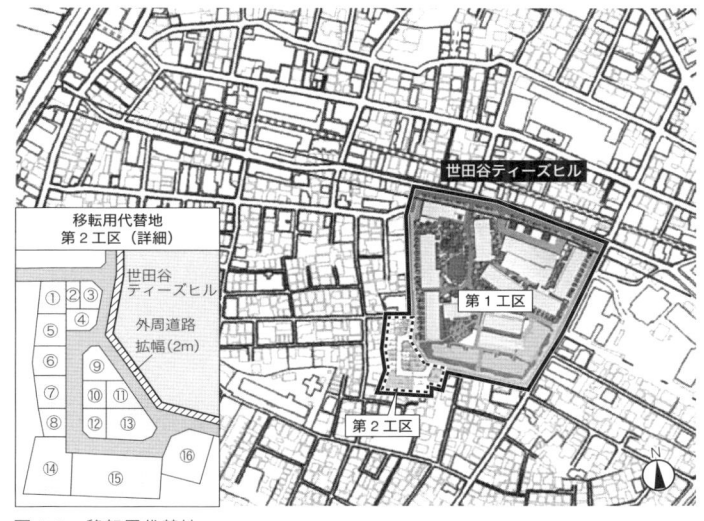

図2·5　移転用代替地

1工区で整備したUR賃貸住宅を斡旋した。さらに、権利者が自身の住宅を建替する期間中に要する一時的な仮移転先としても、UR賃貸住宅を活用した。

　このように、道路整備においては、まちづくり用地（移転用代替地）の確保やUR賃貸住宅の活用など、生活再建メニューを複数用意した。また、現地には権利者交渉の拠点となる〈明薬通り整備事務所〉を設置し、権利者交渉に知識・経験のある職員を駐在させた。そして権利者交渉にも集中的にマンパワーを投入し、区とURで最大4班8名体制で対応した。さらに、一定ルールに基づいて残地も積極的に取得した。このようにさまざまな工夫を行った結果、収用手続き（強制取得）を行うこともなく、2000年3月の都市計画事業承認から測量・用地買収・道路築造工事完了まで6年3カ月で事業を完了することができた。この"拠点整備の中で敷地の一部をまちづくり用地として留保し、それを道路整備の移転用代替地として活用する手法"は、道路整備促進において有効であり、数多くのUR事業地区でも採用している。

　この他、都市計画道路の整備においても、地元と意見交換した結果を設計に反映した。例えば、明治薬科大学が立地していた記憶の継承（「明薬通り」の名称存続・薬用植物を混在した植栽帯）、地元意見を反映したまちかど広場・歩道・街路樹・街灯の整備、残地を活用したバス停やポケットパークの整備など

である。

4. 住民主体のまちづくりの進展

（1）まちづくり協議会の設立と合意形成への道のり

　当地区では、1998 年 5 月に、地元住民によるまちづくり協議会が立ち上がった。これは UR が大学跡地を取得した 2 年後に「明薬周辺街づくり協議会」として大学跡地のまちづくりに地元意見を反映させていくために、区の主導で組成された。このまちづくり協議会は、区から派遣されたまちづくり専門家と住民の有志であるまちづくり協議会運営委員が中心となって運営し、区と UR がこれに協力する形で加わった。

　設立当初は、地域住民から行政上の不満や UR が整備する集合住宅の高さに対する不満など、現状からの変化に対する反対意見が多数であった。そのため、まちづくりに関して前向きに意見交換していく雰囲気ではなかった。そこで UR は、まちづくり協議会に対し、防災拠点を活用した災害時対応や地区全体の防災ネットワーク強化への展開方策など、住民自らが考えてもらうきっかけとなるノウハウや情報の提供を行った。その一方で、まちづくり専門家は地域住民に対する専門的な助言や提案を行い、中立的な立場から「地域住民同士の意見調整」や「地域住民と区および UR との意見調整」などにも対応し、協議会運営のキーマンとして効果を発揮した。

　その結果、まちづくり協議会の雰囲気が前向きに変わった。そのきっかけとなったのは、まちづくり専門家からの提案によってワークショップ形式による意見交換を始めたことだった。ワークショップのテーマはまちづくり協議会の運営委員とまちづくり専門家が話し合って設定し、議論する材料などは区と UR が積極的に提供した。そして区や UR の職員も地域住民と同様にワークショップの各グループへ分散し、それぞれのグループの一員として議論に加わる体制を取った。すると、個人の利害や権益に拘らない建設的な議論が展開され、互いの共感を育むことができるようになった。さらに、ワークショップの一環として行った現地見学やまち歩きによって、防災上の危険箇所を住民自ら認識するようになり、地区の魅力や価値の発見などにも繋がった。

（2）住民主体のまちづくりへ向けた機運の醸成

　ワークショップによる意見交換や現地見学を経た結果、まちづくりに対する地域住民の意識に変化が表れ始めた。特に防災に対して、「この地区は実は危険な地域」という認識が共有化された。そのなかでも都市計画道路整備の必要性が共有され、「明薬通り整備懇談会」が組織された。そして、その懇談会において、地域住民にとって魅力的な沿道整備が提案された（みんなで一緒に考えたまちかど広場・明治薬科大学の記憶を継承する工夫など）。区とURはその提案を具体化し、URが整備する都市計画道路の設計へ反映していった。一時避難広場や仮設トイレなど前述した防災拠点整備に導入した機能についても、このまちづくり協議会で住民から出た意見を実際の設計に反映して実現した。

　こうして認識が共有化された一連の過程を経て、地域住民たちの価値基準が一致した。そして、地域住民のまちづくりへの機運が醸成した。住民たちにはもともと「自らのまち」を考える素地があり、まちづくり協議会での意見交換やワークショップを契機に「まちを改善しよう」という積極性を引き出すことになったと言える。そして議論を重ねることにより住民同士の考え方が徐々に

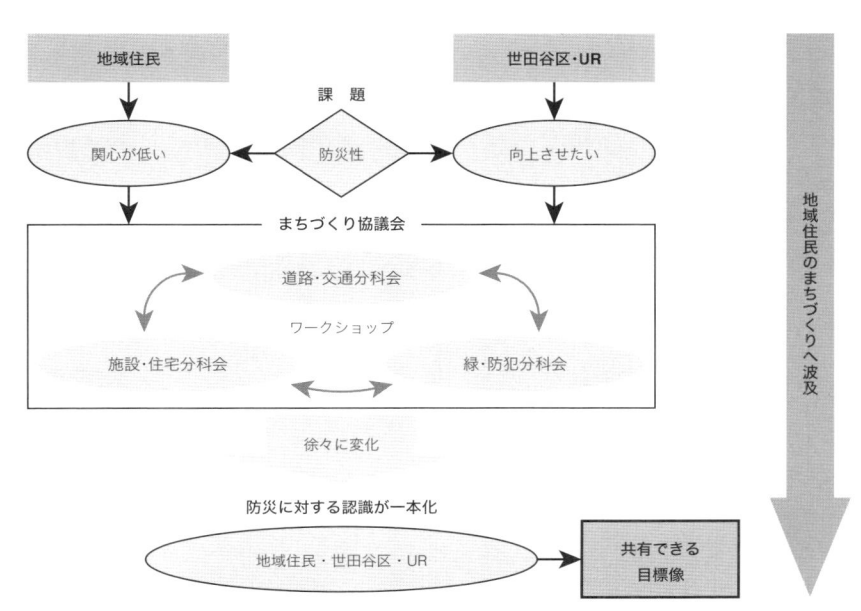

図2·6　認識の共有と合意形成の過程

近づき、最終的には認識が一本化したと考察できる（図2·6）。

（3）ハードとソフトの連携は、まちづくりの第2ステージへ

　URは、大学や社宅の跡地および都市計画道路整備というハード整備において、住民が考えた「地区の課題を解決するための方策」を実際に反映していった。その結果、効果は防災性の向上（ボトムアップ）にとどまらず、地域の日常生活の環境も向上（バリューアップ）させた。このように、密集市街地の改善には、地域住民が自ら共感できる目標像を共有すること（動機づけ）が重要である。そうすることで、地域住民が日常的に感じる課題が顕在化し、バリューアップの視点が生まれる。したがって、当地区ではこれらの両輪展開が、整備事業の促進に繋がったと言える（表2·2）。

　その後もURは先導的な事業を進め、2002年7月に社宅跡地、2003年8月に大学跡地、そして2007年3月に都市計画道路補助209号線がそれぞれ完了した。これらにより地区の防災性は従前に比べて飛躍的に高まった。

　これらURの一連の先導的な取り組みは「密集市街地に骨格を形成する第1

表2·2　ハードとソフトの連携による相乗効果が発現

	ハード面 （施設の整備）	ソフト面 （ワークショップ等）	関連性	相乗効果
①	安全性向上を掲げて都市計画道路の整備に着手	地域住民が地区の危険性を認識	短期間での合意形成と都市計画道路の早期実現	**道路整備の 早期実現** ↓ **防災性の強化** （ボトムアップ）
②	防災拠点の宅地や住宅を移転先に活用（他の機構住宅へも斡旋）	従前権利者の代替地等ニーズが明確化	従前権利者の円滑な移転	
③	防災拠点の一時避難広場と周辺からの避難通路を整備	災害時における一時避難のルートや方法について認識	災害時の確実な避難誘導	
④	防災拠点に「高品質な都市型住宅・医療クリニック・保育所・高齢者施設」を整備	高齢者の増加とまちの衰退について危機感を認識	少子高齢化や生活利便性の向上および地域の活性化	**地域が連携した よりよい まちづくり** ↓ **地域の価値向上** （バリューアップ）
⑤	防災拠点にガーデニングショップを整備	緑の不足・潤いのあるまちの必要性を認識	ガーデニングによる緑の創出	
⑥	防災拠点に周辺へ向けたバルコニーアクセス型住宅とティールームを整備・花壇を地域に開放	地域住民と新規入居住民がふれ合う必要性を認識	双方の住民がふれ合う「憩いの場」や「顔を合わす機会」の創出	
⑦	従前から明治薬科大学に残る樹木や記念館（一部）を保存活用・明薬通りを魅力的に整備	明治薬科大学の記憶を継承・地域資源や歴史性を認識	地域資源の発見と活用および地域への愛着を再認識	

ステージ」と言え、次に「密集市街地に肉づけ（全域展開）をする第2ステージ」へと連鎖していく必要があった。そしてこの第2ステージに取り組んだのが、まちづくり協議会である。

　当初のまちづくり協議会はURの先導的な取り組みが軌道に乗ったころに、いったん活動を終了したが、2002年5月には新たな組織「上馬・野沢・下馬・三軒茶屋周辺地区街づくり協議会」を設立し、活動を継承した。新たなまちづくり協議会では、「密集市街地整備を全域へ展開させる」という第2ステージの課題へとステップアップした。そして、2005年6月には地域住民の意見をまとめた「街づくり構想」を、さらにその2年後に「地区計画の早期実現」を区長へ要望した。その後、地域住民の共有する目標像となった地区計画が策定されて現在に至っている。これは、「自らのまちを改善する」という明快な動機づけを地域住民が共有し、段階的に整備改善が進んでいることを表している。

　URによる密集市街地整備の目的は、地区にとって緊急的かつ効果が大きい取り組みを早期に実現させて防災性向上を図ることである。今回、当地区ではURが先導的な取り組みを実施し、それを契機として住民主体によるまちづくりへ波及させることで地区全体のボトムアップとバリューアップを図った。その結果、住民参加型のまちづくりへ段階的に継承するこの事業スキームも、大いに効果を発揮できることが明らかになった。

> 3.3

西新井駅西口周辺地区 │ 2004〜2013

景観誘導や生活軸形成に繋がった防災拠点形成と防災環境軸の整備

　　工場跡地から防災性の高い住宅地に土地利用転換を図り、民間事業者の住宅や生活利便施設の整備を誘導。周辺に広がる密集市街地を貫く延焼遮断帯としての都市計画道路の一部区間410mをURが区に代わって施行した。移転用代替地を設け都市計画道路の早期実現に取り組むという工夫も行った。また、景観ガイドライン作成により道路沿道の景観形成にも寄与している。

1. 立地と市街地特性

　当地区は東京都心から約10km圏にあたる東京都足立区中央部に位置し、東武スカイツリーライン西新井駅および梅島駅に近接すると共に、環七通り、尾竹橋通り、旧日光街道などに接した立地である（図3・1）。

　西新井駅西口周辺地区は、戦後の高度経済成長期を中心として基盤未整備のまま住宅、商店、中小工場などが増加し続け、密集市街地が形成された。当地区および周辺地区は木

図3・1　西新井駅西口周辺地区の位置

造住宅が密集し道路幅員も狭く、地震などの災害が発生した場合には建物の倒壊や延焼により被害が拡大する危険度が高かった。また、地区内に立地していた大規模工場の相次ぐ移転により地域活力が失われつつある状況であった。

2. 整備事業を後押しした都市計画決定

　1998〜2003年ごろ、UR（当時、都市基盤整備公団）は、既成市街地における工場移転跡地などの大規模低未利用地を取得し、住宅市街地総合整備事業[注7]を活用して公共インフラや住宅・各種施設整備を行い、土地利用転換を図って

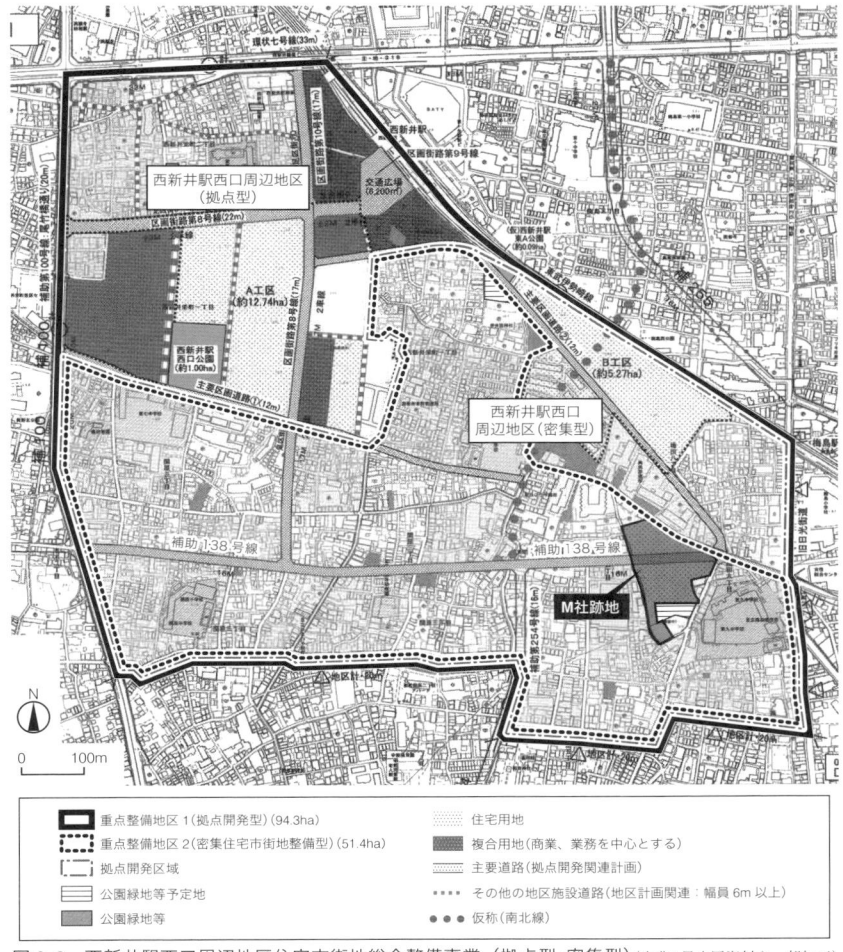

図 3・2　西新井駅西口周辺地区住宅市街地総合整備事業（拠点型・密集型）(出典：足立区資料を一部加工)

表 3・1　UR 都市機構の取り組み

項目	概要
防災拠点整備	M 社跡地（約 1.6ha）の取得により以下を整備 ・民間賃貸住宅（91 戸）、民間分譲住宅（220 戸）の誘致 ・防災生活道路（幅員 6m）整備 ・公園（1,200m²）整備 ・都市計画道路整備に係る代替地整備
道路整備（直接施行）	直接施行制度により、都市計画道路補助 138 号線（その 3 工区）（幅員 16m、延長約 440m）整備

いく業務をその中核としていた。

特に、東京都23区の北東に位置する足立区、荒川区、北区においては、産業構造の変化により海外や地方へ移転した企業の大規模工場跡地の整備事業が集中しており、とりわけ足立区では、新田三丁目地区（約20ha）、西新井駅西口地区（約11ha）の2枚看板が都市計画道路・スーパー堤防・都市計画公園といった公共整備を伴う大規模な事業を展開している最中であった。

西新井駅西口周辺地区は1999年3月より、住宅市街地総合整備事業（約94ha）として区が整備を進めていた（図3・2）。URは2003年2月、地区内に工場を有していた民間製薬会社M社が工場の移転と跡地の売却を検討していると区より相談を受けた。

M社は民間デベロッパーへの土地売却を検討する過程で区に状況報告を行ったのだが、その土地が、木造密集市街地の防災性向上を目指す区のまちづくり方針において非常に重要な位置づけにあることを、その時に初めて知ったという。

そこで区は、区内の事業実績を有するURをM社に紹介した。そして、区・M社・URの三者で、URによる土地取得とその後のまちづくりについて協議がスタートした。

当時のURは、2004年度からの独立行政法人への移行という変革の時を控え、"公的整備主体"としての立ち位置や事業実施の意義など、将来の組織のあり方について暗中模索の真っ只中であった。

URが事業参画意義等について内部検討を進めるなか、区は西新井駅西口周辺地区を貫通する都市計画道路138号線について、整備の優先順位を第1位に押し上げて推進することを政策決定した。さらに三つの工区に分かれていた補助138号線は、施工の難しさもあって、その1工区からその3工区の順に整備される予定であったところ、区は、URが土地取得の上事業に関わるのであれば整備が促進されるとして、M社跡地が含まれる第3工区の整備順位を前倒しした。この背景には、都市再生プロジェクト第三次決定[注2]（2001年度）で総合的かつ先導的に取り組む地区とされたこと、この年（2003年）改訂された東京都の防災都市づくり推進計画において引き続き重点整備地域に位置づけられたことがある。

こうして、URとしても、土地取得したうえで地元行政と協働して街路事業

や密集事業に積極的に関わることとした。

新しい事業が実現に向けて動き出した瞬間だった。

3. 土地取得と事業の枠組み協議

さっそく土地取得に向けて動き始めた UR は、都市計画道路補助 138 号線整備と密集市街地整備にかかる事業の枠組みなどについて区と協議を重ねた。

同時に、M 社および個人権利者（M 社工場用地の一部底地（借地権付きの土地）を所有）との土地売買契約締結に向けた条件交渉が始まった。交渉のスタートは順調で、両権利者から早期の価格提示を求められていたこともあり、2004 年 4 月ごろには、年度内に売買契約を締結するスケジュールで両権利者と合意。そこから 1 年近くの協議を経て、予定どおり土地売買契約を締結した。

この権利者との協議と並行して、区と UR は、防災生活道路や公園といった密集市街地整備に関連する用地の完成時期を 2006 年度、補助第 138 号線部分の用地の完成時期を 2008 年度とし、補助 138 号線の整備については、UR の関連公共施設直接施行制度[注25] により 2005 年度事業着手を想定することで、当地区の事業をスタートしたのである。

4. スピーディな都市計画道路整備が高めた住民意識

当地区の事業の柱の一つは、都市計画道路補助第 138 号線の迅速な整備にある。幅員 16m で延焼遮断帯の役割を担い、M 社跡地の中央部から西に向けて密集市街地を東西に貫く延長 920m の路線で、これを三つの工区（「その 1 工区」から「その 3 工区」）に分けて整備する計画であった。

M 社跡地を含む工区は「その 3 工区」（梅田堀から旧日光街道まで）とされ、西半分が現道のない新設道路であるため、整備が難しい区間と目されていた。そのためさまざまな整備方法が検討され、最終的には、区に代わる UR の直接施行として M 社跡地整備と一体的に取り組むこととなった。そして、2006 年 1 月に、役割分担や整備スケジュール、土地利用計画（後述）などが整理され、まちづくり協議開始から約 3 年を経て、事業の骨格が固まった（図3・3）。

こうして、UR の「その 3 工区」への取り組みが始まった。2006 年 1 月に UR は事業認可を受け、用地買収に携わる職員を集めて体制を整え権利者交渉に入った。権利者数は約 130 人であったが、他地区の直接施行での実績と同様、こ

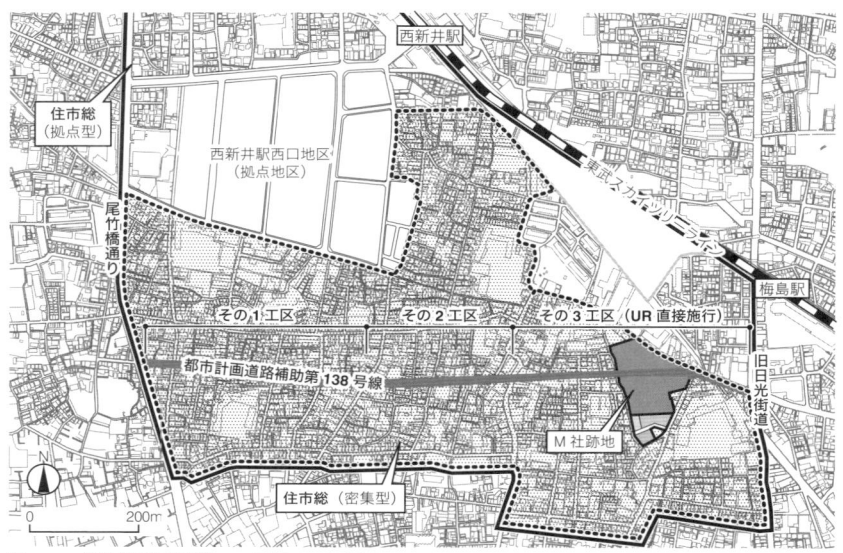

図 3・3　都市計画道路第 138 号線の工区割り

こでも迅速に用地買収を進め、約 6 年後となる 2012 年度末に、工事を含めて全長約 440m の区間を完成させることができた（図 3・4）。

　早期に整備できた要因は三つ考えられる。まず、人的な面では、当時 UR が東京都北部で連続的に道路買収を手掛けており、その経験、マンパワー、協力体制を集中的に投入することができたこと。二つ目は、UR の直接施行制度は UR が用地取得や整備の費用を立て替えることから、公共団体の財政予算などに縛られず、権利者の意向に機動的に対応できたこと（かつ区の年度負担を平準化できる）。最後に、生活再建への配慮と工夫があったこと。UR 事業地の中に代替地としてまちづくり用地を確保し、加えて買収対象外で残る土地（残地）についても、条件が整う箇所では UR の別事業として取り組んだことが、早期の整備に繋がったものと考えられる。

　補助 138 号線全体としては、区整備の「その 1 工区」が 2004 年度に事業認可を受け、約 10 年の年月を経た 2014 年度末には全長約 410m の整備が完了した。整備主体が未定であった「その 2 工区」（全長約 270m）は区が整備主体となり、2014 年度に事業認可を受けて 2017 年現在も整備中で、路線全体の 2021 年度の完成を目指して、鋭意取り組みが進んでいる。

図 3・4　補助第 138 号線　従前（左）、従後（右）

　また、整備を 6 年で完了させた「その 3 工区」が地元住民に与えたインパクトは大きく「その 1 工区」の整備促進や、区の進める「その 2 工区」の権利者との用地買収交渉の追い風となっていると聞く。UR の直接施行が先導的な役割を果たし、その効果で段階的に道路整備が進んでいる点で、まちづくりの進展に大いに貢献できたと言える。

5. 不燃化を実現する都市計画へのアプローチと景観形成

（1）防災拠点づくりに向けた地区計画の再構築

　当地区事業のもう一つの大きな柱は、密集市街地整備の推進である。

　当時、西新井駅西口周辺地区は、密集市街地整備を旗印として大きく変わろうとしていた。先述の都市再生プロジェクト第三次決定のほか、東京都防災都市づくり推進計画においても重点整備地域とされ、さらには、2003 年度から国土交通省が始めた防災環境軸検討会においても、補助第 138 号線が東京都の推薦によりモデル地区として選定されるなど、国・都・区が一体となって密集市街地の改善に取り組む環境が整っていた。

　そこで区は、当地区で 2003 年に定められていた一般型の地区計画[注26]を防災街区整備地区計画[注27]に改めるよう都市計画の変更手続きに入ることとした（現在当地区は、整備の完了した西新井駅西口の拠点地区を除く約52haに縮小され、都が推進する不燃化特区整備プログラム[注28]が定められている）。

　この防災街区整備地区計画においては、①M 社敷地の用途地域を工業地域から第一種住居地域へ変更すること、②防災生活道路沿道 20m の範囲について、用途別容積型地区計画[注29]の活用で住宅用途に限り一律容積率240％に緩和すること、③補助第 138 号線沿道 30m の範囲については誘導容積型地区計画の活用

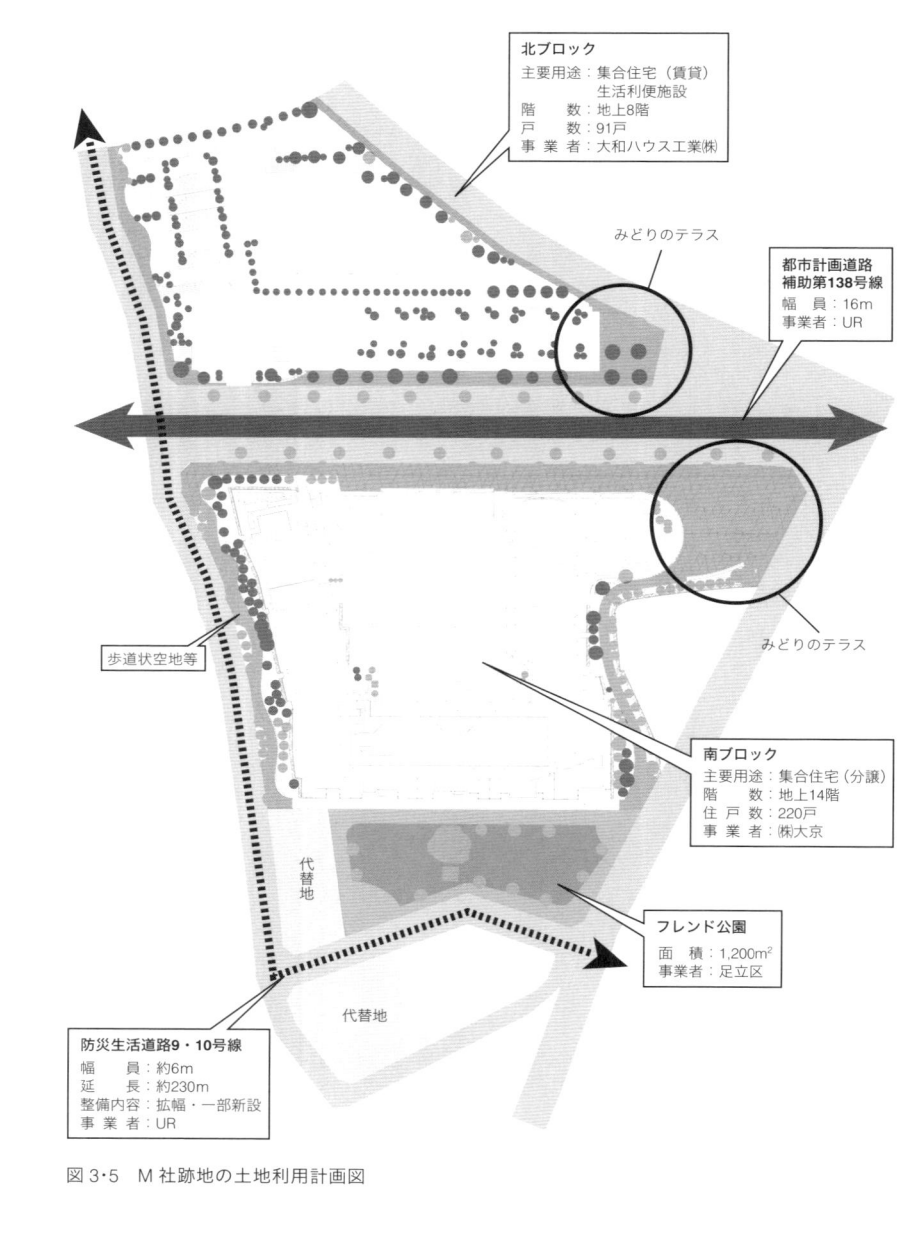

図 3·5 M 社跡地の土地利用計画図

（図中ラベル）

北ブロック
主要用途：集合住宅（賃貸）
　　　　　生活利便施設
階　　数：地上8階
戸　　数：91戸
事 業 者：大和ハウス工業㈱

みどりのテラス

都市計画道路
補助第138号線
幅　員：16m
事業者：UR

みどりのテラス

歩道状空地等

南ブロック
主要用途：集合住宅（分譲）
階　　数：地上14階
住 戸 数：220戸
事 業 者：㈱大京

代替地

フレンド公園
面　積：1,200m²
事業者：足立区

代替地

防災生活道路9・10号線
幅　　員：約6m
延　　長：約230m
整備内容：拡幅・一部新設
事 業 者：UR

により容積率300％に緩和することなどが盛り込まれ、2005（平成17）年6月に都市計画決定された。

　当地区の防災拠点形成を目指し、M社跡地整備について区とURは協議を重ね、当時の区内の開発における遵守事項であった環境整備基準の対応（共有スペースの確保や歩道状空地の整備など）に加え、敷地西側に面する幅員4mの防災生活道路を敷地内への片側セットバックで6mとすること、敷地内南側に東西方向に貫く防災生活道路（幅員6m）を新設すること、敷地面積の3％相当の公園を整備すること（これを上回る面積分は区が有償で取得）、周辺公共事業のためのまちづくり用地（代替地）を整備することを決めた（図3・5）。

（2）密集地域を貫く新たな景観軸としての延焼遮断帯

　補助第138号線は、地域の延焼遮断帯としての役割のほか、密集地域を貫く新たな景観軸となる性格の道路であることから、その沿道での建物配置計画にも景観的な配慮が必要であった。

　URは、これまで多数の民間事業者誘致のノウハウを集約した景観ガイドラインを作成して公募条件に反映させ、良好な景観形成を実現してきた。UR保有地において、補助第138号線沿道（図3・6）では、景観的な概念に加えて賑わい形成のための低層部への施設導入、防災生活道路沿いの設えに対する考え方を公募条件に盛り込み、民間事業者公募を実施した。

　具体的には、敷地西側の防災生活道路沿道の建物には高さ制限を加え、セットバックを義務づけて緑地帯を確保すること、南北二つの集合住宅街区東端部には、区の環境整備基準に基づく共有スペースを充て〈みどりのテラス〉として周辺への開放性を確保した憩いの場とすること、などである。

　ほかにも、北側賃貸住宅街区低層部に生活利便施設を導入すること、南側分譲住宅街区では道路側に無機質な表情を露出してしまいがちな機械式駐車場の外壁面をデザインで隠す工夫を施すよう努力することなどを条件づけし、景観に配慮する設計を民間事業者に求めた。結果、生活利便性が高く、建物の圧迫感のない、緑豊かな空間を形成することができたのである（図3・6〜3・8）。

6. 住民の生活軸となったURの先導的事業

　URの事業が完了した後も、区は先述の通り東京都により不燃化特区に指定

図 3・6　補助第 138 号線から見た集合住宅

図 3・7　集合住宅街区に完成したみどりのテラス

図 3・8　防災生活道路沿いのフレンド公園

された当地区内での不燃化建替えを促進するため、戸別訪問を行って専門家派遣や公租公課減免といった支援を行うなど、密集市街地の解消に取り組んでいる。

　一般的に修復型で進める密集市街地整備はその進捗が見えにくいが、当地区のように大規模工場跡地を種地とした防災拠点の形成や都市計画道路の早期整備が先導的な事業として目に見える形で進むことで、地元住民の意識は大きく変わる。

　補助138号線沿道は建物更新が進み、高度利用がなされ、今では保育所などの生活支援施設なども立地する「生活軸」に生まれ変わっている（図3·9、3·10）。

　区の担当者いわく、このような先導的事業が地元住民のまちづくり機運醸成に繋がり、地区全体の防災性向上に向けた取り組みへと連鎖していく効果が出ているとのことである。

図3·9　道路整備をきっかけに進む建物更新

図3·10　残地を活用した自治会館や広場

＞ 3.4

西ヶ原地区 ｜ 2003 ～ 2014

防災公園と福祉・子育てのまちづくりを実現した市街地整備

　密集市街地内にあった大学跡地を防災公園へと転換し、併せて周辺の狭小な道路を拡幅整備し、周辺市街地の防災性の向上に取り組んだ。敷地の一部において民間住宅や福祉施設の誘致を行い、防災面だけではない地域の多面的な魅力向上を図った。公園という住民に身近な整備事業を住民参加で進めたことで住民による自律的なまちづくりへと繋がる機運が醸成された。

1. 立地と市街地特性

　当地区は東京都北区の南部に位置し、東側を JR 京浜東北線、南側を山手線、西側を白山通り、北側を明治通りに囲まれた地区で、都電荒川線西ヶ原四丁目駅が地区の西側に接している（図 4・1）。

　1887（明治 20）年ごろから、北区内への大規模な軍関係施設の進出が相次ぎ、東京外国語大学（以下、外語大）敷地には、海軍火薬庫（下瀬火薬製造所）が置かれた。

図 4・1　西ヶ原地区の位置

　大正期に入り市街化が進み、特に 1923（大正 12）年の関東大震災後に都心部からの人口流入で宅地化が急速に進展した。なお、海軍火薬庫は、戦前の 1931 年には廃止され、1940 年には外語大の校舎が建てられた。

　1945 年の大空襲で一帯は壊滅的な被害を被ったが、戦後も被災前の基盤のまま復興がなされ、計画的な基盤整備が行われないまま市街化か進行し、木造住宅密集市街地が形成されてきた。

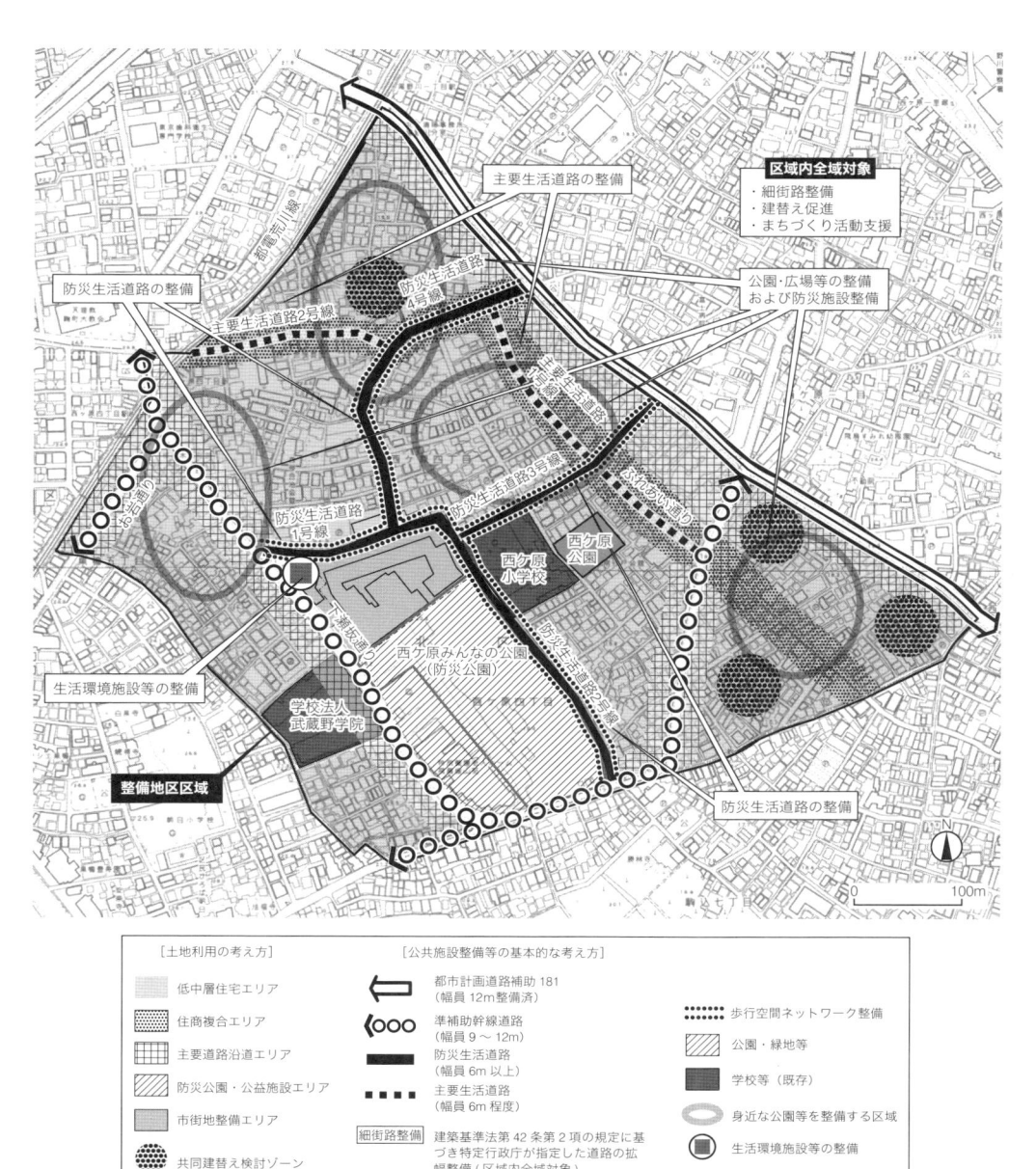

図 4·2　西ヶ原地区住宅市街地総合整備事業（密集型）25.4ha （出典：北区資料を一部加工）

表 4·1　UR 都市機構の取り組み

項目	概要
防災公園街区整備事業の施行	大学跡地（約 4.5ha）の取得により以下を整備 ・防災公園（約 2.2ha）整備 ・民間賃貸住宅（357 戸）の誘致 ・福祉施設誘致 ・主要生活道路（幅員 8 〜 12m）整備

2. 大学移転計画をきっかけに周辺市街地の再生を解く

　1994 年、当地区内にあった外語大キャンパス約 4.5ha が 2000 年より府中キャンパスに移転する計画が発表された。以前から当地区の防災上の課題を認識していた区は、1999 年より外語大移転跡地土地利用転換の調査検討を開始し、当地区のまちづくりが始まった（表 4·1、図 4·2）。

　当地区は、1997 年に東京都が指定した「防災都市づくり推進計画」の重点整備地域[注30]、「西ヶ原・巣鴨地域」内にある。密集市街地の改善には、広大な外語大跡地の活用が不可欠であったが、区内では外語大跡地のほかに陸上自衛隊十条駐屯地赤羽地区も同時に処分対象となっていたうえ、外語大跡地の一部利用を検討していた東京都が土地取得を断念したこともあり、両方の土地をすべて区が一括取得することは財政上困難であった。そこで区は、区内の【神谷一丁目地区】（p.74）で大規模工場跡地の土地利用転換を機とした周辺密集市街地の整備実績があった UR（当時、住宅・都市整備公団）に、外語大跡地の土地利用転換に係る検討業務を要請した。UR は 1999 年に住宅・都市整備公団から都市基盤整備公団に移行し、既成市街地のまちづくりへの関与が大きな役割となっていたため、外語大跡地の土地を利用して周辺市街地に貢献できないかを考えた。逆に言えば、外語大跡地のみの開発では UR が取り組む意義は小さいと考えたのである。

　周辺市街地を分析すると、住宅が密集する地区内の狭隘（あい）な道路では、災害時住民の避難や消防活動に支障があると共に、避難場所である「染井墓地・駒込中学校一帯」へのアクセスが極めて脆弱で、防災上の課題があることがわかった。

　UR は密集市街地内に防災機能を有する防災公園を整備することと併せ、外語大跡地の外周道路を早期に整備し、それを含めて当地区内の防災生活道路ネットワークを整備し、消防活動困難区域[注23]を解消する提案を区に行った。併せて、地区内の防災生活道路整備を促進するため、整備に協力した権利者のためのまちづくり用地（代替地）を確保することも提案した。そしてこれらを実現するため、良好な住宅供給および当地区に不足する施設誘致などの市街地整備と防災公園整備を一体的に実施する防災公園街区整備事業[注31]を事業手法として提案したのである。

　一方、区は 2001 年に学識経験者、各種団体構成員、区民、区（事務局）で「北区政府機関移転跡地利用検討会」を立ち上げ、基本的方向と大学跡地利用例を次のとおり区議会に報告し、方向性を固めた。

- ●交流・ネットワークの拠点的利用と地域価値の向上
  - ・災害時に防災機能の役割を発揮できるコミュニティ・交流の拠点施設整備
  - ・周辺とのネットワークを考慮した緑の保全
- ●従来機能の充実と多重的・複合的な利用
  - ・防災機能を拡充するオープンスペースの確保、周辺街路整備
  - ・外大イメージを継承する視点の組み入れ
- ●活性化への戦略的な利用の発信・提案
  - ・多様な世帯に対応した魅力ある住宅開発の誘導
- ●上位計画との整合
  - ・周辺の住環境を改善するための種地
  - ・地域に不足している施設の整備

　そして、この方向性を実現すべく 2002 年 7 月に区、外語大跡地に隣接する学校法人武蔵野学院、東京都、外語大および UR を構成員とする「東京外国語大学西ヶ原キャンパス跡地利用連絡協議会」を開催し、1 年半にわたる協議のうえ、「東京外国語大学西ヶ原キャンパス跡地利用計画」を策定した。その過程の 2002 年 11 月には土地利用計画案について区が地元に説明する場を設けて、意見募集を行った。地元からは公園の配置について、「隣接する小学校との連携を含めた周辺から公園へアクセスしやすい配置を望む」「慣れ親しんだ外語大前庭部分を公園として利用したい」といった意見が寄せられ、それらの意見を協議会にフィードバックしながら計画に反映し、跡地利用計画は図 4・3 のように取りまとめられた。

　この土地利用計画を地元に示し合意を得ると共に、外語大跡地の敷地全体をUR が一括で取得し、公園等の基盤施設整備を実施することについて、区や都などの各関係機関より了承された。

　区と UR は、外語大跡地部分の基盤整備を主とした事業は UR、周辺密集市街

地整備は区が主導的に行うという役割分担のもと、パートナーとして協力して
下記の方針で整備を行っていくこととなった。

- ・防災機能を有した一次避難地となる都市公園の整備、周辺の狭隘（あい）な道路
  の拡幅整備
- ・都市公園、福祉施設、外語大イメージ継承施設、武蔵野学院用地などの
  整備による交流・ネットワークの拠点的機能の整備
- ・地域の活性化のため、ファミリー世帯をはじめとした多様な世帯に対応
  した住宅開発の誘導
- ・周辺の木造密集地域の防災機能の向上のため、まちづくり用地（代替地）
  などとしての活用

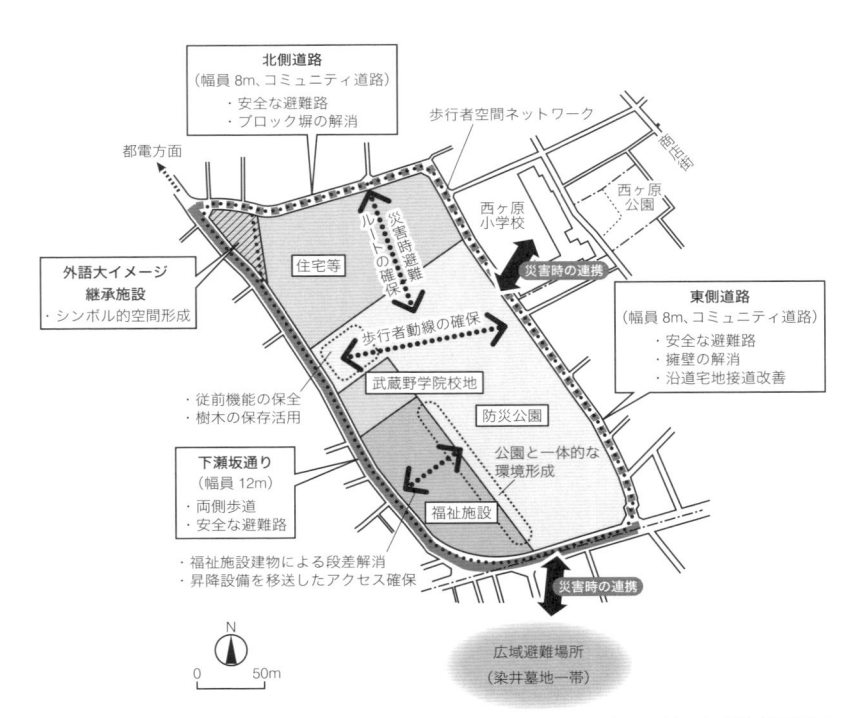

図 4・3　東京外国語大学西ヶ原キャンパス跡地利用連絡協議会にて作成した外語大跡地利用計画

3. 住民の声を反映させた土地利用計画の実現

　採用する事業手法としては、敷地南側は防災公園と福祉施設用地とを一体的に整備する防災公園街区整備事業を、敷地北側は密集市街地内の防災生活道路整備促進のためのまちづくり用地（代替地）と民間事業者による住宅供給を誘導する集合住宅用地を整備する住宅整備事業とした。

　UR は、「東京外国語大学西ヶ原キャンパス跡地利用計画」をベースに主に住宅などの用地について土地利用計画を検討し、具体的な事業の手法も含めて区に提案している（図4·4）。

　また、実際の建物建設は民間事業者に委ね、土地を定期借地で貸与して賃貸住宅を供給する民間供給支援型賃貸住宅制度[注32]を活用した。当地区は日影規制および敷地の形状から敷地南側の住棟配置としては西側が高く、東側が低い建物になる。このような場合、民間事業者は階段状の住宅配置（ゴジラの背中のような形状と例えている）を行うことが多く、防災公園からの景観を考慮すると工夫が必要と考えた。そこで、建物形状のスタディを行った上で、西側を高層のランドマーク棟とし、東側に向けて2棟構成としてそれぞれの高さをフラットにした公募条件を設定した。これによりスカイラインは3段階のすっき

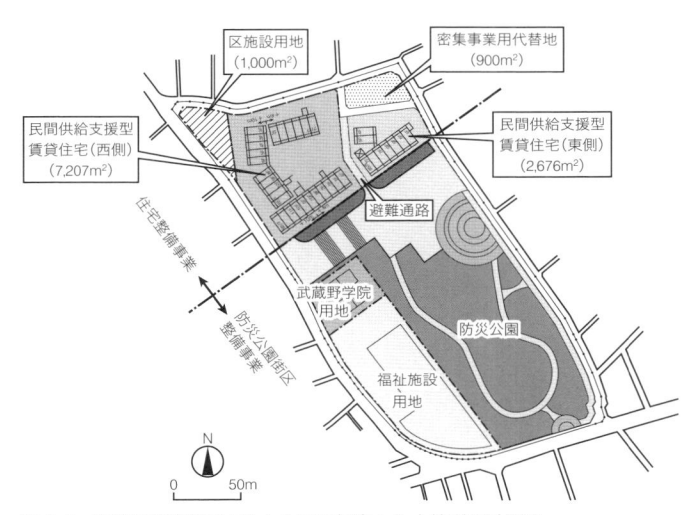

図 4·4　事業開始当初に UR から区に提案した土地利用計画図

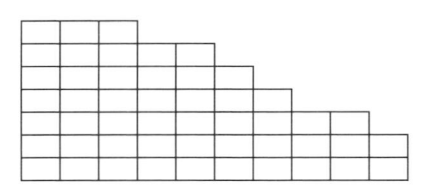

通常の住宅配置

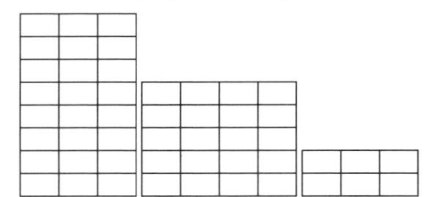

景観誘導による住宅配置

図 4・5　景観誘導による住棟形状の比較

りとした形状になると共に（図 4・5、p.22 上図）、北側住宅地への日影を抑制している。また、北側住宅地から防災公園へダイレクトにアクセスできるよう、敷地内に遊歩道としての避難通路を確保しており、これらについては公募条件の設定に加え、景観形成の手引きを作成し、良好な景観誘導を実現している。

　まちづくり用地（代替地）は、周辺密集市街地の防災生活道路を拡幅する整備事業とのスケジュールが合わず、外語大イメージ承継施設用地と一体で保育園として整備されることとなった。

　また、UR が整備する防災公園や区が整備する外語大跡地東側の防災生活道路については、主に地元住民によるワークショップを開催し、住民意見を取り入れる工夫を行った。防災公園のワークショップは、区および UR が主催し、2004 年 11 月から約半年間にわたって計 5 回開催した。参加者は隣接 3 自治会の推薦・公募、隣接する小学校関係者で、計 28 名程度であった。ここでは、一時避難地の防災公園として災害時の機能に係る意見はもちろんのこと、地域住民が憩えるような広い芝生広場・ビオトープやアスレチック・健康遊具のように日常的に利用する公園としての意見も多数あり、それらを公園設計に反映させることができた（図 4・6）。また「全 5 回のワークショップでは納得がいかず、納得するまで続けたい」という意見や、それに対して「（参加者の負担増となるため）何度続ければいいのか」といったワークショップ運営に関する意見も出た。これについては、まちづくり協議会（2005 年 11 月設立）の小委員会という形で、引き続き公園の検討の場が引き継がれていくこととなる。

　区が整備する外語大跡地東側の防災生活道路の整備については、区主催でワークショップが開催され、地元住民から日常的利用に配慮したコミュニティ道路としての機能を目指すべきとの意見が出た。

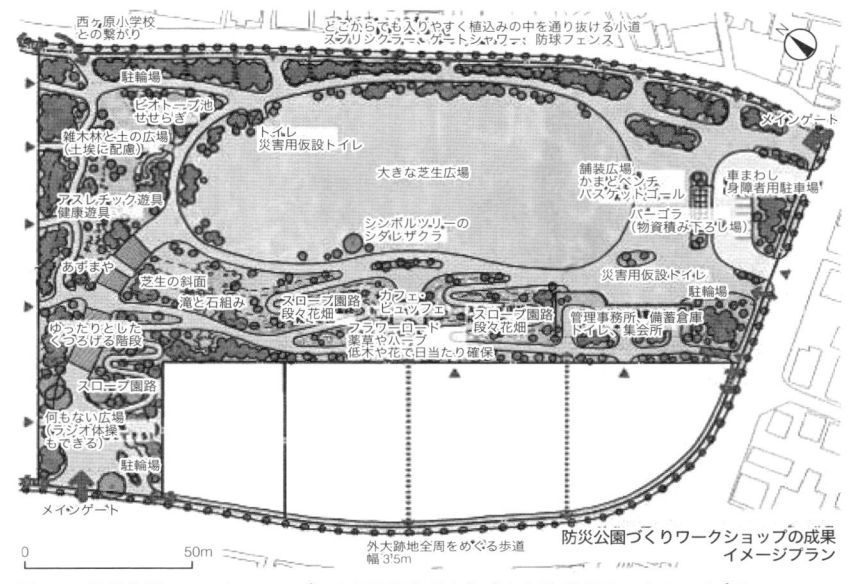

図4·6　防災公園のワークショップにより地元住民と作成した防災公園のイメージプラン

　防災性向上の視点は行政からすれば大きな意義があるが、地元住民からすれば防災性向上だけではなく、むしろ日常の住環境の向上および新たな開発が自分たちに及ぼす影響（工事前と後）が関心事である。住民の関心事に着目することが合意形成に繋がり、結果的に早期の防災性向上が実現する。ワークショップ・まちづくり協議会などは住民参加型のまちづくりとして有効であると共に、整備改善への意欲を喚起する動機づけとしても有効である。

　当地区においては、地域に現在あるいは将来的に不足する施設として、福祉施設の誘致を行っていることも特徴的である。区は、特別養護老人ホーム、福祉園*1、および、福祉工房*2を導入したいという意向があった。そこでURは2003年に、区から福祉施設事業者誘致のための基礎調査を受託した。区は、福祉施設用地をURから取得することを前提に、区の財政負担（運営費補助など）

*1：障害程度の重い18歳以上の知的障害者に、社会生活能力の向上と自立に必要な作業、生活、健康づくりなどの援助を行う通所施設。
*2：心身障害者のために就業能力の限られている者に、作業訓練、生活訓練などを行い、自立を援助する通所施設。

図4·7　完成後の〈西ヶ原みんなの公園〉

　も考慮した民設民営を目指していた。しかし、特別養護老人ホームは採算ベースに乗るものの、福祉園や福祉工房はそれ単独では経営が難しい。そこで、福祉事業者に対するヒアリングを重ね、3施設を一体で実施できる事業者を誘致しトータルで事業が成り立つような仕組みを組み立てることになった。

　建物更新が鈍化している密集市街地は高齢化の進展が顕著であり、子育て世代やファミリー層を中心とした多様なライフスタイルをもつ者の流入を促進して地域活性化を図ることが肝要である。また、新旧住民が安心して住み続けられる機能を地区に導入していくことは、住環境の向上という点で意義深い。防災公園の整備に併せた福祉施設やファミリー向け住宅の供給など、地域の住環境が向上する取り組みは密集市街地整備の一つのモデルと考えられる。

4. 住民のまちづくり機運醸成と自律的なまちづくりへ

　区は2001年度、外語大跡地の利用検討と並行し、地元住民を対象に、密集市街地における住環境の向上を目指した市街地復興セミナーを4回開催した。このセミナーをきっかけに有志による「まちづくりを検討する会」が発足（2002年度）した。当初この会は外語大跡地の活用に対する提言を行うことを主眼に

活動していたが、既存の自治会（双方の組織に属しているメンバーも存在）と協調し後述するまちづくり協議会の基盤となった。

2002 年度より区と UR は、周辺の密集市街地改善に向けた取り組みについて具体的な検討を開始している。区は自治会に声掛けを行いながら、2003 年

図 4・8　外周避難道路

11 月より当地区の課題および住宅市街地総合整備事業[注7]（密集住宅市街地整備型）の導入についての地元説明会やワークショップを開催し、住民の意見を整備計画に反映している。そして、区はこのまちづくりを検討する会を 2004 年 3 月に「まちづくり懇談会」に発展させ、地元住民が主体となるまちづくりの必要性を議論していくことになる。その結果、2005 年 11 月に地元住民による組織「西ヶ原まちづくり協議会」が設立された。このように 2001 年に行った最初のセミナーから約 4 年間をかけて地元のまちづくり機運を醸成していったのである。当初の関心事は主に外語大跡地の利用計画・建物解体を含む工事に関することだったが、防災公園としての〈西ヶ原みんなの公園〉（図 4・7）へのビオトープ導入を検討する小委員会や一部の用地の暫定利用検討、完成した公園のマナーに関する検討などといったまちづくりの活動を通じ、自らの住環境向上に向けてどうするかという意識へ変わっていった。UR はまちづくり協議会の運営支援を 2014 年度まで行いながら、区からの受託により、主要生活道路[注16] ネットワークの計画などを地元住民に提案してきた（図 4・8）。

さらに、2011 年 3 月の東日本大震災を契機に密集市街地整備の取り組みを軸とした防災まちづくりに重点を置くべきという意見が出てきた。そこでまちづくりルールの勉強会を行い、2014 年 7 月にはその必要性について地元住民を対象としたアンケートを実施している。UR の働きかけによる協議会での意見交換が地区計画導入の下地づくりに繋がり、2016 年度末にはこれを反映させた地区計画が都市計画決定された。

外語大跡地の開発だけでなく、周辺地区のまちづくりも推進する組織設立を働きかけたことをきっかけに、この「西ヶ原まちづくり協議会」においても住民によるまちづくり活動が定着してきている。

> 3.5

曳舟駅前地区 | 2003 ～ 2010 東京都墨田区

駅前のポテンシャルを生かした再開発により不燃領域率100%事業を先導

> 駅前の密集市街地を、市街地再開発事業[注33] を用いて整備。事業の実現には、高齢かつ零細な権利者への対処や270人を超える権利者の合意形成など、密集市街地特有の課題があった。また、住宅の一部に区のコミュニティ住宅[注19] を設け、周辺の密集市街地整備に貢献している。

1. 立地と市街地特性

当地区は東京都墨田区の中央部に位置し、地区の東側を明治通り、西側を水戸街道が通っている。地区に隣接して東武スカイツリーライン曳舟駅と京成押上線京成曳舟駅の二つの駅があり、交通利便性の高い地区である（図5・1）。

当地区を含む周辺地域は、関東大震災や東京大空襲による災禍を逃れた地域であることから、工場群や長屋建築群など老朽化した木造建物が

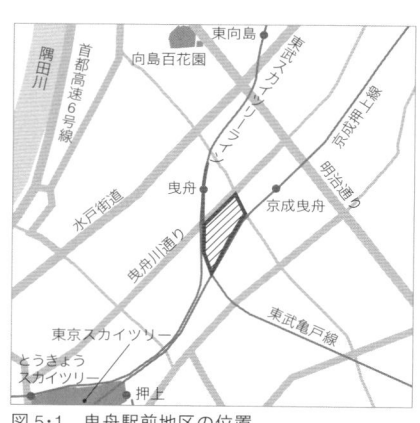

図5・1　曳舟駅前地区の位置

多くを占め、農業用水路周りの田畑のあぜ道がそのまま細街路となるなどで形成された低層市街地であり、東京でも有数の密集市街地である。

2. 駅前に広がる歴史ある住工混在市街地

当地区に接する曳舟川通りは、かつては地域の給水目的の上水路であり、江戸時代からは、岸から綱で舟を曳く通称「サッパコ」と呼ばれる「曳舟」が使われたことが、川と地域の名前の由来である。明治期の近代化に伴い工場の進出が始まり、1954年に曳舟川の暗渠工事で埋め立てられた後も工場勤務者も多

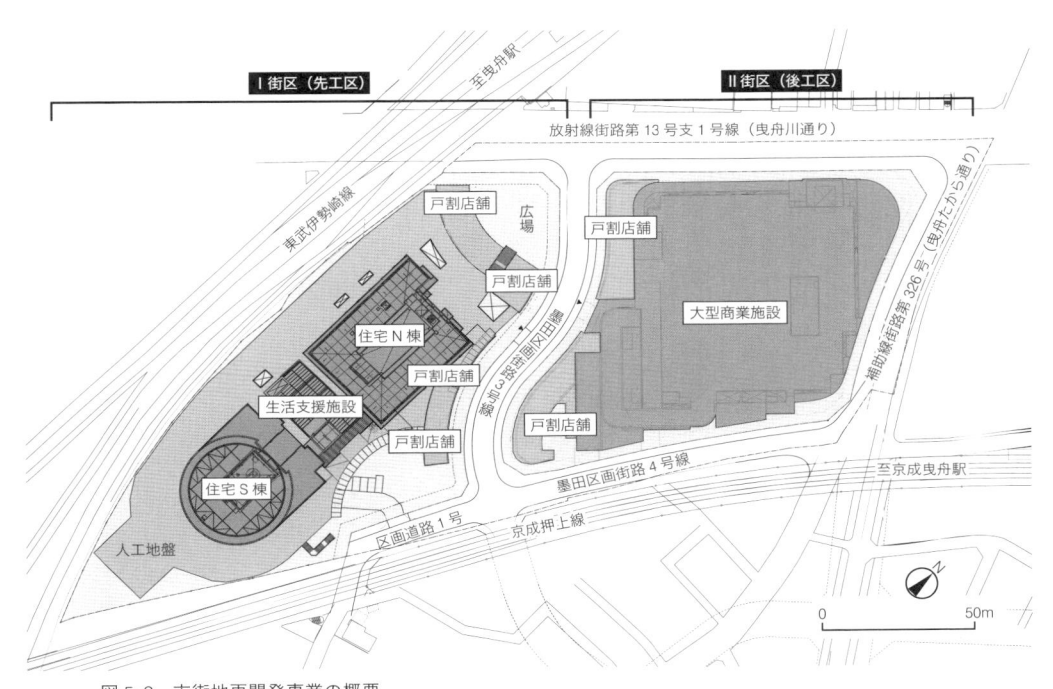

図 5·2　市街地再開発事業の概要

表 5·1　UR 都市機構の取り組み（市街地再開発事業の施行）

項目	概要
事業手法	第一種市街地再開発事業
地区面積	約 2.8ha
事業年度	1993 年 4 月（準備組合設立）〜 2010 年度 市街地再開発事業　事業期間（2003 〜 2010 年度） ・2001 年 11 月：都市計画決定 ・2003 年 11 月：事業計画認可 ・2004 年 9 月：権利変換計画認可 ・2005 年 10 月：工事着工 ・2010 年度末：商業施設完成 ・2011 年 11 月：事業完了
施設整備等事業内容	・都市型住宅施設（830 戸：うちコミュニティ住宅 36 戸）、 　生活支援施設（保育所、診療所など） 　大型商業施設（約 6 万 2,000m²）の整備 ・幹線街路、区画街路、区画道路の整備

く移り住み、住工混在の土地利用が進んだ（図5・3、5・4）。

　当地区およびその周辺は細街路が未整備で、建築基準法上の未接道宅地も多く、当地区内の2本の公道も建築基準法第42条2項道路であり（図5・5）、大規模工場（永柳工業㈱）脇の区道（京島1005号）が幅員約4m、区域中央を横切る区道（京島1004号（馬頭観音通り））も幅員約3.8mと狭く、そのまま残っている状態であった。

　また、南東部は京成線の鉄道敷が直接宅地と接するかたちとなっており、永

図5・3　八反目橋を望む1919年ごろの曳舟川
(出典：「墨田区の昭和史」編纂委員会ほか編(1992)『墨田区の昭和史写真集　子らに語りつぐふるさとの歴史』千秋社)

図5・4　1953年当時の、当地区の従前の工場 (提供：永柳工業㈱)

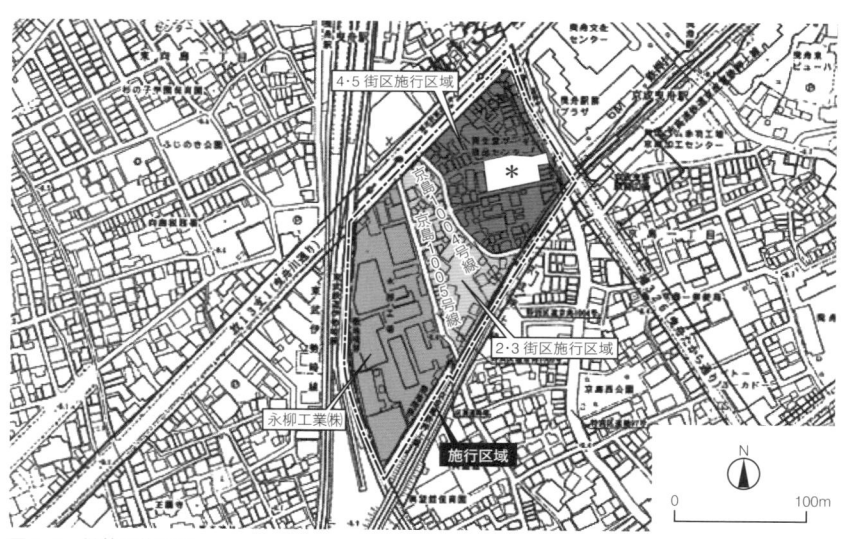

図5・5　従前の状況図

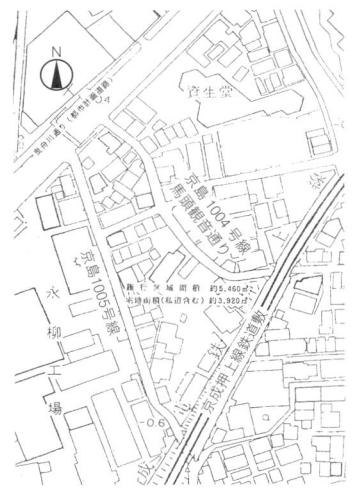

図 5・6　地区に隣接する道路状況

図 5・7　当地区の従前の路地

図 5・8　曳舟駅前から見た従前の施行地区

　柳工業㈱脇の区道は京成押上線をくぐるガード部分で、馬頭観音通りは踏切で、いずれも歩行者のみ通行可という状態のため、地域交通の動線は東西が分断されていた（図 5・6）。

　宅地の利用状況は、土地が細分化され、大部分が木造の専用・併用住宅密集

図 5・9　曳舟川通りからの施行地区　　　　図 5・10　京成押上線からの施行地区

地となっており（図 5・7、5・8）、この間に企業用地や駐車場の低未利用地が点在し、住商工が混在した墨田区北部特有の様相を呈していた（図 5・9、5・10）。

　墨田区としては、解決すべきまちの課題として①まちの活気や賑わいづくり、②道路や駅前広場などの未整備な公共施設、③人口減少と高齢化、④土地の低・未利用、を挙げていた。

　これらの課題を解消するために、密集市街地の改善を図ると共に、土地の高度利用を促進し、高度な商業・業務・文化・住宅機能の総合的な整備が急務となっていた。

3. 事業成立のポイント

　本節では、権利者合意を得たうえで再開発が成立するポイントとなった事象や工夫した点について、およそ時系列で以下に記載する。

（1）権利者による再開発の発意と墨田区の後押し

　1985 年に、京島一丁目内の土地所有者が共同化の検討を始めたが、土地所有者と借地人の借地権割合の合意が進まず共同化が困難となったため、区域を拡大して法定再開発の可能性を検討することになった。

　1990 年、土地所有者 6 名を発起人として、区の指導のもと京島一丁目 4・5 街区（図 5・5）を区域とした勉強会発足への準備が始まった。翌年、土地所有者と借地人を合わせて 44 名の合意を得て「街づくり研究会」が発足した。

　以前より発起人から相談を受けていた区は、「4・5 街区だけでは道路などの公共施設整備が難しいので、周辺にも声掛けした方が良い」という考えから、2・3 街区（図 5・5）の権利者に対しても声掛けを行った。

　また同年、4・5街区内権利者の1人の所有地（約1,040m²）を、京成押上線立体化に伴うまちづくり事業用地として墨田区土地開発公社が先行取得した。これにより、まちの課題の一つであった東西地域動線の分断を解消する京成押上線立体化事業の実現性が高いことが周知され、市街地再開発事業への気運が一気に高まった。

　こうした動きを受け、京島2・3街区の権利者間でも気運が高まり、再開発勉強会が始まる。

　1992年に行われた再開発の意向調査の結果では、日照・騒音・振動といった環境悪化や、事業・商売上の立地条件の低下から、"このままではいけない" "早く事業の目途を立ててほしい" といった意向が多数を占めた。また、底地・借地・借家といった複雑な権利関係を整理したいという権利者の意向も再開発発意の一因となっていた。

　この年、以前からの区の働きかけもあり、2・3街区と4・5街区に分かれた勉強会や研究会の集まりは統合され、一体として再開発準備組合の設立に向けた準備が始まり、翌1993年に曳舟駅前地区再開発準備組合（以下、準備組合）が設立された。

　1994年より、地区に隣接する曳舟駅前プラザ（集合住宅303戸、1987年完成）を開発したUR（当時、住宅・都市整備公団）がコンサルタントとして区の整備検討作業に加わった。1995年7月には、準備組合と区から施行要請書が提出され、URはそれをもとに再開発事業を始動することとなる。

（2）大規模用地の再開発区域への編入

　そのころURは、西側に隣接する工場用地（永柳工業㈱所有地）との一体的な整備を行った場合、土地の高度利用が図りやすくなる、空地を創出でき防災性や周辺環境の向上が期待される、異なる用途の立体複合化（例えば、大型商業施設の上に集合住宅を配置）が抑制され適正な施設配置計画が可能になるなど、計画の自由度が高まると考えていた。さらには、再開発を二つの工区に分け、工場用地を先工区として先に整備することで、後工区の一部の権利者の直接移転を可能とし、権利者の負担の軽減や補償費（事業費）の削減が図られることから権利者の同意を得やすくなり、再開発の実現可能性も高められるとの見通しもあった。

永柳工業㈱も当初は単独開発を想定していたが、隣接する2・3・4・5街区に準備組合が設立され一体開発としての気運が高まったことから、1995年には改めて永柳工業㈱、区、URの3者で再開発事業を検討することとなった。

　そして1997年、曳舟駅前再開発権利者協議会（UR施行を前提とし準備組合解散後の権利者組織）、永柳工業㈱、区からURに対して、永柳工業㈱の工場用地を含む一体的計画による開発の検討が依頼され、最終的な再開発施行区域が固まったのである。

（3）生活再建に配慮した合意形成

　再開発地区は高齢かつ零細で生活再建が困難な権利者が多かったため、一人でも多く、居住・営業継続可能な権利変換計画を権利者に提示することが大きな課題であった。特に再開発地区は店舗などのテナント権利者が多く、施設計画を策定するうえで、独立か、移転か、継続かの意思を早急に表明してもらうことが、事業進捗の大きな鍵を握っていた。また、工場の区域外の代替地の斡旋なども大きな課題であった。

　再開発地区の転出代替地希望は15名（工場権利者5名、住宅希望権利者が10名）で、代替地の確保は、権利者各自で進めてもらう一方、URでもできるだけ代替地の情報提供に努めるよう情報収集を行った。またURは、生活再建のメニューとして代替地の確保も行った。基本的に権利者は、施行者からの補償金を代替資産の購入に充てる。しかし代替地として相応しい候補土地が補償金の支払時期より前に出現した場合は、URが先行的に買収し、補償金の支払い後に代替地として提供することとしたのだ。自ら代替地を確保できなかった権利者5名には代替地予定地としてURが先行買収した土地を斡旋するなど、代替地を希望する15名全員の合意形成がなされる結果となった。

　また、直接移転による補償費の削減などで、全体の事業費が抑制できたことから従後の床価格も下げられ、権利変換により零細権利者も居住等面積を確保でき、円滑な合意形成が可能となった。

　零細権利者の生活再建を考え、小規模タイプも含めた幅の広い権利者住宅や区画道路沿いの戸割店舗など、設計や配置でも工夫を凝らしている。

　また、事業実施の機運が高まると借家人が先行して転出し空室が発生するが、その家主へも家賃欠収補償[注34]を行うこととした。

（4）墨田区コミュニティ住宅の導入

　一方、再開発地区を含む周辺一帯の墨田区北部中央地区では、旧木造賃貸住宅地区総合整備事業（現在の住宅市街地総合整備事業[注7]（密集住宅市街地整備型））（以下、住市総）により密集市街地整備が進められていた。

　1999年3月、区は再開発のなかでコミュニティ住宅を確保することを想定して、土地開発公社が京成押上線立体化に係る事業により取得していた約1,041m²（図5·5の＊部）の土地を取得した。さらに、権利変換に加え保留床の買取りを行い、再開発で整備される住宅の一部に住市総に基づく墨田区コミュニティ住宅を36戸導入した。

　このコミュニティ住宅は、再開発事業完了後も進む周辺の密集市街地整備において、道路拡幅などにより移転先確保が困難な居住者の受け皿となり、周辺事業の進捗にも大きく貢献していくこととなった。

（5）地域の生活支援や賑わい創出のための施設整備

　当再開発の目的の一つは、墨田区北部地域の新しいまちの拠点を形成することである。そのための土地利用計画として、居住機能の高度な集積と併せて周辺地域の生活を支え、新たな賑わいを生み出す商業施設を計画した。地元の居住者からも地域の核となるような商業施設を望む声は多く、2001年11月に決定した都市計画（曳舟駅前地区第一種市街地再開発事業（墨田区決定））において、Ⅱ街区に大型商業施設を整備することが定められた。

　大型商業施設は、その計画・設計に早期から民間事業者のノウハウを導入したほうが、より良い施設計画が立てられることから、都市計画決定後すぐに

図5·11　Ⅱ街区商業施設外観

図5·12　Ⅰ街区1階戸割店舗

UR の調査・設計業務などへの助言を行うアドバイザリースタッフの募集を行い、㈱イトーヨーカ堂が事業協力者となった。その後、UR は事業協力者の助言を受けながら施設計画や設計の検討を重ね、市街地再開発事業の事業計画認可（2003 年 10 月）、権利変換計画認可（2004 年 9 月）を得た後、2005 年 8 月に II 街区（後工区）に商業施設棟を建築し、その保留床を取得する特定建築者[注35]を募集し、㈱イトーヨーカ堂を決定した（図 5・11）。

また、I 街区（先工区）には、保留床として UR 賃貸住宅 490 戸および分譲住宅約 60 戸を整備すると共に、多様な世代の居住を誘導するため低層部に子育て支援施設を整備した（図 5・12）。

4. 駅周辺の再開発事業が連鎖的に展開

その他土壌汚染や地中障害物対策など多くの困難な課題を解決し、I 街区

表 5・2　公共施設の配置および規模

種別	名称	幅員	延長	備考
幹線街路	放射線街路 13 支 1 号線	20m	約 170m	都市計画道路、既存道路の拡幅
	補助線街路第 326 号線	17m	約 95m	
区画街路	墨田区画街路第 3 号線	12m	約 135m	都市計画道路、新設
	墨田区画街路第 4 号線	12 〜 14m	約 100m	
区画道路	区画道路 1 号	10 〜 12m	約 50m	新設

表 5・3　建築敷地および建築物の整備内容

	敷地面積（m²）	建築面積（m²）	延床面積（m²）	建ぺい率（％）	容積率（％）
I 街区	約 11,900	約 8,900	約 87,500	約 75	約 511
II 街区	約 9,600	約 7,600	約 50,300	約 79	約 416

街区	I 街区	II 街区
主たる用途	共同住宅・商業施設・生活支援施設・駐車場・駐輪場	商業施設・駐車場・駐輪場
構造	鉄筋コンクリート造一部鉄骨造	鉄筋コンクリート造一部鉄骨造一部鉄筋コンクリート造
階数	N 棟：地下 1 階、地上 20 階 S 棟：地下 1 階、地上 41 階	地下 1 階、地上 7 階
最高高さ	N 棟：約 71m S 棟：約 142m	約 39m
駐車場	約 280 台	約 480 台
駐輪場	約 1,360 台	約 800 台
住宅建設	830 戸（N 棟：273 戸、S 棟：557 戸）	―

図 5·13　完成後の曳舟のまち

（先工区）は 2009 年 11 月に完成を迎え、II 街区（後工区）では 2010 年 11 月に戸割店舗 20 区画とイトーヨーカドー曳舟店がオープンした。

　当事業により、木造密集市街地の改善による防災性の向上（表 5·2）、土地の適切な高度利用によるオープンスペースの確保（表 5·3）、大型商業施設の導入、都心部に近接した居住地として、駅至近という立地を生かした快適で利便性の高い都市型住宅および子育て支援施設の導入が実現し、区の都市計画マスタープランに位置づけられている広域拠点の核となるまちが完成した（図 5·13）。

　また、当再開発が契機となり、曳舟駅周辺地区地区計画の区域内に他 3 地区で組合施行再開発が完成している。当再開発は、まさに曳舟駅周辺のリーディングプロジェクトとして墨田区における都市再生の推進に大きく貢献したのである。

中葛西八丁目地区 | 2007 〜 2013

総論反対からの合意形成と道路線形の工夫

地元から反対署名を受けた道路拡幅計画を区と UR の連携・協力で丁寧に合意形成を図った。道路事業として整備を進めるための手続きや線形計画などの工夫、また、区職員をはじめとする関係者の強い想いと努力が結実した事例である。

1. 立地と市街地特性

当地区は東京都江戸川区の南西部、東京メトロ東西線葛西駅の南 400m に位置し、北側および東側はそれぞれ放射 16 号線、環状 7 号線に接し、交通利便の高い地区である（図 6・1）。当地区周辺は、1969 年の葛西駅開設に併せて土地区画整理事業[注5] により急速に市街化が進んだが、当地区だけは事業が実現せず、道路基盤が未整備で建物が密集した市街地が形成された。地区中心部には幅員 4m

図 6・1　中葛西八丁目地区の位置

未満の細街路や行き止まり道路も多いなど、地区内の道路ネットワークが不足し、老朽化狭小住宅が密集するなど、防災面や住環境について課題があった。

2. マンパワー不足を補うため UR との協働へ

江戸川区のまちづくりは、主に土地区画整理事業と都市計画道路の整備により進められていた。当地区も、1960 〜 1970 年代に区が土地区画整理事業によるまちづくりを進めようとしたが、地元住民の反対により事業化には至らなかった。そのため、当地区周辺では土地区画整理事業による道路の基盤整備が進

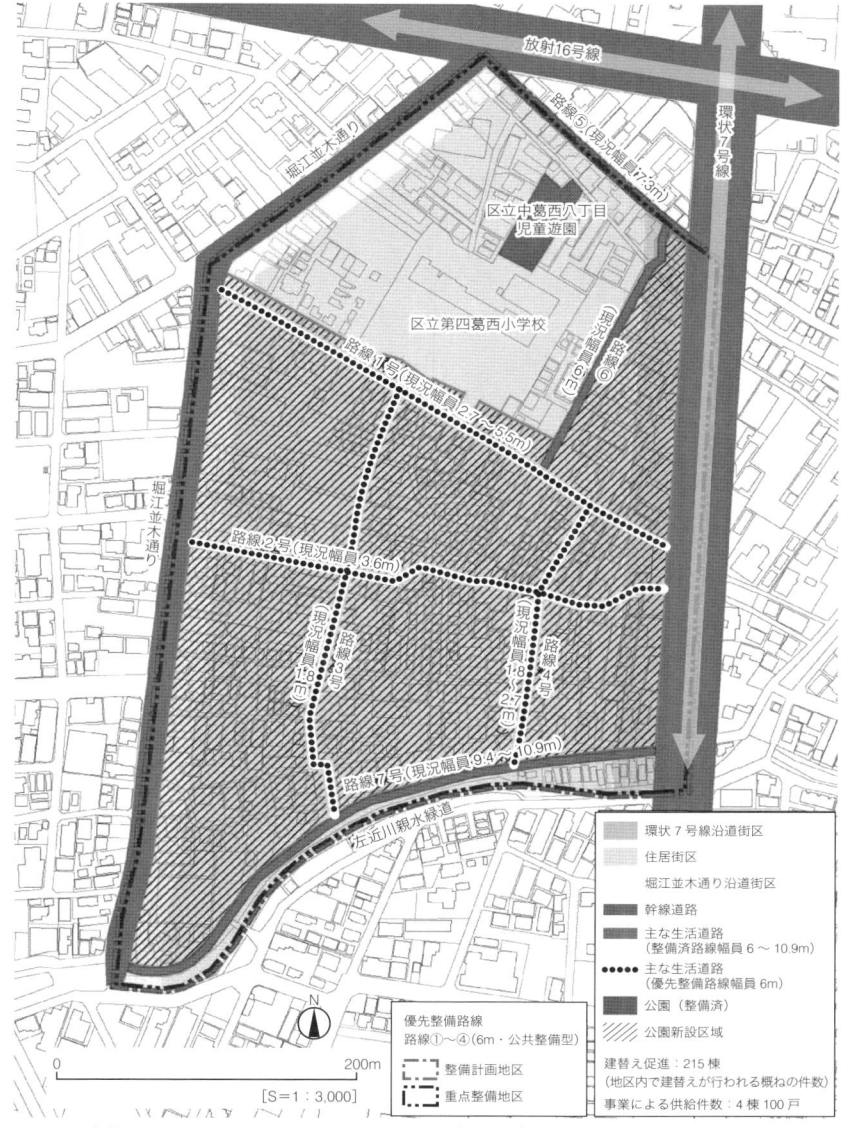

図6・2　中葛西八丁目地区住宅市街地総合整備事業（密集型）16.5ha（出典：江戸川区資料を一部加工）

表6・1　UR都市機構の取り組み

項目	概要
道路整備（受託）	区からの受託により主要生活道路2路線（幅員6m）整備の支援 ・地元合意形成支援 ・用地測量、道路線形検討支援 ・権利者調整業務

んでいるのに対して、当地区は取り残されるように、建物が密集し、狭隘道路<ruby>あい</ruby>が残る密集市街地となっていた。

2005年度、区はこの状況を打開するためのまちづくりを進めることとした（図6·2）。区は地元住民に対して当地区の地区計画と住宅市街地総合整備事業[注7]（密集住宅市街地整備型）によるまちづくりの検討を働きかけ、地元住民主体の「まちづくり協議会」が設立された。

その後、このまちづくり協議会によってまちづくり計画（案）が作成され、2007年6月に区へ提言された。主な計画の内容は、①地区計画によるルールの制定、②地区内の新たな交通ネットワークの形成、③新たな公園整備であった。この計画をもとにして、区は「中葛西八丁目地区地区計画」を策定することになる。区がこれらの計画を検討していた2007年は、都市再生プロジェクト第十二次決定（重点密集市街地の解消に向けた取組の一層の強化）や密集法改正（URによる従前居住者用賃貸住宅整備の追加など）があり、国や都は各地方公共団体へ直接密集改善の取り組みを促していた。URもその実行支援を働きかけ、主要生活道路[注16]整備などの支援メニューを説明していたこともあり、区はURと協働することを選択した。というのも当時、区は8地区で密集市街地整備を進めており、当地区を含め新規に2地区の着手を控え、職員のマンパワー不足の状態だったのだ。

2008年3月、区とURは「中葛西八丁目地区のまちづくりに関する協定」を締結し、URは区より2008年度の主要生活道路整備を中心としたまちづくり支援業務を受託することになった。

この前段では、まちづくり協議会は区提言の前（2007年3月）に、地区全体の住民らを対象としたまちづくり計画の周知と詳細の説明を実施しており、提言を受けた区は、2007年10月から主要生活道路沿道の権利者に対し拡幅沿道説明会を実施していた。URは、計画の骨格となる主要生活道路整備を円滑に進めるべく、道路拡幅沿道権利者の理解を得るためにより具体的な説明が必要と考え、より丁寧な「沿道会議」の開催を提案した。

3. 総論反対から始まったまちづくり計画

沿道会議は、2008年6月に第1回を、同年11月に第2回を開催した（図6·3）。第1回の会議では、防災上の課題を中心に早期の主要生活道路ネットワークを

形成する必要性を説明すると共に、個別の生活再建方針に応じて道路拡幅線形を検討し、用地買収に協力してもらうという事業の流れを説明した。その後、第2回の会議で具体的な道路拡幅線形案の提示を行った。

ここで、出席者からは「こんな道路拡幅計画は認めない」「なぜ我々だけが犠牲になるような形で協力をしなければいけないのか」といった道路拡幅計画に対する強い反対の声が上がった。しかも、主に路線1号沿道の権利者に端を発した全体の反対署名活動にまで発展し、その反対署名書が区に提出されることとなった。

なぜ、ここまで紛糾したのか。区とURは、当地区のまちづくり計画が地元住民のまちづくり協議会からの提言に基づいたものであり、その協議会活動の状況をニュースで全戸に周知し、さらに「活動報告会」や「拡幅沿道説明会」も開催していたため、総論としてまちづくりに対する地元住民の理解があるものと考えていた。しかし、これまでは道路拡幅沿道の権利者（特に路線1号沿道の方）は具体的に道路拡幅線形が示されていた訳ではないため沈黙していたにすぎず、道路拡幅案を示した後にここに住み続けていくことができるかという不安が爆発する形となり、反対署名へと発展していったのである。

要因を追究していくなかで一つの事実が判明した。まちづくり協議会の構成員の偏りだ。委員は、地元町会などから選出された役員の方と、公募に応じた一般区民の方々ではあったが、地区の特性上、地区内の土地を所有する住民であっても不動産業を営む方やその関係住民の参加が多く、結果的に道路拡幅の影響を直接受ける沿道住民の参加が少なくなってしまっていたのである。そのためまちづくり協議会は、不動産業者と一部の大地主などによる会であるかの

図6・3　沿道会議の様子

ように思われ、当地区の将来を考えていくべき居住者が不在のまま計画が策定されたかのように誤解されてしまったのである。

区はこのような誤解を解くため、協議会だけでなく行政としても、防災性向上のために整備事業[注9]が必要であるという強い意志を示すべきであると考えた。そこで、

大規模地震を想定した当地区の火災の延焼シミュレーションにより、延焼危険性を説明するなど、防災まちづくりの必要性を訴えたのだ。権利者の一部からは「俺たちを脅す気か」という声も上がったが、「将来の子どもたちのためにできることを今からやっていきましょう」と真摯に訴えたのである。

また、沿道会議だけでは地元住民の個々人の考えや意見までは確認できないため、第1回沿道会議後から権利者の自宅などを訪問し、まちづくりに対する考えや道路拡幅の影響による生活への不安を個別に確認することとした。反対署名活動に参加した権利者の方々へ向けての「路線1号沿道反対者への説明会」でも粘り強く対話を続け、権利者の生活に配慮しながら、ご協力いただける方から順次、整備を進めていくことを改めて確認できたのだった。

区とURがペアを組んで、主要生活道路4路線すべての道路拡幅沿道権利者約350人の個別訪問を行った結果、意外な意見も確認できた。

「近所付き合いで反対署名をした」「このままではいけないと思っている」、「俺の土地は協力してやるからすべて持っていけ」など。実は、防災まちづくりの必要性を感じている住民も多かったのだ。沿道会議では強い反対意向を示していた住民の一人から「全体の場では立場上言えないが、まちづくりの必要性は理解しており、そのために犠牲になる方々に対して何をしてもらえるのかを説明してほしい」との本音を聞き出すこともできた。

この一斉個別訪問で、まちづくりの必要性を感じている人は実際には多く、強い反対者はごく一部であることが判明し、その後の進め方を取り決めることになったのだ。

4. 優先整備路線の位置づけと道路事業への仕立て

道路事業の見通しが立ってから、URは主要生活道路整備を推進するうえで三つの工夫を検討した。それは、4路線における優先整備路線の位置づけ、生活再建に配慮した税制や建築基準法上の手続き、そして道路の線形である。

URは区に対して、主要生活道路の整備は4路線を並行して進めるのではなく、1路線に集中して先導的に整備すべきと提案した。それは、すべての路線を同時に動かすよりも、地区にとって一番整備効果の高い1路線を集中的に取り掛かり、地域住民に対して整備後の完成形を示すことが、最も有効と考えたからである。しかし当初、区は用地買収にかなり時間がかかることに加えて、

補償についても全路線の沿道権利者に公平性を保ち均等に対応していきたいとの考えをもっていた。

この区の考えに対しURが考える住民の公平性とは、当地区の消防活動困難区域[注23]を解消し、早期に緊急車両が通過可能な道路を整備していくことであると提案した。最終的に4路線を10年で完了させるという区の考えに対し、2路線ずつ各5年、結果として4路線を10年で完了させるというURの提案を区が受け入れ、路線1号と路線3号の2路線を優先的に整備する「優先整備路線」に位置づけて先導整備することになった。

続いて、道路整備を推進する具体的な手続きを検討した。道路拡幅整備は、その影響を受ける沿道権利者の生活再建が大きな鍵を握る。そのため、URから具体的に以下の三つの提案を行った。

① 幅員が4m未満の建築基準法42条第2項に定められる道路、いわゆる2項道路の沿道の権利者については、セットバック義務部分の用地についても、道路用地として正当に評価して買収すること

② 収用対象事業（道路事業）として税制控除が受けられる条件とするため最初に路線として道路法の道路区域編入手続きを行うこと

③ 敷地前面の道路幅員の取り扱いについて、将来の拡幅後の幅員によるものとみなして、建替えを認めていくこと

これらの対応は、区内の他地区との横並びの公平性や、庁内他部署との調整などを考えると簡単ではないが、道路整備の影響を受ける権利者の生活再建にとっては非常に大きな意味をもち、短期間での事業推進に繋がる（図6・4）。

区では、①はすでに他の事業地区の用地買収で整理できていた。②と③については、区の担当者が内部調整を行い、当地区を契機に整理したのである（②ができれば③も可という整理は既にされていた）。これにはURも驚いた。同様の事業はほかの行政とも進めていたが、この三つを完璧に整理できた行政はほかにはなかったからである。早期に整備を実現するという区担当者の強い意志を感じた瞬間であり、それを支援する立場として改めて気が引き締まる思いであった。

5. 拡幅道路の線形は中心振り分けが妥当なのか

密集市街地整備における主要生活道路整備は、その道路自体が避難路ネット

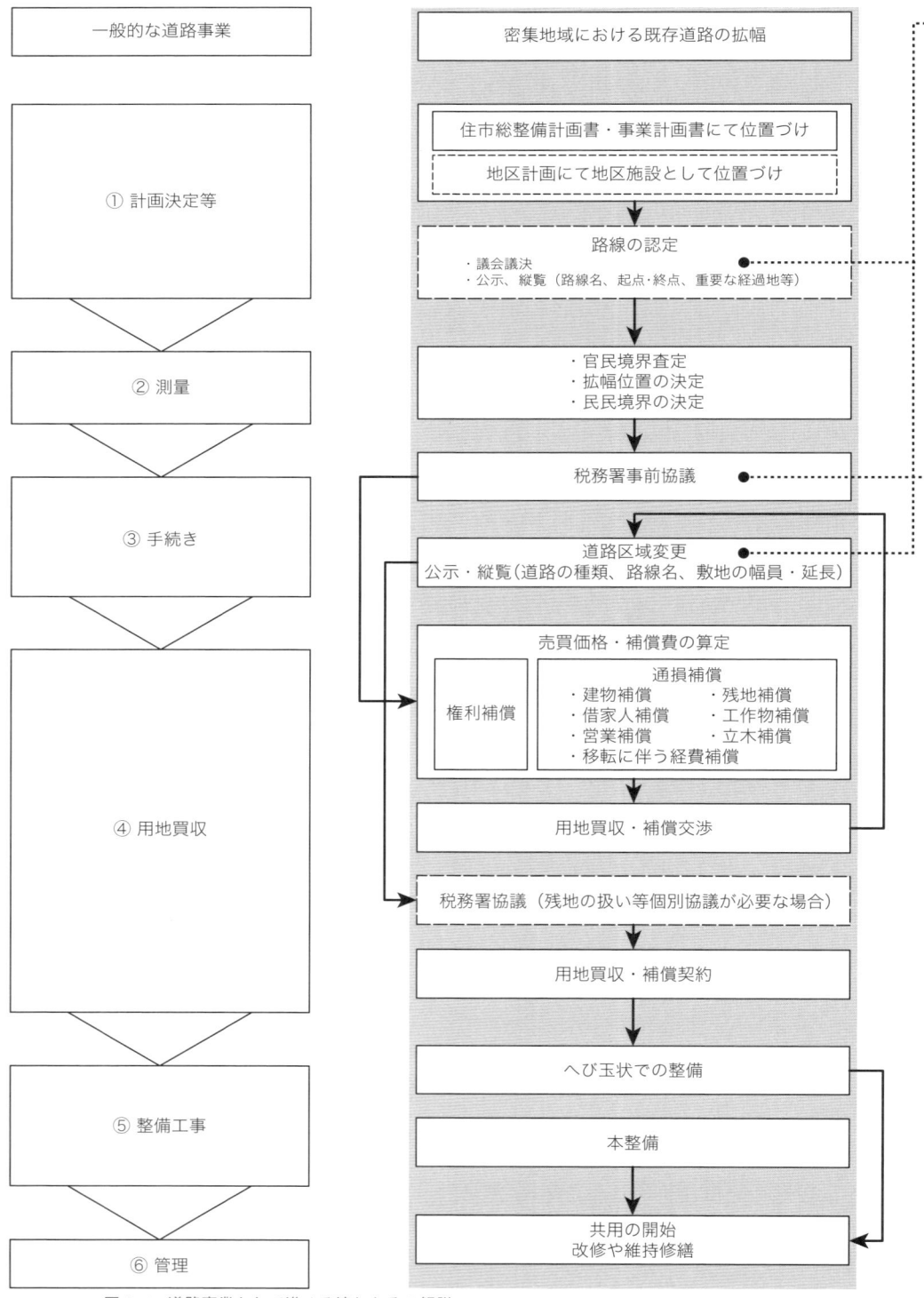

図 6・4　道路事業として進める流れとその解説

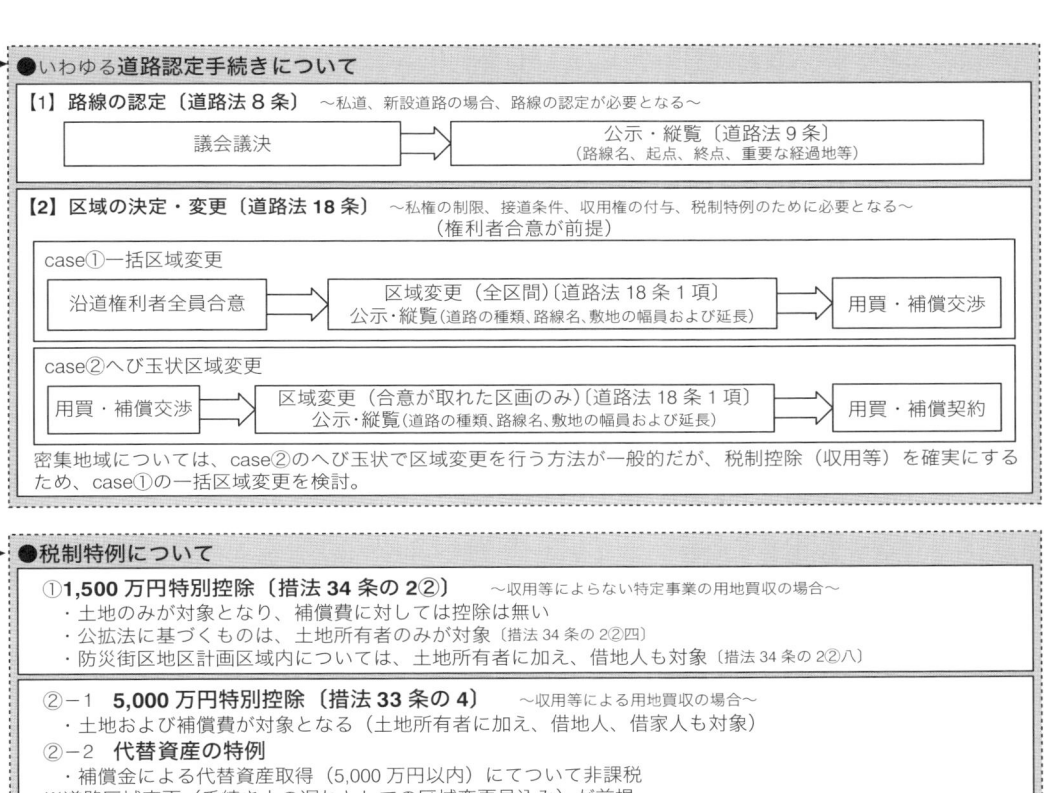

●いわゆる道路認定手続きについて

【1】路線の認定〔道路法 8 条〕 ～私道、新設道路の場合、路線の認定が必要となる～

| 議会議決 | ⇒ | 公示・縦覧〔道路法 9 条〕
（路線名、起点、終点、重要な経過地等） |

【2】区域の決定・変更〔道路法 18 条〕 ～私権の制限、接道条件、収用権の付与、税制特例のために必要となる～
（権利者合意が前提）

case①一括区域変更

| 沿道権利者全員合意 | ⇒ | 区域変更（全区間）〔道路法 18 条 1 項〕
公示・縦覧（道路の種類、路線名、敷地の幅員および延長） | ⇒ | 用買・補償交渉 |

case②へび玉状区域変更

| 用買・補償交渉 | ⇒ | 区域変更（合意が取れた区画のみ）〔道路法 18 条 1 項〕
公示・縦覧（道路の種類、路線名、敷地の幅員および延長） | ⇒ | 用買・補償契約 |

密集地域については、case②のへび玉状で区域変更を行う方法が一般的だが、税制控除（収用等）を確実にするため、case①の一括区域変更を検討。

●税制特例について

①1,500 万円特別控除〔措法 34 条の 2②〕 ～収用等によらない特定事業の用地買収の場合～
・土地のみが対象となり、補償費に対しては控除は無い
・公拡法に基づくものは、土地所有者のみが対象〔措法 34 条の 2②四〕
・防災街区地区計画区域内については、土地所有者に加え、借地人も対象〔措法 34 条の 2②八〕

②-1 5,000 万円特別控除〔措法 33 条の 4〕 ～収用等による用地買収の場合～
・土地および補償費が対象となる（土地所有者に加え、借地人、借家人も対象）

②-2 代替資産の特例
・補償金による代替資産取得（5,000 万円以内）にてついて非課税
※道路区域変更（手き上の遅れとしての区域変更見込み）が前提

| 用買・補償交渉 | ⇒ | 道路の区域変更 | ⇒ | 収用等 | ⇒ | 用買・補償契約 | ⇒ | 税制特例の採用 |

税制特例は権利者（＝事業協力者）にとっては大きな課題であり、収用等による 5,000 万円控除を前提に交渉を進めることが事業進捗に繋がる。事前に、道路部局との道路区域変更、税務署との事前協議を行うことが必要。

●接道・前面道路指定について

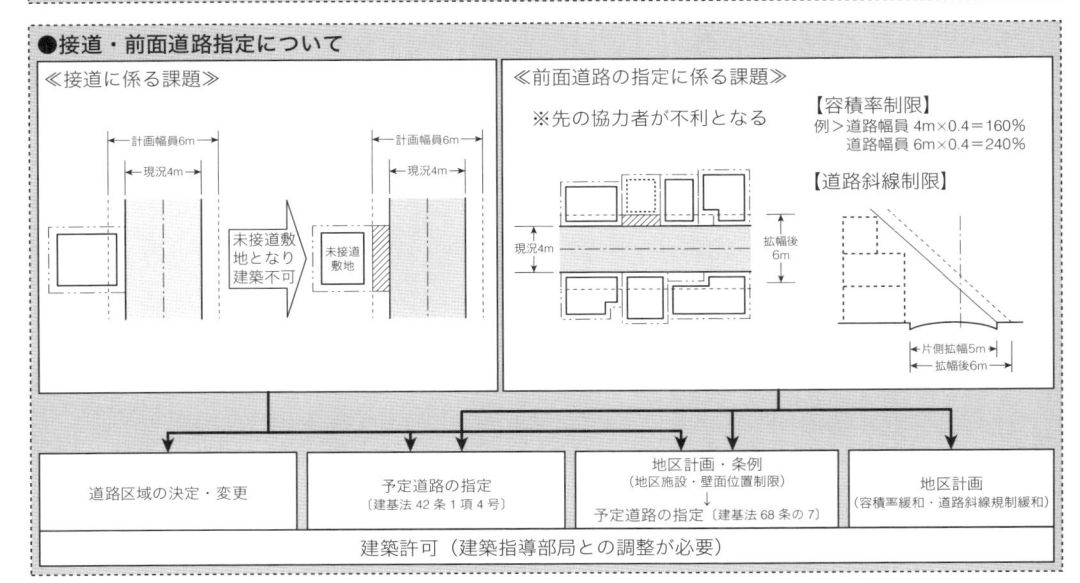

≪接道に係る課題≫

計画幅員6m / 現況4m / 未接道敷地となり建築不可 / 未接道敷地

≪前面道路の指定に係る課題≫

※先の協力者が不利となる

現況4m / 拡幅後 6m

【容積率制限】
例＞道路幅員 4m×0.4＝160%
　　道路幅員 6m×0.4＝240%

【道路斜線制限】

片側拡幅5m / 拡幅後6m

| 道路区域の決定・変更 | 予定道路の指定
〔建基法 42 条 1 項 4 号〕 | 地区計画・条例
（地区施設・壁面位置制限）
↓
予定道路の指定〔建基法 68 条の 7〕 | 地区計画
（容積率緩和・道路斜線規制緩和） |

建築許可（建築指導部局との調整が必要）

ワークの形成や消防活動困難区域の解消という目的があるのに加え、沿道の老朽建築物を不燃化し建替える効果もある。建替えは権利者にとっては生活の再建を意味し、その可否が事業協力の可否に繋がる。

区では拡幅予定道路の線形を決める際、中心振り分け（既存道路の中心線より両側に同じ距離で振り分ける考え方で、6m 道路であれば中心線より 3m）を原則としながら、沿道の状況を考慮しながら進めていた。

しかし密集市街地は敷地の小さな物件が多いことから、中心振り分けの線形では、用地買収後の残地では再建ができなくなるケースも多い。たしかに、事業への協力意向に応じた拡幅は道路の線形が蛇行してしまい見通しが確保できず十分に安全とは言えないことと、権利者への公平性の面で問題がある。だが事業推進上は権利者の生活再建の意向、防災上危険な老朽建築物を更新できる可能性、比較的大規模な空地の活用などを総合的に考慮して道路線形を決定することは非常に有効と言える。

当地区における道路線形はこのような方針により、区と UR が、沿道の空地や低未利用地の活用、新築物件や鉄筋コンクリート造の物件を回避するほか、沿道会議や個別訪問で権利者の再建の意向を勘案しながら決定した。また区は、計画線形を決定した後にも、取得した公園用地の活用やさらなる安全性の高い道路線形や未接道宅地の解消を理由に、線形見直しを行っている。

6. まちづくり事務所を構えた権利者交渉

2009 年 5 月、区と UR は「中葛西八丁目地区住宅市街地総合整備事業における道路整備に関する業務協定」を締結した。これまでの沿道会議および個別訪問において把握した、おおよその権利者特性を背景に、次なるステージとして道路拡幅整備のための用地取得および補償に係る折衝業務（以下、用地補償業務）を推進することとなる。

用地補償業務は、権利者の生活再建を見据えた迅速かつ緻密な交渉および対応が必要となることから、2009 年 12 月、地区外の近接した場所に「中葛西八丁目地区まちづくり事務所」を開設した。

こうして、本格的に現地での権利者交渉が始まった。優先整備路線としてUR が拡幅整備を受託することとなった路線 1 号および路線 3 号の用地補償の対象となる物件が 105 件（その交渉をする権利者は 82 件）あり、5 年間での道

路整備を目標とした行動計画を策定したのである（図6·5）。

　現地事務所開設の翌年度には、地区内の各権利者の現況敷地を確認するため、一斉に用地測量を実施した。用地測量は、権利者に会って協力意向や生活再建意向を掴むチャンスであり、積極的に意向把握に努めた。しかし、具体の交渉を開始すると、測量の立会い時には好意的であった方でも人が変わったように厳しい対応となる場合も多々あり、行動計画通りには進まない。そんななかでも辛抱強く丁寧に対応し、そして行動計画を見直しながら、交渉を繰り返していった。

　また、交渉開始にあたっては、区の用地補償業務の進め方・手続きの確認・整理から始める必要があった。当時のURにとって、道路整備事業の実績は多くあっても当地区は受託者の立場であり、区の進め方・手続きに沿って進めていくこととなったためだ。また、URのこれまでの道路整備においては、確保したまちづくり用地（代替地）を生活再建策として提示しながら進めてきたが、当地区ではまちづくり用地（代替地）を確保できていないという懸念材料もあった。そのため、交渉のなかで代替地意向と地区外移転意向をマッチングしながら進めていく必要があったのだ。

　そうした背景から、交渉初年度の用地取得および補償契約は、目標件数の30％にも満たないわずか6件に留まった。

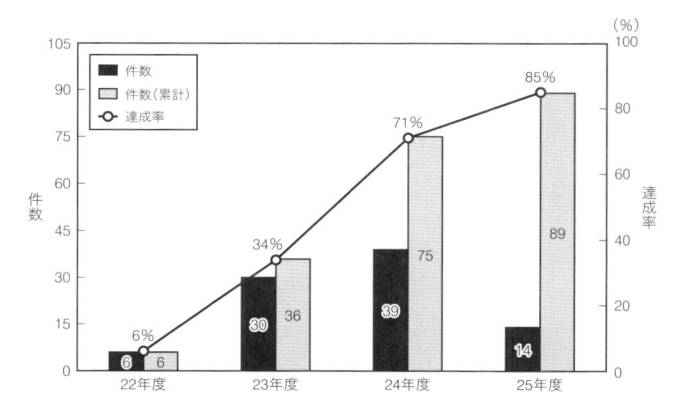

図6·5　URによる路線1·3号線における用地取得の進捗グラフ（物件数ベース）

7. 権利者交渉の加速化と着実な事業推進方策

　URは当時、同様の業務で複数の区から道路整備の支援要請を受けており、その体制的な課題から、当地区については優先整備路線の2路線のみの実施となる旨を区に伝えた。そこで、残る2路線は2010年度から区独自で用地測量に着手し用地取得を進めることとなった。そして、URと区が同じ地区内で用地補償業務を推進するための調整が必要となり、2010年度以降は、以下の方策を新たに掲げた。

（1）進捗管理表によるURおよび区との情報共有

　URは路線1・3号を2班体制、区は路線2・4号を1班体制で進めることとなった。得てして折衝の方針は各班の判断となりがちだが、各権利者との折衝や手続きなどの進捗状況や課題などを共有し、密に意見交換を行うことで、権利者の再建意向（地区外転出意向と地区内代替地移転意向など）のマッチングなどの調整を図れるようにした。

（2）買えるところから、まずは買う

　URは、道路拡幅整備の「姿」を早期に地元住民に見せることで意欲を喚起したいと考え、主要生活道路の入口、角地、あるいは大規模な敷地などの道路拡幅整備の目立つ箇所を重点的に用地取得しようとしていた。しかしながら、区との進め方の調整のなかで、特定の路線やエリアに固執するあまり、その他の権利者の意向把握や生活再建の支援が不十分となり、事業進捗が悪くなると気付いた。そこで、角地や大規模宅地の権利者には配慮しつつも、積極的にその他の権利者の意向も把握し用地取得のタイミングを逃すことがないよう努めることとした。

（3）手厚い生活再建方策の支援と具現化に向けた対応

　権利者にとっては、用地買収協力後、従前の生活と同等の生活が確保されるかが最大の懸念である。権利者によっては、建替えの経験がなく、施工業者の選び方や依頼方法、不動産法規特有の専門用語や税金手続きなどがわからないという権利者が多く存在した。これらの不安を抱く権利者に対し、用地買収の

手続きと、その対応スケジュールをわかりやすく提示すると共に、残地内での建物再建を希望する方には、簡単な完成イメージ図などの資料を提供することとした。

　このように権利者の意向（協力のタイミング、生活再建意向など）に沿った対応を繰り返し行うことで、着実に業務を推進できたのである。そして、当地区のまちづくり計画の核となる主要生活道路整備のための用地取得について、URは、2路線（路線1号および路線3号）を受託期間の5年間で、予定した105件のうち89件の契約（85％）に至った。また区は、残り2路線（路線2号

| (a) 従前 | (b) 従後 |

図6・6　路線1号

| (a) 従前 | (b) 従後 |

図6・7　路線3号

および路線4号）とUR受託外の物件60件のうち50件の契約（80.6%）に至った。区とURの協働により本格的な用地補償交渉開始から5年間で4路線全体の83.2%の用地取得契約を実現したのである（図6・6、6・7）。

8. 先導的事業の波及効果

URと区の協働で道路事業として推進するための手続きを整理し、主要生活道路4路線のうち2路線を優先整備路線としてURが、途中から残り2路線についても区が積極的な用地補償業務を進め、本格的な用地取得交渉開始から5年間で8割以上の用地取得が実現した。

URは区との協定期間が満了する2013年度末で当地区から撤退することとなったが、引き継いだ区担当者の努力により、2015年度末には、4路線合計で96.2%の用地取得契約まで至っている。

反対署名運動から8年、6m道路のネットワークの完成形を明確に示すことができ、そして沿道の建物更新も進み、防災上安全なまちに生まれ変わってきた。

図6・8　新たに整備された公園

区は、道路整備だけでなく沿道の残地を取得して、6m道路によるネットワークを補う形で二つの公園（合計2,600m²）（図6·8）を新設した。また、避難所となる小学校の入口付近には避難者の安全確保のために広場（約500m²）も整備している。

これは、区とURが連携して行った権利者交渉や、生活再建支援により地元住民の理解を得ることができたこと、そして、優先路線の道路整備の完成形をいち早く示すことで、安全なまちへと変わっていく姿を見せることができたことが大きい。そして何よりまちづくりにかける区職員の思いと努力も大きかったと思う。

URの交渉班と区の担当者が連携し、権利者のさまざまな要望に応えながら、早朝や夜間、休日にも積極的な対応を行ってきたことで、当初反対していた権利者にも理解をいただき、1件の買収契約が隣接者に繋がるという波及効果も生まれ、地区全体の密集市街地改善に繋げることができたのである。

> 3.7

荒川二・四・七丁目地区 ｜ 2012 〜

東京都荒川区

生活再建策を用意しながら多主体と協働した総合的な整備へ

主要生活道路を整備する際の大きな課題は、権利者の生活再建である。当地区では従前居住者用賃貸住宅の整備や代替地確保などによりその課題に対応し、道路整備の推進を図った。また地元住民も含めたさまざまな担い手と連携しながら密集市街地整備に取り組んでいる。

1. 立地と市街地特性

当地区は、東京都荒川区のほぼ中央に位置し、広域避難場所荒川自然公園一帯に隣接している。地区内には、都電荒川線、京成本線および東京メトロ千代田線が通っており、町屋駅のほか、都電荒川線の電停が2カ所ある。また、地区南東部には荒川区役所をはじめとした行政サービス施設が立地しており、利便性の高い地区である（図7・1）。

図7・1　荒川二・四・七丁目地区の位置

当地区は、明治時代までは集落が点在する農村地帯であったが、1913年に王子電車（現在の都電荒川線）が開通

表7・1　UR都市機構の取り組み

項目	概要
道路整備（受託）	区からの受託により主要生活道路2路線（幅員6m）整備の支援 ・地元合意形成支援 ・用地測量、道路線形検討支援 ・権利者調整業務
従前居住者用賃貸住宅の建設・管理	従前居住者用賃貸住宅（27戸）の建設・管理
老朽木造住宅の建替え相談支援	老朽木造住宅の建替えなどに係る住民相談に対する支援
木密エリア不燃化促進事業の施行	区域内の土地取得および活用

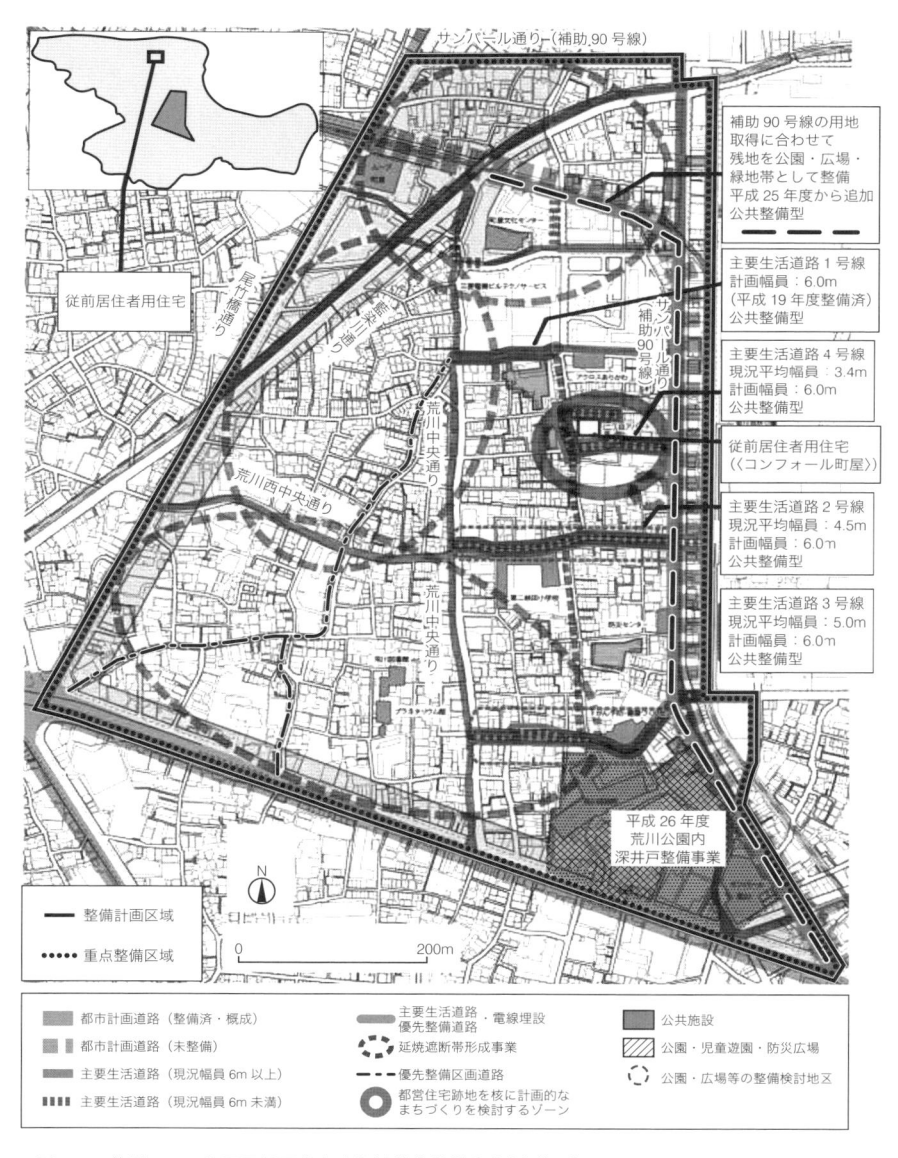

図7・2 荒川二・四・七丁目地区住宅市街地総合整備事業(密集型) 48.5ha （出典：荒川区資料を一部加工）

してからは、徐々に市街化が進行し、その後、関東大震災から太平洋戦争にかけて急速な市街化と工業化が始まった。戦後、戦災の焼残りも多く存在していたため、基盤整備が行われないまま市街化が進行し、現在の木造住宅密集市街地が形成された。

都市基盤の骨格は戦前からほとんど変わっておらず、狭隘道路（あい）が多く、災害時の対応や住環境の面で課題を抱えている。また、狭小敷地の木造住宅が多いうえ、接道条件が悪く建替えが進んでいない。

2. 面で捉える防災事業：建替え連動型から道路事業への転換

当地区の事業は、2006 年に区より UR へ、都営荒川二丁目アパート跡地の活用について相談があったことから始まった。

区は、2005 年度より住宅市街地総合整備事業[注7]（密集住宅市街地整備型）を導入し、主要生活道路[注16]整備を促進したい考えであった。しかし、権利者の建替えのタイミングで道路を拡幅する「建替え連動型」で進めていたため、整備に時間を要していた。UR は都営アパート跡地に従前居住者用賃貸住宅を生活再建策として整備し、主要生活道路を「建替え連動型」から切り替えて、行政主導で積極的に整備していくことを提案した。区が計画している主要生活道路のうち緊急度・整備効果の高い優先整備路線を定め、用地測量を一括で行い、道路区域に編入して道路事業として進めていくというものである。都営アパート跡地はあくまで、道路事業で移転などを余儀なくされた従前居住者の生活を再建するための住宅建設用地とするべきであるが、道路整備を「建替え連動型」で進めている限り従前居住者用賃貸住宅は必要とはならない。跡地の整備を道路事業として積極的に進める方針転換とセットで提案したのだ。

UR が再三提案を行うも、区は予算や人員の不足からこの方針転換に慎重であったが、東京都の「木密地域不燃化 10 年プロジェクト」[注3]（通称「10 年 PJ」）が 2011 年に始まったことが区の方針転換を後押しした。10 年 PJ は 2020 年度までに不燃領域率[注17]70％（東京都方式）を目標として掲げ、早期に密集市街地の改善を図ることを方針としている。

そして 2012 年 8 月、区が当地区主要生活道路を道路事業として整備する方針に転換し、UR は道路事業やその推進策としての従前居住者用住宅の整備などについて支援の依頼を受けた。

区からの都営アパート跡地活用策の相談をきっかけに、主要生活道路整備2号線および3号線を受託し、地元まちづくり組織の運営支援や建築相談ステーションの設置運営、そして、後に導入した道路整備や老朽建築物除却を促進する木密エリア不燃化促進事業[注18]など、URによる総合的な支援へと発展している。

3. 地域内移転の算段：都営アパート跡地および工場跡地

前項で述べたとおり、URは、区が主要生活道路整備を積極的に進めていくことを提案すると共に、都営アパート跡地およびその南側のメッキ工場跡地の活用策について区と調整を行った。前述のとおり、URは都営アパート跡地を道路整備促進のための従前居住者用賃貸住宅と代替地、主要生活道路などに再編していくことを提案した。

道路整備推進の鍵は、道路事業などで生活移転を伴う住民に地区内での居住継続を可能とするための準備である。従前居住者用住宅の建設は、密集市街地整備を推進する有効な手段となる。移転先の住宅の確保は難しいことが多い。周辺に活用できる公営住宅が存在しない、存在しても斡旋が難しいことが多いためだ。また、敷地狭小な密集市街地の地区内に新規に従前居住者用住宅を建設する用地を確保することは難しい。その点、当地区の約2,300m²という規模の都営アパート跡地は、密集市街地において非常に貴重な用地であり、2007年の密集法改正によりURが従前居住者用住宅の整備ができることになったことから、区は従前居住者用住宅の整備についてURに要請することを決めた。

また、区は工場跡地を取得し、当地区南側に、老朽化した図書館（旧図書館跡地は公園として整備予定）の移転と併せた複合施設整備を計画した。こうして、都営アパート跡地および工場跡地の再編計画が整ったのである（図7·3）。

4. 整備に伴う住宅建設：最適な事業スキームの検討

2007年の密集法改正によりURが従前居住者用住宅を整備することができるようになったが、その建設・管理スキームの構築には苦労した。従前居住者用住宅の事業は、URにとっては新規に土地を取得し建物を整備し、区の必要戸数を貸与するという投資プロジェクトである。

約77万戸（2006年度末）のUR賃貸住宅ストックの再編（2018年度までに

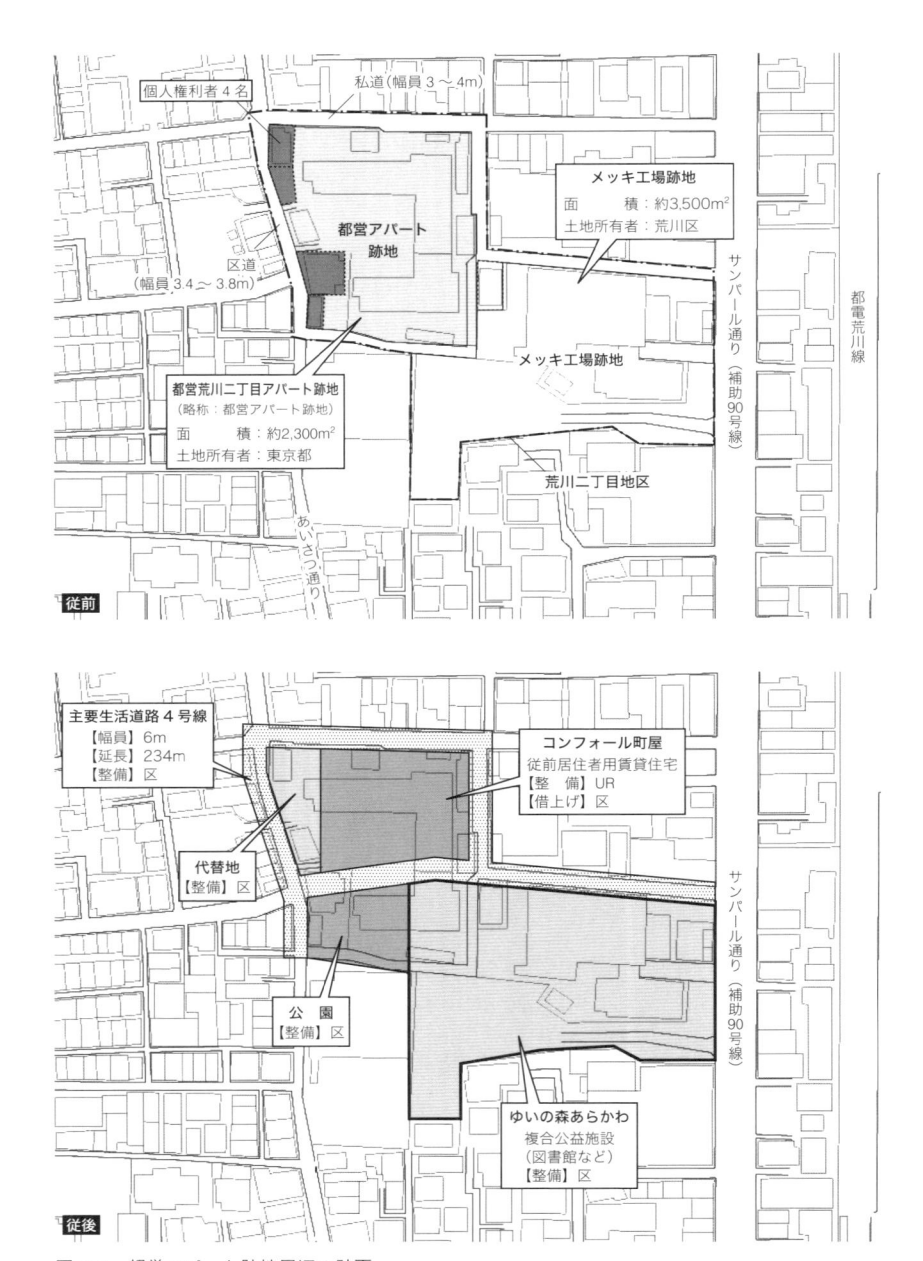

図 7・3　都営アパート跡地周辺の計画

約5万戸のストック削減）が方針化されている状況下で、新たに管理上非効率な小規模住宅資産を建設することとなる。だからこそ、従来のUR賃貸住宅整備・長期管理の枠に固執せず、密集市街地整備の推進という政策的な住宅として最も効果的な事業スキームを再検討する必要があった。具体的には以下の検討を行った。

図7・4　従前居住者用住宅〈コンフォール町屋〉

① UR賃貸住宅の性能・仕様に拘らず、民間事業者の活用も視野に入れ、鉄骨造などの安価に短期間で建設可能な構造・性能・仕様の検討
② ①の前提において民間事業者による管理を含めた最も適切な管理方法の検討

　①については、代表的な民間プレハブメーカー複数社にヒアリングも行ったが、従来通りの鉄筋コンクリート造が償却期間や住宅性能を総合的に判断し、適当であるという結果となった。

　②についても、民間事業者へのヒアリングを重ね、部分的な管理委託からサブリースなどの運営も含めた広い連携まで検討した結果、URによる管理・運営が効率的で、きめ細かな管理が可能という結果となった。

　事業スケジュールの遅延を気にしながら行った検討であったが、前例に捉われず、事業スキームの最適解を求めて検討した結果、UR賃貸住宅の仕様をベースに、URが管理する従前居住者用住宅を提供することとなった（図7・4）。

5. 道路整備や建物更新を加速させる"エリア買い"という選択

（1）突破口となった、とば口の道路用地取得

　密集市街地整備の取り組みに対して、URは行政からの受託によるコーディネート注10や整備などを主として取り組んでいたが、URが主体となる取り組みについても模索していた。具体的には、地区内の土地を機動的にURが取得し、その土地の交換分合を行い、代替地や共同化の種地としながら建物更新を推進させる木密エリア不燃化促進事業注18（通称、エリア買い）である。

当地区の主要生活道路整備にあたっては、道路用地として買収した残地が狭小で住宅の再建が困難なケースがあり、その残地の扱いや代替地の確保こそが課題で、従前居住者用住宅による生活再建策だけでは不十分であった。そこで、URは地区内の土地を機動的に取得するエリア買いを当地区に導入し、道路整備の残地取得や代替地確保といった生活再建策の選択肢を増やすこととしたのである。

　2014年4月、区が当地区の10年PJの整備プログラムの認定を受けたことから、同年6月に区とURは防災まちづくり協定を締結し、エリア買いを開始した。また、本格的に主要生活道路2号線の用地買収折衝（約40筆が対象）も始まった。当路線の両端のとば口にそれぞれ30m² 程度の狭小宅地があったが、その残地をURがエリア買いにより

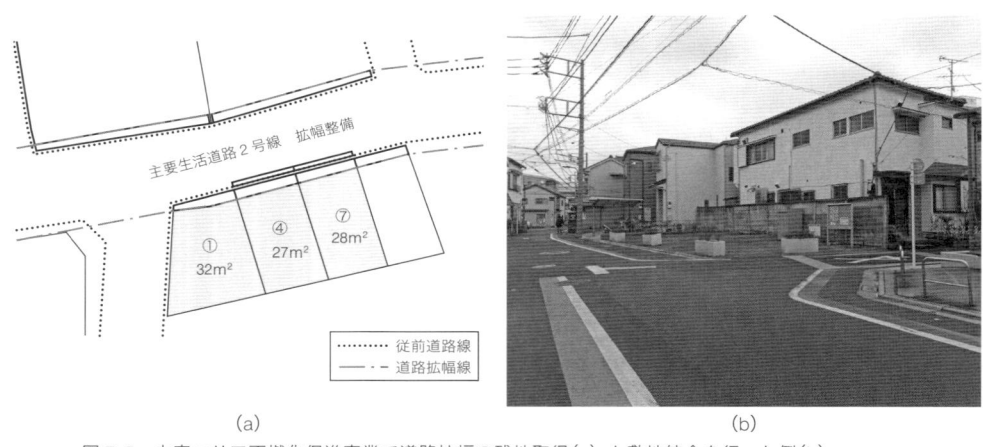

<table>
<tr><td>(a)</td><td>(b)</td></tr>
</table>

図7・5　木密エリア不燃化促進事業で道路拡幅の残地取得（a）と敷地統合を行った例（b）

（a）従前　　　　　　　　　　　　　　　　（b）従後

図7・6　主要生活道路2号線

取得する提案をしたことで、道路用地も取得の合意に至ることができた。事業の早い段階で、路線の両端が広がった姿を目に見えるかたちで地元に示す意味は大きい。一方の端には、同じような狭小宅地が3軒並びで建っていたため、三つの残地を併せて確保することを念頭に並行して折衝を行い、3件の残地合計で地区計画に定める最低敷地面積60m²を上回る90m²程度の不燃化促進用地を確保した（図7·5 a）。こうして、初年度2015年度に4割強、翌2016年度は6割程度まで道路用地取得契約ができ、著しい成果を上げることができた。

　また、3軒のうち1軒に居住していた90歳前後の高齢夫婦の生活再建も課題であったが、従前居住者用住宅への移転を提案し道路整備に協力いただくことができた。

　このように、従前居住者用住宅およびエリア買いを生活再建策として活用しながら、道路整備を推進したのである（図7·5 b、図7·6）。

（2）エリア買いで老朽建築物除却を促進

　区は10年PJが掲げる老朽木造住宅の除却・建替えの促進についても、不燃化特区における老朽建築物の除却に係る全額助成（一部例外あり）制度（2015年4月〜）や危険な老朽木造住宅を区が寄付を受けて除却する事業（2014年4月〜）を立ち上げ、所有者の負担なしに空き家のままの建物を処分できる仕組みをつくった。当地区に数多く存在する老朽化の著しい空き家にも、この除却事業が解決策となることが期待された。だが、建物除却と併せて土地も手放すことを希望する空き家所有者がいても、区は財政上、跡地の土地取得までは対応できない。そこでURがエリア買いによる土地取得として活用していくこととした。こうして区の除却事業とURのエリア買いとの連携した取り組みにより、老朽木造住宅の除却・建替えの促進に取り組むこととなったのである。

　初年度の2014年度にまず、地区全体2,500棟程度を対象とした現地踏査による空き家調査を実施した。UR職員自ら現地で一軒一軒建物を目視により把握した。そして、各建物の築年数などの基礎情報と併せて、現地踏査の結果をGISデータとして整理し、地区状況の把握・分析を継続的・効率的に行えるようにした。

（3）除却とエリア買いのセット事業の地元周知

エリア買いの地元周知にも力を入れた。事業に取り組む前から、区が現地に開設した「建築相談ステーション」を拠点として、UR も連携して情報発信、相談対応を行った。除却事業の予告と UR のエリア買いとの連携をまちづくりニ

図7・7　老朽木造住宅の除却前

ュースやパンフレットに掲載し、除却・建替えだけでなく、土地の買い取りや活用も一体的に取り組むことを地元住民や事業者に PR した。

空き家調査によりピックアップした空き家の所有者に対しては、パンフレットの送付や直接訪問を実施した。当地区は、町会割が比較的細かく、多くの住民組織が濃密なコミュニティを有しているため、口コミの効果は大きかった。現に地元住民からこの取り組みや建築相談ステーションの存在を知ったのは、口コミで耳にしたことがきっかけとの声も聞かれた。

活用見込みのない空き家の寄付による除却事業の第一号は、権利者意向に合わせて除却だけでなく、UR のエリア買いによる土地取得とセットで実現した（2014 年 10 月）。これは、除却事業取り組み前の口コミを通じて実現に至ったものであったが、その後も、地道な空き家所有者の調査・訪問を通じて、区の除却事業と UR の土地取得をセットで活用する事例が順次出てきた。なかでも20 年以上空き家のまま放置され、老朽化が著しく地域の不安材料となっていた大きな廃屋に対して、区と UR で他県居住の所有者と粘り強く交渉した結果、300m² 程度の更地を確保することができたことは印象深い。当該地の除却および土地取得は、地域の防災性向上とイメージアップにおいて、効果的であった（図 7・7）。

6. 区・都・地元住民との連携による総合的整備

こうした成果を生むうえで不可欠なのは、多様な関係者同士の連携である。区の担当職員、東京都の関係団体、そして地元住民と、多様な主体が役割分担をしながら防災事業に取り組んでいる点は当地区でも特筆すべき点だ。

　まず、地区内の密集市街地整備を主体的に取り組む区の担当職員と、自らの強みや手法を生かしてそれを支援するURが連携し、密集市街地整備の推進を図っていることは前述したとおりである。

　これに加え当地区では2017年現在も継続して、地区の北側から東側の外周1,120mの都電荒川線が走る都市計画道路補助90号線の拡幅整備〔幅員11mを25mに拡幅〕を東京都が実施している。そして、その道路用地買収を東京都道

表7·2　荒川二・四・七丁目地区の主な取り組みと各主体の関わり

主な取り組み		東京都の関わり	荒川区の関わり	URの関わり	地元の関わり
■主要生活道路整備			●用地取得、道路整備、管理 ・従前居住者用賃貸住宅へ借家人受入れにより促進	・折衝支援（受託） ・残地取得 ・代替地提供	
■複合施設整備			●用地取得、施設整備、管理 ●併せて主要生活道路4号線、防災広場、代替地整備		
■従前居住者用賃貸住宅		・制度拡充 ・税制優遇 ・補助 　等の支援	●必要戸数を区がURから借り上げ、従前居住者用住宅として使用	●用地取得、建設、管理 残り住戸をUR賃貸住宅として経営	・高齢者見守り
■老朽建築物の除却促進			●除却助成制度、建物寄付除却制度 ・空き家調査訪問等 ・従前居住者用賃貸住宅へ借家人受入れにより促進	・調査訪問等支援(受託) ・希望者から土地取得 ・代替地提供	・空き家や危険建物等の地元情報
■公園等整備			●用地取得や区有地活用（図書館跡）、公園整備、管理	・公園計画ワークショップの支援（受託）	・住民参加ワークショップ
			●90号線沿い緑道の整備、管理		
■補助90号線整備		●用地取得（委託）、生活再建支援（委託）、道路整備、管理	・整備に合わせた不燃化建替え推進	・残地取得 ・代替地提供	
木密エリア不燃化促進事業	取得	・90号線の権利者へ制度紹介	・権利者へ制度紹介	●希望者からの土地取得（各事業の促進）	
	活用		・暫定管理・公共利用	●代替地提供（各事業促進）敷地の交換分合等（検討）	・暫定公共利用のルールづくり
防災まちづくり活動			・運営支援 ・地元との情報共有チャネル	・運営支援（受託） ・地元との情報共有チャネル	●協議会活動（防災まちづくりの会）

※ここで挙げた関わりは、意向や条件が整ったときに可能なものを示している。
■印は不燃化特区の整備プログラムに含まれる取り組み、●は各取り組みの中心項目であり、主体者として関わっていることを示す。

路整備保全公社が、生活再建支援を㈱URリンケージが、それぞれ都から委託を受け、地元の個別状況に対応しながら実務に関わっている（表7・2）。この都の都市計画道路整備と連動して、区はその沿道の不燃化建替えを推進するほか、補助90号線と都電荒川線の間の5〜7mの帯状の残地（図7・2）を取得し、緑道として整備する予定である。また、道路用地買収に伴い転居する権利者が地区内で継続居住できるよう、今後も移転者用の代替地としてURのエリア買い取得地を提供していくことを考えている。

地区内で区が進める密集市街地整備や補助90号線沿道の不燃化、そして、都が進める補助90号線の拡幅整備、これらを推進するため、都、公社、㈱URリンケージ、そして、区とURが定期的に情報交換し、互いの事業推進や課題解決に向けて協働する連絡調整会議を開催し、連携を図っているのである。

また区とURは、まちづくり機運の醸成やまちづくりルール作成などについても働きかけてきた。当地区内には19の町会があり、12年前の2005年度には町会間を繋ぐ「荒川二・四・七防災まちづくりの会」が発足し、防災まちづくりに向けて講演会、見学会、ワークショップなどを行ってきた。区とURはこの会の運営支援を行っている。そしてこの会が、2012年の地区計画策定にも繋がっている。さらに、URのエリア買いで取得した土地は、保有期間中、広場として区が公共的に暫定利用しているが、この使用ルールも防災まちづくりの会が策定している。防災まちづくりの会は、まちづくりに向けた公と民を繋ぐ情報共有と協働の窓口機能となっているのである。

7. 事業の進捗と波及効果

以上のように、2012年の区からURへの総合支援の依頼以降、着実に密集市街地整備が進捗してきている。2016年度末時点で、URによる従前居住者用住宅の建設・活用、2号線の用地取得の7割達成、除却費助成や寄付除却の実施36棟、URによる土地取得11件、そして2016年度から始まった主要生活道路3号線の整備についてもURが受託し着手した。多様な生活再建策の用意、建築相談ステーション設置による丁寧な住民対応など、区の取り組みとURの取り組みを密に連携させ総合的に取り組むことができているからこそであろう。

加えて、先導的に実施した2号線整備の進捗や空き家除却によって、地元住民が目に見える形で密集市街地改善を認識できていることもまちの防災意識の

図 7・8 〈ゆいの森あらかわ〉

醸成に繋がっていると考えられる。

　2016 年度末には、従前居住者用住宅の南側に区民待望の中央図書館を核とした複合施設〈ゆいの森あらかわ〉がオープンした（図 7・8）。「危険だから」という理由で防災性の向上を図ることも重要ではあるが、地元住民が望むのは「より住みやすいまちへ」と住環境が向上することである。防災整備の取り組みと併せて目に見えるまちづくりが進んでいくことが、望ましい密集市街地整備のあり方であろうと考える。

> 3.8

東大利（ひがしおおとし）地区 ｜ 1982 ～ 2000 大阪府寝屋川市

URと権利者との共同建替えが民間建替えの連鎖を先導

大阪府下でも有数の密集市街地において、市、UR、権利者の連携と役割分担のもと、1982年から18年かけ、小規模な共同建替えを連鎖させて5事業、約7,100m²の整備が実現した。その先導的事業となったのが、URと権利者による共同建替えであった。

1. 立地と市街地特性

寝屋川市は大阪市の北東約15km、京阪電鉄で大阪都心から約20分の位置にあり、市制が施行された1951年当時は人口3万1,000人の農村集落と香里丘陵に開かれた良好な住宅地であった。ところが、高度経済成長期の1960年から1970年の10年間で人口が約4万5,000人から約20万6,000人と約4倍に膨れ上がり、当時日本一の人口急増都市と言われた。大阪都市圏へ職場を求めて農村から

図8・1　東大利地区の位置

転入する地方の若年労働者が多く、木造アパートや各戸に台所と便所を備えた文化住宅と呼ばれる大量の木造賃貸住宅が駅周辺に集中して建設された。このため道路、公園、下水道などの都市基盤が未整備なままに、狭小な住宅が密集

表8・1　UR都市機構の取り組み

項目	概要
共同建替え事業の施行	・民営賃貸用特定分譲住宅制度を活用した共同建替えの実施 （UR賃貸住宅25戸、民営賃貸用特定分譲住宅5戸） ・民間建替えゾーンにおける協調建替え支援 （民営賃貸用特定分譲住宅14戸）

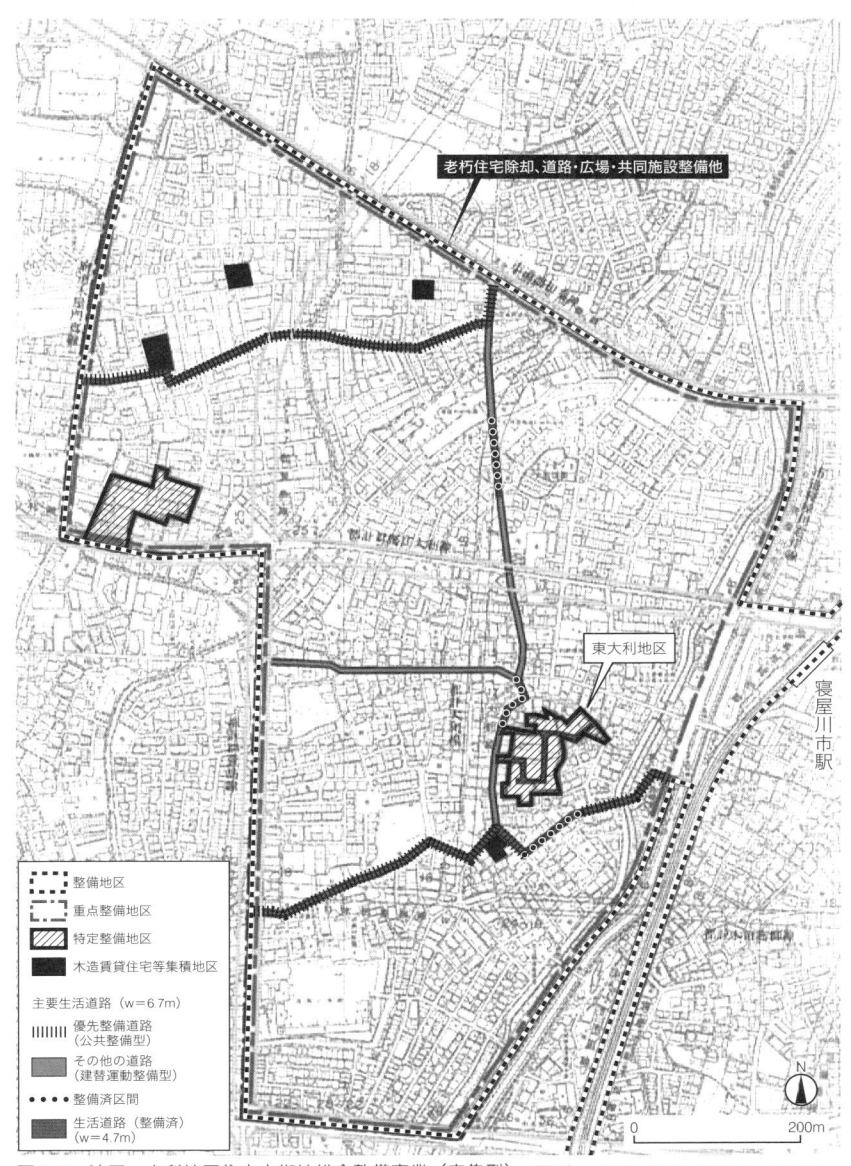

老朽住宅除却、道路・広場・共同施設整備他

東大利地区

寝屋川市駅

	整備地区
	重点整備地区
	特定整備地区
	木造賃貸住宅等集積地区

主要生活道路（w＝6.7m）
	優先整備道路 （公共整備型）
	その他の道路 （建替運動整備型）
	整備済区間
	生活道路（整備済） （w＝4.7m）

N

0　　　　200m

図8・2　池田・大利地区住宅市街地総合整備事業（密集型）　66.0ha（出典：寝屋川市資料を一部加工）

する劣悪な住環境が広範囲にわたって形成され、やがてこれらの賃貸住宅の老朽化と空き家化が進み、密集市街地の住環境整備が寝屋川市（以下、市）の大きな課題となった。

2. 駅前商店街に近接した利便性の良いまち

東大利地区（図8・2）は京阪電鉄寝屋川市駅の西側約300mに位置し、北側には駅前商店街もあり非常に利便性の高い地区であった（図8・1）。しかしながら、地区面積約0.7haの区域に1961年から1966年にかけて建設された木造賃貸住宅など33棟399戸が、緊急車両なども進入できない幅員2〜4mの狭隘な私道路を挟んで密集し、建物の老朽化と共に約6割が空き家となるなど環境悪化が相当進んでいた（図8・3、8・4）。

●住宅形式図（事業前）

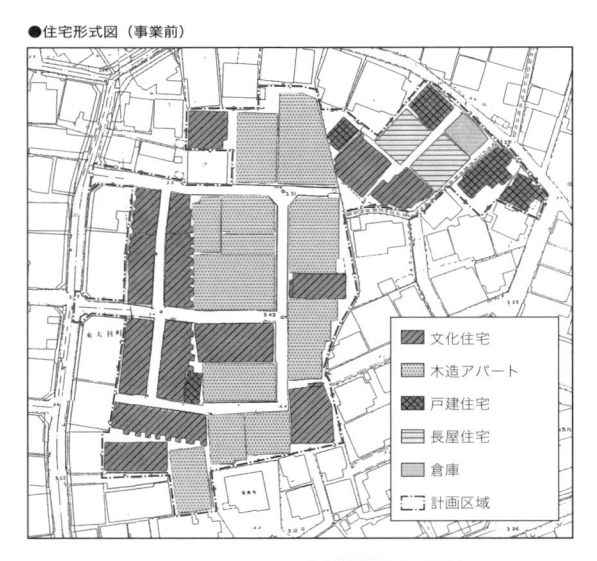

凡例：
- 文化住宅
- 木造アパート
- 戸建住宅
- 長屋住宅
- 倉庫
- 計画区域

●事業前の住宅現況
（1）住宅形式

文化住宅	14 棟	152 戸
木造アパート	12 棟	239 戸
戸建住宅	5 棟	5 戸
長屋住宅	2 棟	3 戸
計	33 棟	399 戸

建設時期：
昭和 36 〜 41 年度
空き家率：約 60%

（2）権利者
36 名（地主 21 名・借地 15 名）

●木造賃貸住宅の間取り

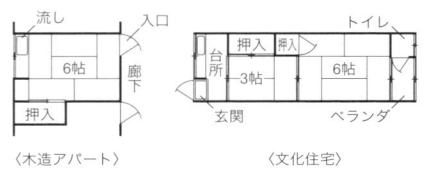

〈木造アパート〉 〈文化住宅〉

図 8・3　事業前の住宅形式・住宅現況

(a)事業前の状況　　　　　　　(b)(c)1986年当時の街並み

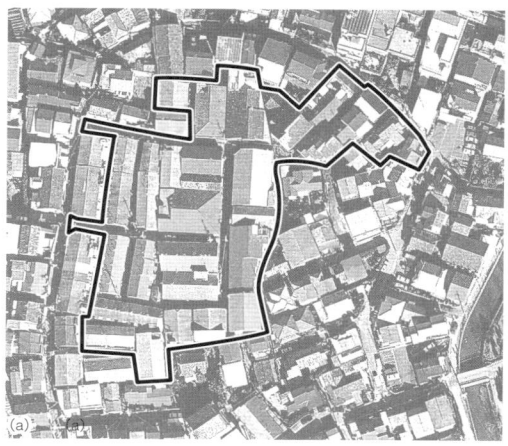

図8·4　事業前の状況（a）（b）（c）

3. きっかけとなった家主からの建替え相談

　1981年、住環境整備を検討していた市が行った地区内にある木造賃貸住宅の家主への聞き取り調査の後、地家主数名が建替えの相談に市を訪れたことが当事業の発端である。市はUR（当時、住宅・都市整備公団）に事業協力を要請し、家主、市、URで1982年に「東大利地区家主協議会」（以下、家主協議会）を結成し、建替え計画の検討を始めた。1986年には全国初の「木造賃貸住宅密集地区整備事業」の事業計画大臣承認を受け、整備計画に道路や公園の公共施設整備とURの建替えゾーン、四つの民間建替えゾーンを位置づけた。

　この整備計画に基づき、URと民間との共同建替えが先導的事業となり、その後四つの民間建替えが連鎖的に進められた（図8·5、表8·2）。

　当時のURは木造賃貸住宅過密地区の調査を実施しており、寝屋川市駅前市街地再開発事業（後の〈アドバンスねやがわ〉）に参加組合員として参画していた。当地区内の道路は幅員4m未満で敷地も小さく、建替えノウハウをもたない家主個人での建替えは大変困難な状況であった。

　家主協議会では地区内の建物を一挙に除却し中高層住宅に建替える面的整備の検討も行ったが、地区周辺の戸建て住宅の居住者、36名（地主21名、借地人15名）の権利者全員との合意形成の難しさや、木造賃貸住宅など33棟399

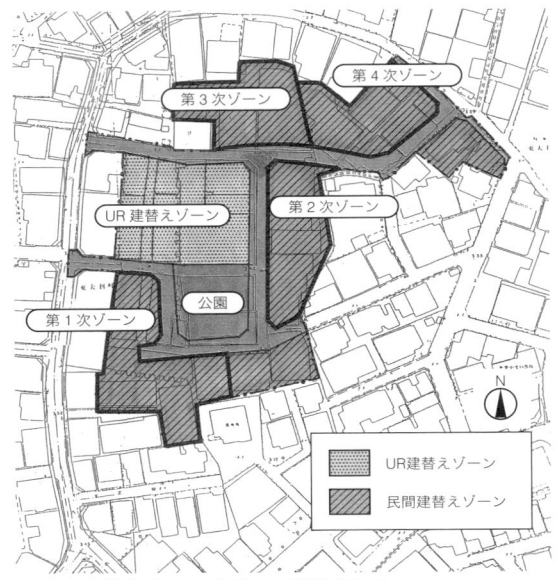

図 8·5　建替えゾーンを区分した整備計画図

表 8·2　整備前後対照表

項目	整備前	計画	
道路	900m²	1,350m²	
公園	0m²	500m²	
住宅	6,200m²	5,250m²	
計（事業区画）	約 7,100m²	約 7,100m²	
公共用地率	12.7%	26.1%	
宅地率	87.3%	73.9%	
戸数	399 戸	UR 建替えゾーン	30 戸
		民間建替えゾーン	
		第 1 次ゾーン	26 戸
		第 2 次ゾーン	19 戸
		第 4 次ゾーン	14 戸
		第 3 次ゾーン	17 戸
		その他	11 戸
		（小計	87 戸）
		合計	117 戸
戸数密度	562 戸 /ha	165 戸 /ha	

戸の借家人や居住者の対応に相当の時間を要することから断念した。その後、合意形成の整った小規模単位のゾーンからできるだけ家主の意向に沿って建替え事業に着手していく方針とした。そして、地区全体の道路、公園、下水の計画を作成し、建替え事業ごとにその整備を進めていくこととした。

　地家主に対して現状維持、建替え、売却などの意向について調査することから始め、建替え意向と売却意向を組み合わせたゾーンごとの建替え計画、現況道路をできるだけ生かした道路計画、地区中央に位置する公園計画、さらに UR 建替えゾーンと四つの民間建替えゾーンとに分けた整備計画を定めた（図 8·5）。

4. 先導となった UR と民間の共同建替え

　家主の意向調査の結果、売却意向の権利者が多くまとまっているゾーンを

UR 建替えゾーン（約 1,240m²）として位置づけ、当地区の先導的事業として UR が担うこととした。従前権利者は、地主 4 名と借地人 4 名の計 8 名、住宅は木造アパート 4 棟 68 戸と文化住宅 4 棟 38 戸の計 106 戸からなり、当初 7 名が売却の意向、1 名が現状維持の意向であった。UR 賃貸住宅建設には一定規模の敷地面積と戸数が必要であり、併せて整備計画に基づいた道路拡幅整備のため、UR は全権利者 8 名の土地を一括で同時に用地取得することを目指し、市は道路用地の取得交渉を始めた。市と UR が共同で用地買収交渉を行い、借家人対応は家主が行い、また転出する借家人ら従前居住者の公的住宅への入居斡旋は市が行った。土地価格、借地権割合、契約時期などの交渉を粘り強く続け、7 名の権利者の了承を得ることができた。残る 1 名は文化住宅の経営継続を希望したため、道路用地として市が買収した土地と同面積を代替地として UR 取得地の一部を譲渡し、民営賃貸用特定分譲住宅制度[注8]（以下、民賃制度）を活用し、UR 賃貸住宅建設と文化住宅家主との共同建替えとして UR が建設（文化住宅家主分の賃貸住宅は UR が建設後に譲渡）することを提案し、合意を得ることができた。

　文化住宅の家主には市外の不在家主、特に四国在住の家主が多く（1960 年代に四国の民間事業者が一団の連坦した建売文化住宅を分譲したため）、家主との交渉は四国まで出向く労力を要したが、賃貸経営用の建売文化住宅がまとまって立地し、その土地に愛着がない不在家主が多かったことが、用地取得を伴う面的建替えや公園整備を可能としたとも言える。

　また共同建替えにあたっては、土地も建物も個別所有を希望する家主の意向を尊重し、土地を共有し建物を区分所有する方式ではなく、敷地を分筆し、二重壁方式の建物共同化を採用した。それぞれの地主の土地の上にそれぞれの地主の賃貸住宅を建てることにより、上下水道やガス、電気も個別に引き込むことができ、建替え後の財産や管理区分を明確にできた。建築確認上は 1 棟とすることで共同建替えとしても認められた。住棟は、RC 造 3 階建てとし、都市型コミュニティの場とする中庭を囲む配置とした。

　そして、この中庭へは周囲 3 方向の道路からのアプローチを確保し、通り抜けによる新たな路地空間を復活させ、ヒューマンスケールな空間形成に配慮した。また、従前の木造アパートは主に単身者向けの間取りであったが、ファミリー世帯向けプランを計画し、地区内に若年層を呼び込むことができた（図 8·

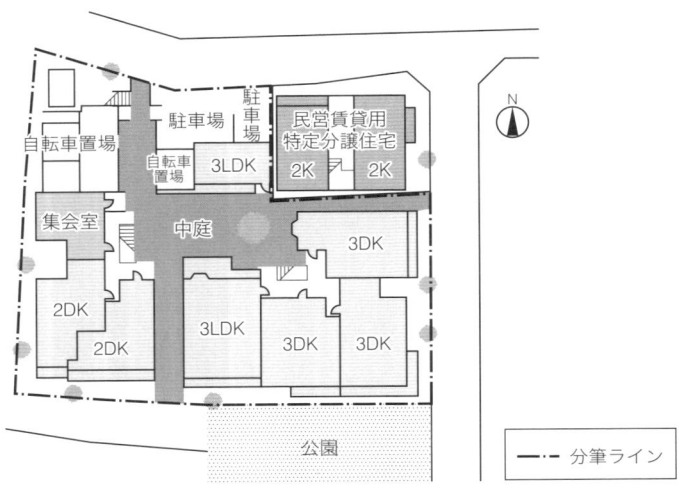

図 8·6　UR 建替えゾーンの中庭を囲む住棟配置

(a)　UR 賃貸住宅〈シティコート寝屋川〉とアベリア公園（手前）

(b)　〈シティコート寝屋川〉の周囲 3 方向からアプローチできる中庭

図 8·7　UR 建替えゾーン

6、表 8·3、図 8·7）。

　前述したとおり地区内は幅員 4m 以下の道路しかなく、建物解体工事および建設工事における工事用車両の進入路確保には苦労した。進入路は地区西側の幅員 4m 未満の商店街通路のみであり、その利用にあたって地元商店会組織と話し合いを重ね、理解を得るのに時間を費やした。しかも、積載荷重 2t の工事用車両しか通行できないため、解体工事に建設工事用重機が使えずほとんど手作業となった。また、建設工事では商店街を通る工事用車両台数を減らすため、地区外に用地を確保してプラント基地を設置し、コンクリートをホースで約

表 8·3　UR 建替えゾーンの建築概要

建替え区分	UR と民間家主の共同建替え		
	UR 賃貸住宅	民賃住宅	計
敷地面積	1,035m²	163m²	1,198m²
住宅戸数	25 戸	5 戸	30 戸
住宅タイプ	2DK ～ 3LDK	2K ～ 3LDK	—
住戸専用面積	平均約 59m²/ 戸	平均約 50m²/ 戸	—
建ペイ率	—	—	54.0%
容積率	—	—	154.3%
従前戸数	—	—	8 棟　106 戸

300m も圧送して工事を行った。UR 建替えゾーンの建設に併せて市が建物周囲の道路を整備することができたことと東側からの地区への進入路を確保できたため、その後に続く民間共同建替えゾーンの工事ではその道路を活用した工事が可能となった。

○事業経過

1984 年 7 月：過密住宅地区整備対策に関する基本協定締結（市、UR）

1986 年 6 月：東大利地区整備に関する協定締結（市、UR）、用地取得交渉の開始、共同建替え案の検討

1986 年 12 月：UR 用地取得と民賃申し込み

1987 年 9 月：建築着工

1989 年 1 月：竣工

UR 建替えゾーンは〈シティコート寝屋川〉として 1989 年に完成した。この募集には多くの入居希望者が集まり、平均応募倍率は約 5 倍となった。UR と民間の共同建替えと二重壁方式の採用が、次の民間建替え第 1 次ゾーンから第 4 次ゾーンへ続くモデルとしての役割を果たし、地区整備全体のリーディングプロジェクトとなった（図 8·7）。

5. スタートした民間共同建替えとその連鎖

UR 建替えゾーンにおける UR と民間との共同建替えモデルには、以下のような波及効果があったと考えている。

①土地と建物の単独所有を可能とする二重壁方式を採用した共同建物を示したことで、家主の共同建物への抵抗感が低減したこと（図8·8）

②UR賃貸住宅〈シティコート寝屋川〉の入居者募集に多くの希望者が集まり、賃貸住宅の市場性が確認できたことで、家主の建替え意向が触発されたこと

③施工上課題でもあった地区内道路が、UR建替えゾーンに併せて整備され、施工計画上の隘路の一つがなくなったこと

民間建替えゾーンを進めるにあたっては、公益財団法人大阪府都市整備推進センター（当時、㈶大

図8·8　二重壁部分（第1次ゾーン）

(a) 第1次ゾーン

(b) 第2次ゾーン

(c) 第3次ゾーン

(d) 第4次ゾーン

図8·10　各ゾーンの建築

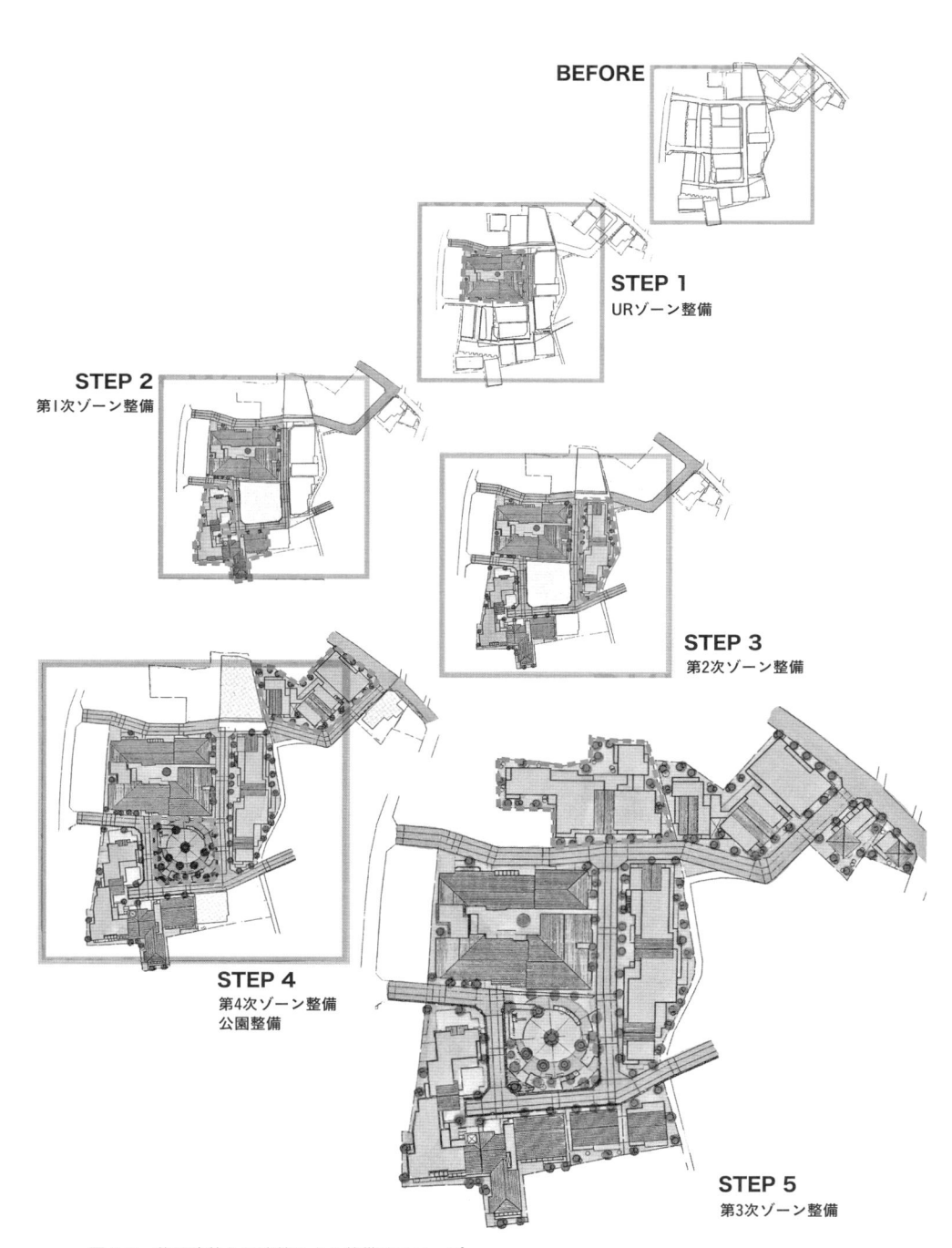

図 8・9　共同建替えの連鎖による整備のステップ

表 8·4 各種ゾーンの建築概要

	UR 建替えゾーン			第 1 次ゾーン			
建替え区分	UR と民間家主の共同建替え			3 名の共同建替え			
融資	—			大阪府特定賃貸住宅建設資金融資あっせん制度 密集地区共同建替え分（「超スーパー特賃」）			
敷地面積	UR 賃貸住宅	民賃住宅	計	A 氏	B 氏	C 氏	合計
	1,035m²	163m²	1,198m²	409m²	347m²	316m²	1,072m²
住宅戸数	25 戸	5 戸	30 戸	11 戸	9 戸	6 戸	26 戸
住宅タイプ	2DK ～ 3LDK	2K ～ 3LDK	—	2DK ～ 3LDK			
住戸専用面積	平均約 59m²/ 戸	平均約 50m²/ 戸	—	45 ～ 66m²/ 戸			
施設等	—			—			
建ペイ率	54.0 %			54.70 %			
容積率	154.3 %			155.80 %			
従前戸数	8 棟　106 戸			6 棟　89 戸			

図 8·11　東大利アベリア公園

	第2次ゾーン				第4次ゾーン	第3次ゾーン		
建替え区分	**3名の共同建替え**				**1名の大規模協調建替え**	**2名の大規模協調建替え**		
融資	大阪府特定賃貸住宅建設資金融資あっせん制度 密集地区共同建替え分(「超スーパー特賃」)				UR民営賃貸住宅用特定分譲住宅制度(「民賃」)	密集地区共同建替え分(「超スーパー特賃」)		
敷地面積	A氏	B氏	C氏	合計	749m²	A氏	B氏	合計
	334m²	127m²	279m²	740m²		329m²	379m²	708m²
住宅戸数	9戸	2戸	8戸	19戸	14戸	8戸	9戸	17戸
住宅タイプ	2DK〜3LDK				2DK〜3LDK	2DK〜3LDK		
住戸専用面積	45〜58m²/戸				45〜69m²/戸	平均59m²/戸		
施設等	B氏　施設(診療所)1				倉庫1	ー		
建ペイ率	58.9%				59.50%	59.5%		
容積率	163.1%				142.60%	167.3%		
従前戸数	3棟　63戸				6棟　19戸	2棟　60戸		

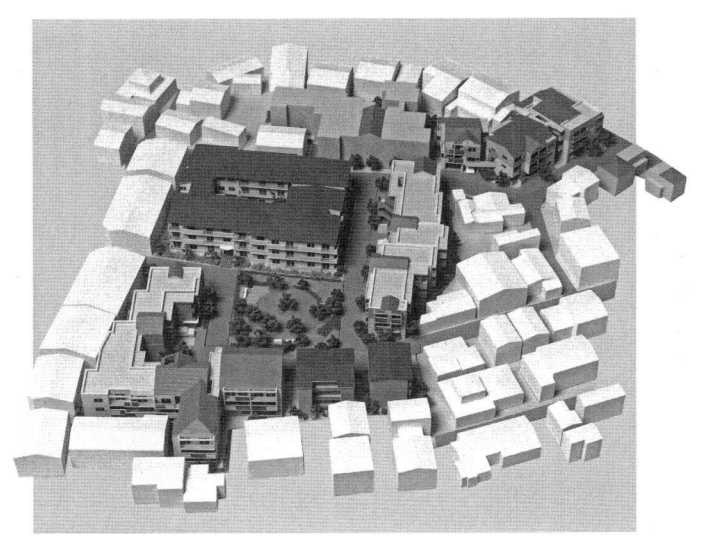

図8·12　全体整備模型

阪府まちづくり推進機構。1990 年に密集住宅市街地整備推進のため大阪府と府下 4 市、公益企業、金融機関の出捐（えん）によって設立された）が家主との調整役を担った。また、融資制度として、国の特定賃貸住宅建設融資利子補給補助制度に、密集地区の共同建替えに関して大阪府独自の利子補給の上乗せによる当初 5 年間の金利 1%の低利融資制度（通称、超スーパー特賃）も利用している。

こうして、第 1 次ゾーンが 1994 年に、第 2 次ゾーンおよび第 4 次ゾーンが 1995 年に、続いて第 3 次ゾーンが 2000 年に竣工した（図 8・9、表 8・4、図 8・10、図 8・12）。

第 1 ～ 4 次ゾーン以外の敷地についてもすべて道路の拡幅整備に協力し、家主自身が①建物を改修してアパートを継続経営、②建物を除却して駐車場に用途転換、③建物を一部改修して継続居住（戸建て住宅）、④単独で建物更新（戸建て住宅）する契機を触発してきた。市は建替え事業の進捗と同時に〈東大利アベリア公園〉建設のための用地買収を進めていたが、地区のほぼ中央に位置することから、買収後の公園用地を周辺で順次進められる建替え工事のための資材置き場、駐車場、現場事務所などに使用することで工事の円滑な推進を支援した。そのため、公園の完成は第 2、第 4 次ゾーンが竣工した後の 1997 年 3 月となった（図 8・11）。

また、小規模単位で段階的に行われる民間建替えでも一定程度の街並み景観形成が確保できるように、UR による協力のもとで市が「景観形成ガイドライン」を策定した。ここで壁面後退や緑化、屋根形状についての基準を定めつつ、さらに家主の理解を得て、すべての民間建替えゾーンで同じ設計事務所による設計を実現し、統一的な景観形成を図った。

6. 生まれ変わったまち

〈東大利アベリア公園〉は、それぞれのゾーンを囲むように地区中央に配置し、整備された四つのアプローチ道路から地区内および地区周辺の市民が利用できる公園として整備された。

まちの名称は、この地区中央の四角い公園から〈東大利スクエアタウン〉とした。1997 年 8 月に「まちづくり功労者賞」の大阪府知事表彰、同年 10 月に「住宅月間優良団体表彰」の建設大臣表彰を授賞している。

民間共同建替えに参加した家主さんからは、長年この事業に関係した人たち

へ感謝の声があった。また、長くこの地区や市内の密集市街地整備を担当した市職員からは、計画から完成まで約18年の歳月をかけ、30名以上の権利者に理解と協力を得られたのは行政とコンサルタントの粘りと頑張りであると共に、先導して取り組んだURの貢献が大きいと評価された。また、この事業を整備計画づくりから実現まで奔走した職員にとっても、これまでURで経験のない事業であり、用地取得から建物建設まで大変困難な事業であり、見違える地区に生まれ変わった姿は感慨深く、地域の人たちに喜ばれた感動は大きかった。事業が実現した背景には、市職員の骨身を惜しまない地元との協議、コンサルタントの作業努力の繰り返しがあり、関係者すべてが事業の完了を喜び合うことができた。

　市、UR、民間（家主）の役割分担のもとに、URと民間の共同建替えが先導し、小規模単位の民間共同建替えと公共施設整備を連鎖、連坦させて地区全体の整備を推進した当事業は、当時の密集市街地整備にとって先駆的であり、その後の市の密集市街地整備のモデルになると共に、全国のまちづくりへの大きな一歩となったと考えている。また、その後の阪神淡路大震災の復興における共同建替え事業にもこの成果は生かされており、URにおいても密集市街地整備のモデルとなり、その後の取り組み方針に反映されている。

阪神・淡路大震災と共同再建事業 | 1995 〜 2000
兵庫県神戸市・西宮市

住み慣れた地域での生活再建の実現と震災の教訓

> 阪神・淡路大震災の復興事業の一つとして、UR は 23 地区で共同建替え事業を実施した。関係権利者全員の合意を前提とする共同建替えの実現には多くの困難があったが、権利者の住み慣れたまちでの生活再建のため、さまざまな知恵と工夫が注ぎ込まれた。既成市街地における大規模な被災に対する危機意識と復興での経験が、その後の取り組みに大きな影響を与えた。

1. 木造住宅が密集する地域を襲った直下型地震

　1995 年 1 月 17 日 5 時 46 分、淡路島北部の深さ 16km を震源とするマグニチュード 7.3 の阪神・淡路大震災[注1]が発生した。この地震は兵庫県神戸市を中心とする阪神地域および淡路島北部で甚大な被害を発生させ、死者 6,434 人、全壊 10 万 4,906 棟、半壊 14 万 4,274 棟、火災による焼失面積 83 万 5,858m² の被害となった。（消防庁 2006 年 5 月確定報）この震災の特徴は、直下型地震で市街地を直撃し、特に古い木造住宅の密集した地域において大規模な倒壊と火災が発生したことである。

　木造住宅の密集する市街地は、敷地が狭小で権利関係が複雑であることが一般的で、さらには接道条件も悪く高齢世帯が多いなどの理由から建替えが進まなかった地域であり、そこに震災が襲った。

　震災復興事業では、ひょうご住宅復興 3 カ年計画に基づき、公的事業主体による復興住宅の供給計画が示され、UR（当時、住宅・都市整備公団）は 1 万 8,000 戸の建設が目標となった。また、市街地の復興では土地区画整理事業や市街地再開発事業が実施されたが、都市計画的な位置づけのない地区では共同

表9・1　UR 都市機構の取り組み

項目	概要
共同建替え事業の施行	当時の住宅等供給制度（グループ分譲住宅制度、民営賃貸用特定分譲住宅制度、等価交換制度、公営賃貸用特定分譲住宅制度、詳細は後述）を活用した共同建替えの実施（23 地区）

建替えによる住宅再建（当時共同再建と呼んでいた）が目指された（UR の復興事業の概要は、p.181 参照）。

2. 住み慣れた地域での居住継続を実現する共同再建

（1）震災復興の有効な手段としての共同再建

　敷地が一定規模あり、経済的な余裕があれば個別の再建が可能となるが、狭小な敷地や接道条件の悪い敷地の場合、再建資金の確保が難しい高齢者世帯や被災により収入が減少した世帯では建替えが困難となる。さらに借家経営をしていたオーナーが建替えできなければ、借家人の居住継続も困難となる。

　こうした課題を克服する有効な手段が、土地を一体化したうえで集合住宅を共同して建設する共同再建であった。都市計画の位置づけがない地域や、事業規模が小さい場合などは、任意の全員合意に基づく共同再建が解決策となった。

　共同再建は、住み慣れた地域での居住継続を実現でき、それまで培われてきた地域のコミュニティ継続の観点からも有効であった。また、土地区画整理事業区域内においては、共同再建を希望する狭小敷地の権利者の敷地を集約したうえで共同再建を実施したが、地域での居住継続を可能とする手段を用意できたことは、土地区画整理事業の推進にも貢献した。

（2）小規模な共同再建の支援

　共同再建は、関係権利者全員の合意に基づくものであり、自ずと合意形成に労力を要し、事業規模も小さくなる傾向があった。

　当時の UR は、1 万 8,000 戸の復興住宅建設のミッションを背負っていたが、用地買収から始めなければならず、その見通しは立っていなかった。こうした状況下で、7 人の権利者による小規模な共同再建の相談が持ち込まれた。この時、小規模で手間暇のかかる任意事業に力を割く余力があるのかが議論となったが、「困っている人がいるなら手伝おうじゃないか」ということになり、小規模な共同再建の支援がスタートした。民間主導で困難になった共同再建も UR に持ち込まれるようになり、当時コンサルタントからは「駆け込み寺」と呼ばれることもあった。結果として 23 地区、995 戸の住宅と 86 区画の施設を建設した（表 9・2）。

表 9·2 共同再建事業一覧

地区名	所在地	事業区域※1	適用制度※1	敷地面積	権利者数	借家人
ルネタウン御船	神戸市 長田区	住市総(新長田)	住市総 神戸市借上公営住宅	3,572m²	57人	43人
フェニーチェ神戸	神戸市 長田区	住市総(新長田)	住市総 神戸市民借賃制度	1,024m²	12人	1人
東尻池コート	神戸市 長田区	密集(真野)	密集 神戸市民借賃制度	662m²	8人	13人
ウイング神戸	神戸市 長田区		優良	3,453m²	114人	19人
カルチェ・ドゥ・ミロワ西灘	神戸市 灘区	密集(原田・岩田)	密集・優良 神戸市民借賃制度	1,644m²	21人	12人
ピースコートⅠ・Ⅱ	神戸市 兵庫区	密集(湊川東部) 区画整理(湊川町1・2丁目)	密集 優良	1,693m²	36人	
バル鷹取	神戸市 長田区	住市総(新長田) 区画整理(鷹取東第一)	住市総	662m²	14人	
シャレード若松	神戸市 長田区	住市総(新長田) 区画整理(鷹取東第一)	住市総	290m²	7人	
ハミングコート	神戸市 中央区		神戸市民借賃制度	390m²	5人	3人
フレール神戸相生町	神戸市 中央区	住市総(神戸駅周辺)	住市総 神戸市借上公営住宅	1,977m²	52人	
スクウェア六甲	神戸市 灘区	住市総(六甲)	住市総	257m²	12人	
オーベルジュ甲南	神戸市 東灘区		優良	520m²	4人	
グリーンレジデンス須磨	神戸市 須磨区	住市総(新長田)	住市総 神戸市民借賃制度	1,132m²	6人	27人
ヴィヴ・ラ・サンク	神戸市 長田区		優良 神戸市民借賃制度	740m²	6人	
アーバンヒル徳井	神戸市 灘区	住市総(六甲)	住市総 神戸市民借賃制度	393m²	4人	
グローリ東川崎	神戸市 中央区	住市総(神戸駅周辺) 密集(西出・東出・東川崎)	密集・住市総 神戸市買取公営住宅	673m²	13人	10人
ネオセント西宮北口	西宮市	住市総(西宮北口駅北東) 区画整理(西宮北口駅北東)	住市総	1,633m²	22人	
フレール長田室内西	神戸市 長田区	密集(長田東部)	密集・住市総 神戸市借上公営住宅	1,104m²	9人	
グレイス若松	神戸市 長田区	住市総(新長田) 区画整理(鷹取東第一)	住市総	2,135m²	44人	
ボシュケ鷹取・イレブン若松	神戸市 長田区	住市総(新長田) 区画整理(鷹取東第一)	住市総 神戸市民借賃制度	1,424m²	16人	
みくら5	神戸市 長田区	住市総(御菅) 区画整理(御菅西)	住市総	495m²	10人	
みすがコーポ	神戸市 長田区	住市総(御菅) 区画整理(御菅東)	住市総	811m²	15人	
フレール長田室内東	神戸市 長田区	密集(長田東部)	密集・住市総 神戸市借上公営住宅	999m²	12人	

※1：事業名称等は当時の名称の略称。
　住　市　総：住宅市街地総合支援事業
　密　　　集：密集住宅市街地整備促進事業
　区画整理：土地区画整理事業
　優　　　良：優良建築物等整備事業
　神戸市民借賃制度：神戸市民営借上賃貸住宅制度
　グループ分譲：グループ分譲住宅
　民　　　賃：民営賃貸用特定分譲住宅
　従　　　前：従前居住者用賃貸住宅(グローリ東川崎以外はUR賃貸住宅)

計画概要 住宅※1 総数	グループ分譲	民賃※2	一般分譲	従前※2	施設	整備スケジュール
84戸				84戸 (42戸)	7区画	H 8. 4 基本協定締結　H 9.12 入居 H 8. 9 建設工事発注
45戸	7戸	38戸 (38戸)			3区画	H 7.12 基本協定締結　H10. 7 入居 H 8.12 建設工事発注
18戸	5戸	13戸 (12戸)			2区画	H 8. 4 基本協定締結　H 9. 8 入居 H 8.10 建設工事発注
147戸	62戸	23戸	62戸		3区画	H 8. 9 再建決議　　　H10.12 入居 H 9. 3 建設工事発注
60戸	11戸	43戸 (42戸)	6戸		1区画	H 9.11 基本協定締結　H11. 3 入居 H10. 1 建設工事発注
41戸	26戸	2戸	13戸			H 9. 5 仮換地指定　　H10. 2 建設工事発注 H 9.11 基本協定締結　H11. 4 入居
24戸	14戸		10戸		2区画	H 9. 1 仮換地指定　　H 9.10 建設工事発注 H 9. 3 基本協定締結　H10.12 入居
8戸	8戸					H 9. 1 仮換地指定　　H 9. 9 建設工事発注 H 9. 8 基本協定締結　H10. 6 入居
26戸	3戸	23戸			1区画	H 8.11 基本協定締結　H11. 2 入居 H 9.10 建設工事発注
119戸				119戸 (59戸)	26区画	H 9. 3 基本協定締結　H11.10 入居 H 9. 8 建設工事発注
11戸	11戸				1区画	H10. 1 基本協定締結　H11. 2 入居 H10. 3 建設工事発注
26戸	3戸	10戸	13戸			H10. 3 基本協定締結　H11. 4 入居 H10. 3 建設工事発注
35戸	3戸	32戸			5区画	H 9.12 基本協定締結　H11. 6 入居 H10. 3 建設工事発注
63戸		63戸 (59戸)			3区画	H 9.11 基本協定締結　H11. 8 入居 H10. 3 建設工事発注
25戸		25戸 (25戸)				H 9. 9 基本協定締結　H10.10 入居 H 9.10 建設工事発注
18戸	4戸			14戸※3 (14戸)		H 9.12 基本協定締結　H11. 6 入居 H10. 5 建設工事発注
40戸	16戸	7戸	17戸		2区画	H 9.12 仮換地指定　　H10.12 建設工事発注 H10. 9 基本協定締結　H12. 1 入居
38戸	4戸			34戸 (34戸)	2区画	H10.10 基本協定締結　H12. 1 入居 H11. 2 建設工事発注
68戸	27戸	4戸	37戸		10区画	H 9. 3 仮換地指定　　H11. 1 建設工事発注 H10.12 基本協定締結　H12. 3 入居
47戸	5戸	42戸 (40戸)			3区画	H 9.11 仮換地指定　　H11. 1 建設工事発注 H10.12 基本協定締結　H11. 2 入居
10戸	10戸				3区画	H11. 1 仮換地指定　　H11. 1 建設工事発注 H10.12 基本協定締結　H11.12 入居
22戸	21戸	1戸			9区画	H10. 6 仮換地指定　　H11. 4 建設工事発注 H11. 3 基本協定締結　H12. 3 入居
20戸	2戸			18戸 (18戸)	2区画	H11. 3 基本協定締結　H12. 3 入居 H11. 6 建設工事発注

※2：住宅の（　）内の戸数は、神戸市による借上げ戸数（グローリ東川崎は、市による買取り戸数）。
※3：UR が公営賃貸用特定分譲住宅制度により建設した公営賃貸用住宅を神戸市が買取り、公営住宅として供給。

（3）共同再建のメリットと効果

　住み慣れた地域での居住継続を実現するうえで、以下に示す共同再建の事業的なメリットが有効に働いた。

- ・余剰床の売却により建替え費用を軽減できる
- ・借家経営や店舗経営を継続できる（制度の組み合わせで家賃を低減（後述）し、従前借家人の居住も可能になる）
- ・狭小な敷地や接道の悪い敷地を一体化することで、容積を有効活用でき、質の高い住宅（耐火性能、バリアフリーの確保など）の再建が可能となる
- ・セットバックにより道路を拡幅できると共に、耐火性能の高い共同住宅となり、地域の防災性が向上する

　また、自ら居住、借家居住、店舗経営を震災前に近い形に戻すことができたわけであるが、小規模であるがゆえに居住者間の親密度を高める効果があり、さらには地域の復興や地域活動の拠点として機能する場合もあり、共同再建は地域のコミュニティの継続と再生に貢献した。

3. 共同再建の仕組み

（1）多様な住宅供給制度の組み合わせ

　各々の被災者の再建に向けたニーズはさまざまである。共同再建においては、権利者のニーズに合わせ、当時以下の三つの制度を組み合せた。

　①自ら居住を希望する場合

　権利者がグループを結成して、グループが計画した住宅を UR が建設し長期割賦で譲渡する、グループ分譲住宅制度（一般的にコーポラティブ方式と呼ばれる住宅供給方式に対応した制度）。

　②賃貸住宅経営を希望する場合

　賃貸経営を行おうとする土地所有者の土地に、UR が建設した土地所有者の賃貸経営住宅を長期割賦で譲渡する、民営賃貸用特定分譲住宅制度[注8]（以下、民賃制度）。

　③店舗経営を希望する場合

　店舗経営を行いたい場合などに、土地所有者と公団が共同でビルを建設し、ビルの一部を等価で譲渡する等価交換制度。

　これらの制度は、共同再建を前提としたものではなく、もともと UR が住宅

供給を促進する手段として制度化していたもの（これらの制度は現在はない）で、それぞれ目的や適用条件が異なっていた。しかし共同再建においては、従前の各々の権利者のニーズに対応する必要があり、さらに、当時可能であった長期割賦等制度の利点を生かせるよう、これらの制度を一つの建物の中で組み合わせて活用することとした。なお、共同再建事業では、各権利者の土地を一旦URが取得し、同時に新たな土地建物を譲渡する、いわゆる全部譲渡方式を中心に実施したが、建築基準法上では1棟建物としながら敷地の分割や建物を別棟として登記するなど、さまざまなニーズに対応した権利設定の工夫も行った。

　共同再建では、土地の有効活用により余剰床を売却することで権利者の負担を軽減することができるが、従前と同じ面積を確保しようとすると追加の負担が発生する。被災者に高齢世帯が多いなど、当座の資金繰りを考えると、共同再建とパッケージとなった長期割賦制度は、使い勝手の良い制度として喜ばれた。

　また、借家人を抱えた共同再建では、従前の建物所有者が再建後に借家経営の継続を希望する場合があった。従前借家人に賃貸しようとすると、新築となるため賃料が上がり、借家人の居住が困難となってしまう。そのため、権利者が民賃制度で取得した住宅を神戸市が借上げる民営借上賃貸住宅制度（以下、神戸市民借賃制度）を適用することで賃料が低減でき、借家人の生活再建が可能となった。

（2）共同再建を支える多様な関係者との協働

　震災後、自治体は地元主導のまちづくりを支援するため、例えば神戸市では震災前からあったまちづくり条例を応用し、まちづくり協議会の設立支援を行うと共に、共同再建などの手法の説明やコンサルタントの派遣を行い、復興を支援した。被災地において共同再建の話が持ち上がれば、コンサルタントがその合意形成の初動機を担い、余剰床が少なく民間デベロッパーが関与しにくい場合や合意形成が難航した場合などにURに相談が持ち込まれた。一方、当時URでは権利者との協議をすべて行うだけの人員体制が組めず、権利者との日常的な調整はコンサルタントに担っていただいた。また、早い段階で建設会社を選定し、建物の仕様やコスト調整などについて建設会社のノウハウを活用し

た。

　未曾有の大災害のなかで、早期の復興を願う住民とまちづくり協議会、地元の合意形成や補助制度の活用に奔走する自治体職員、ボランティア精神でまちづくりに貢献しようとするコンサルタントや設計事務所、調整を精力的に実施した建設会社など、多くの献身的な活躍と協働が、早期の共同再建の実現を可能にした（図9·1）。

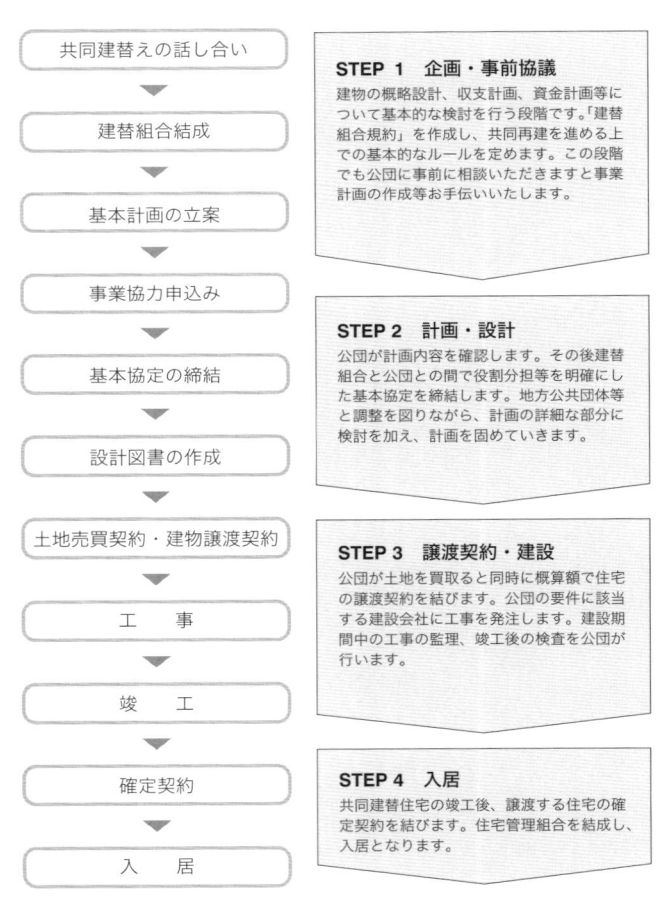

図 9·1　共同再建事業の進め方（当時の権利者向けパンフレットより作成）

4. 課題への対応と UR の役割

（1）コンサルタントとの役割分担

　UR にとっては、少ない人員のなかでいかに効率的に事業を進めるかが課題であり、コンサルタントとの役割分担を明確にすることで対応した。日常的な地元の合意形成や個別の意向確認、UR 制度との調整は主にコンサルタントが担い、課題解決の知恵出しや難航事案に係る協議、事業計画の修正、契約条件などの説明や確認、設計図書の確認、積算、工事発注と監理、余剰床の販売などを UR が担う役割分担とし、それぞれの持ち味を生かす体制で取り組んだ。

（2）事業計画の修正

　しかし、共同再建に慣れたコンサルタントが多かったわけではなく、UR に持ち込まれる事業計画には課題が含まれることが多かった。例えば、建設費が安過ぎる、余剰床の売却見込み価格が高すぎる、販売経費を見込んでいない、建物の構造に無理があるなどである。コンサルタントとの協議では、これらの調整を行いつつ、権利者のニーズに合わせ具体の設計に落とし込むための調整を実施した。条件を良くしたい権利者とそれに応えたいコンサルタントとは、事業の採算を合わせる UR とぶつかることもしばしばであった。

（3）余剰床の売却

　共同再建によって生み出される余剰床に関しては、売却価格が高ければ権利者の負担を軽減できることから、市場価格を見極める必要があった。少しでも高く売却するため、価格だけでなくその地域に合った面積と総額設定（地域によっては床単価が安くても総額で 3,000 万円を超えると売れなくなる）や間取りの設定（面積が同じでも、2LDK よりも 3LDK が高く売れるなど）が重要であった。また、阪神地域は、地域によって分譲住宅の市場価格の違いが大きく、さらに復興事業ラッシュで大量に住宅が供給されている状況で、市場価格や経済状況も変動していた。そのため、阪神地域の住宅広告をデータベース化し、地域の特徴や市場価格の分析を徹底すると共に、民間分譲のモデルルームに足を運び、ローカルな情報を収集した。また、余剰床の販売ロットが小さいため販売効率が悪かった点は、当時は UR が復興住宅として供給していた分譲住宅

の販売網を活用することや民間住宅販売会社の協力で現物案内を行うことでコストを圧縮した。

一方、課題も残った。いわゆるコーポラティブ方式のため、間取りや住宅の大きさは個々の権利者の意向に合わせて設計している。工事着工後に辞退者が出た場合、一般分譲するには個別性が強すぎて設計変更が必要になるのが一般的で、違約金で賄いきれない場合もあったのだ。

5. 共同再建事例

（1）東尻池コート　〜コミュニティを大切にした下町型集合住宅〜

（左）図9·2　外観
（右）図9·3(a)　位置図

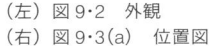

所在地	神戸市長田区	建物概要	・3〜5階建て
敷地面積	662m²		・住宅18戸：グループ分譲住宅制度（5戸） 　　　　　　民賃制度（13戸）
権利者数	土地所有者：8名 借家人　　：13名		・店舗2区画

真野地区は1960年代半ばから住民主体のまちづくりを実践してきた長い歴史をもつ地区である。典型的な戦前長屋が多い地域で、震災直後の火災により市街地の一部を焼失したが、住民の力で消し止め延焼を免れた。長屋で敷地が小さく自立再建が困難であり、居住者は高齢化が著しく、権利関係も輻輳していた。被災者が皆戻れることを目指し、8名の土地所有者が共同して18戸の共同再建を行った。借家経営を希望する権利者には民賃制度と神戸市民借賃制度を適用して13世帯の借家人の戻り入居が可能となった。まちづくりに積極的な地域であり、地元、コンサルタント、専門家ら共同建替え支援チームの熱意

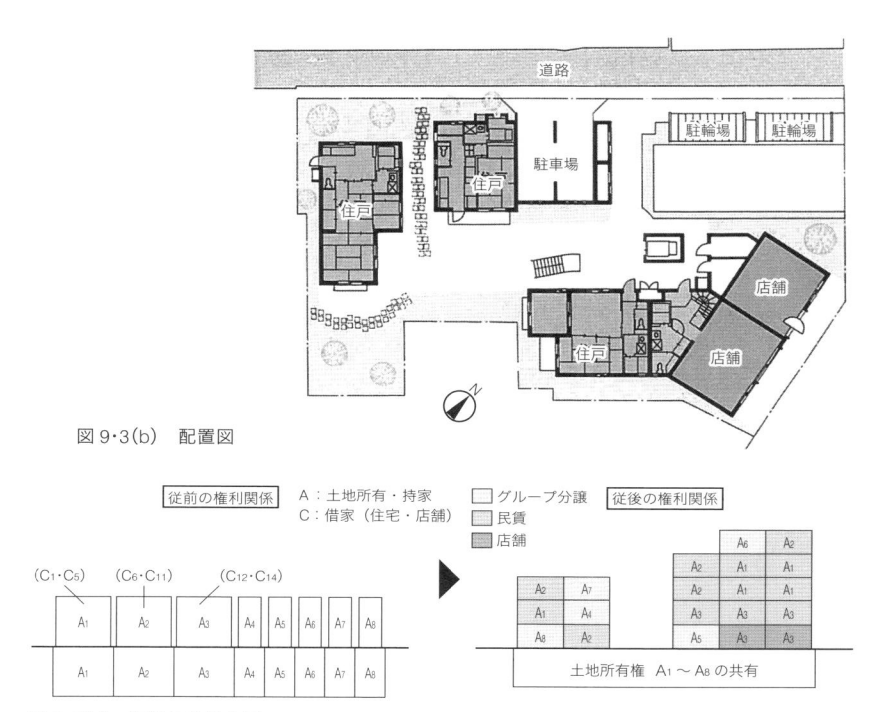

図 9·3(b)　配置図

図 9·3(c)　事業の仕組み図

に支えられ、下町型集合住宅を目指し、引き戸の導入や以前からあった井戸や
お地蔵さんを生かした路地の雰囲気を持つ空間づくりが行われた（p.18）。

UR（当時住宅・都市整備公団〜都市基盤整備公団）の復興事業

● 復旧支援活動
　応急危険度判定要員の派遣：延べ約 1,200 人
　宅地被害対策調査要員の派遣：延べ約 750 人
　被災者用暫定住宅入居手続き要員の派遣：延べ約 970 人
　応急仮設住宅の建設：延べ約 4,350 人、10,369 戸
　暫定入居のための公団賃貸住宅の提供戸数：3,206 戸
　応急仮設住宅用地の提供面積：約 40ha
● 震災復興本部所属職員：500 人
● 復興事業の概要
　復興住宅の建設：3 カ年合計 18,692 戸、5 カ年合計 19,895 戸
　市街地再開発事業：公団施行 5 地区、協調型（参加組合員）7 地区
　　公団施行／ JR 住吉駅東、西宮北口駅北東、JR 尼崎駅北第二、仁川駅前、売布神社駅前
　　協調型地区／新開地 6 丁目東、湊川中央周辺、西宮北口駅南西第一、新長田駅南、六甲
　　道駅南、長田駅南(2)、六甲道駅南(2)
　土地区画整理事業：公団施行 2 地区、受託施行 2 地区
　　公団施行／芦屋中央、芦屋西部第一
　　受託施行／神戸東部新都心、富島地区

「都市公団の震災復興事業」（2001 年 1 月）より

（2）カルチェ・ドゥ・ミロワ西灘　〜輻輳した権利の整理と分節配置〜

（左）図9・4　外観
（右）図9・5(a)　位置図

所在地	神戸市灘区	建物概要	・5階建て
敷地面積	1,644m²		・住宅60戸：グループ分譲住宅制度（11戸） 　　　　　　民賃制度43戸、一般分譲6戸） ・店舗1区画
権利者数	土地所有者：5名 借地人　　：16名 借家人　　：12名		

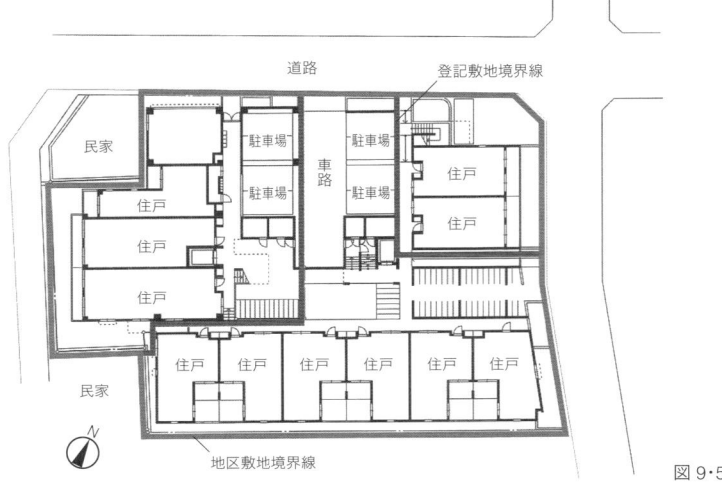

図9・5(b)　配置図

　震災により27世帯が住む昭和初期の長屋5棟が倒壊した。土地所有者5名、借地人16名、借家人12名と権利関係が複雑で、さらに賃貸住宅は所有者に無断で転貸されるなどしていたため、各権利者の希望は多岐にわたった。持家を

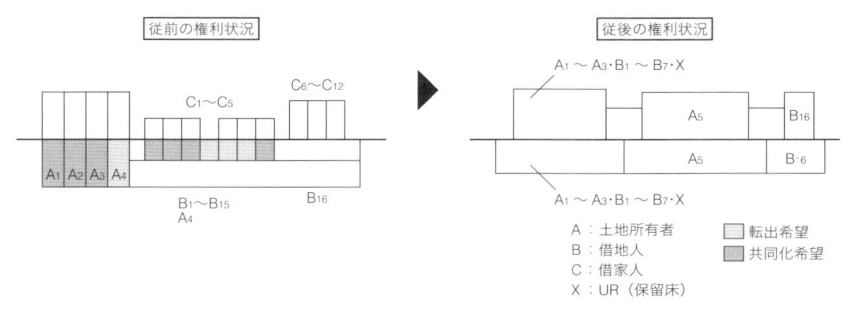

図9·5(c)　事業の仕組み図

希望する10名には組合をつくりグループ分譲住宅制度を適用した。賃貸住宅経営を希望する土地所有者と借地人には、それぞれ土地所有に権利調整したうえで2敷地とし、民賃制度と神戸市民借賃制度により、従前借家人の戻り入居を可能にした。また敷地内に用途容積の境界があったことから、建築基準法上は1棟建築とすることで公平性を保ちつつ、借家経営を行う2名と持家の1組合で3敷地の分割とし、建物は二重壁で別登記が可能になるよう建築計画を工夫した。

（3）ピースコートⅠ·Ⅱ　～小規模区画整理と共同再建の合併事業～

（左）図9·6　外観
（右）図9·7(a)　位置図

所在地	神戸市兵庫区	建物概要	・5階建て：2棟
敷地面積	1,693m²		・住宅41戸：グループ分譲住宅制度（26戸）
権利者数	土地所有者：36名		民賃制度2戸、一般分譲13戸）

震災で幅員 2m の私道に沿って建っていた戦前長屋 1.5ha、約 200 戸が全焼した。立地条件が悪く従前と同様に再建できない権利者がいたことや過去の水害や今回の震災の経験から、共同化の検討が進められたが、共同化予定敷地内に個別建替えを希望する権利者もあり、協議が難航した。その解決策として、基盤整備は組合施行の土地区画整理事業で実施し、共同化を希望する権利者には土地を集約換地して共同再建を目指す方針が決定された。結果としては集約した敷地も不整形となり、戸建てと共同再建建物が隣接したため、周辺への圧迫感の軽減に配慮している。直圧給水で 4 階が限界だったため、5 階部分はメゾネット住戸として水回りは 4 階で収め、日当たりの悪い住戸には天窓を設けるといった工夫もしている。また、防災上も有効な通り抜け通路の確保、地域の要望でお地蔵さんの移設も行い、コミュニティに配慮した。

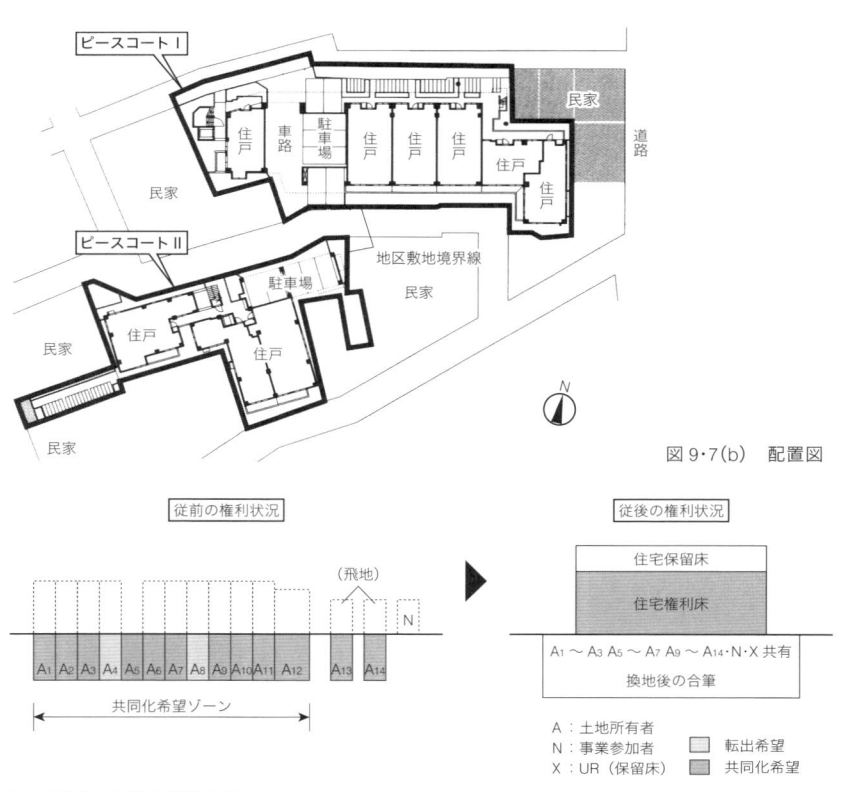

図 9・7(b)　配置図

図 9・7(c)　事業の仕組み図

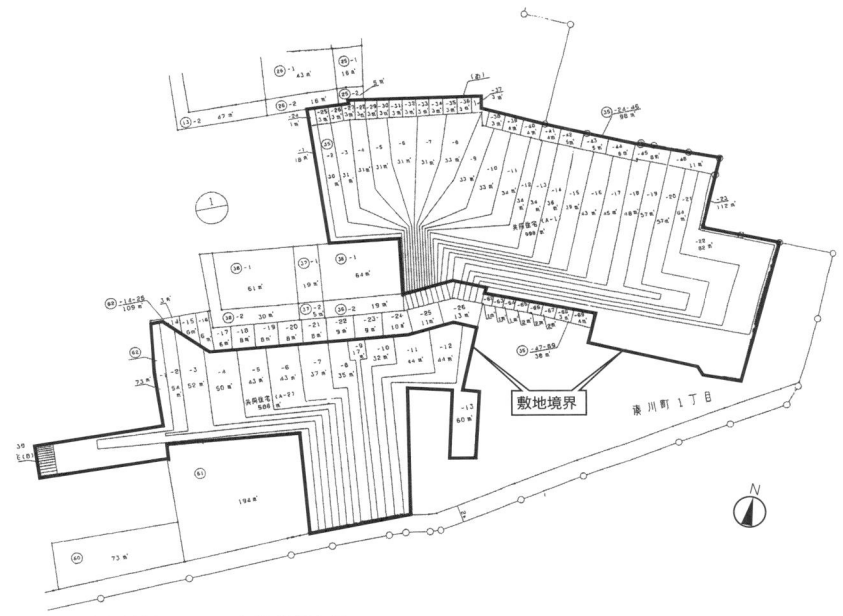

図 9·8　集約換地のための仮換地指定図

（4）グローリ東川崎　〜コミュニティ重視で分譲住宅と公営住宅が同居〜

（左）図 9·9　外観
（右）図 9·10(a)　位置図

所在地	神戸市中央区	建物概要	・4 階建て
敷地面積	673m²		・住宅 18 戸：グループ分譲住宅制度（4 戸）
権利者数	土地所有者：12 名 借地人　　：1 名 借家人　　：10 名		公営賃貸用特定分譲住宅（14 戸）

西出・東出・東川崎地区は、1985 年にまちづくり協議会が発足し、密集市街地の整備に取り組んできた地区である。隣接街区では、神戸市による住宅地区改良事業[注11] による共同事業がすでに進んでおり、当地区も震災前から老朽木造住宅の建替えが検討されていた。震災で建替え検討区域の東側半分が倒壊し、共同再建の話し合いが始まった。従前の権利者には公営住宅への入居を希望する高齢世帯が多かったことから、持家を希望する 4 名にはグループ分譲住宅制度で住宅を建設し、その他 14 戸は市の住宅供給を前提に、UR が住宅を建設する公営賃貸用特定分譲住宅制度により建設し、神戸市はこれを市営住宅として借家希望者の優先入居を行った。

　分譲住宅と公営住宅の合築という珍しい事業となったが、「もといた人が、また一緒に暮らせればいいのよ」という、所有関係や管理の課題よりも、一緒に住んできたコミュニティを優先する住民の意思が共同再建を実現させた。

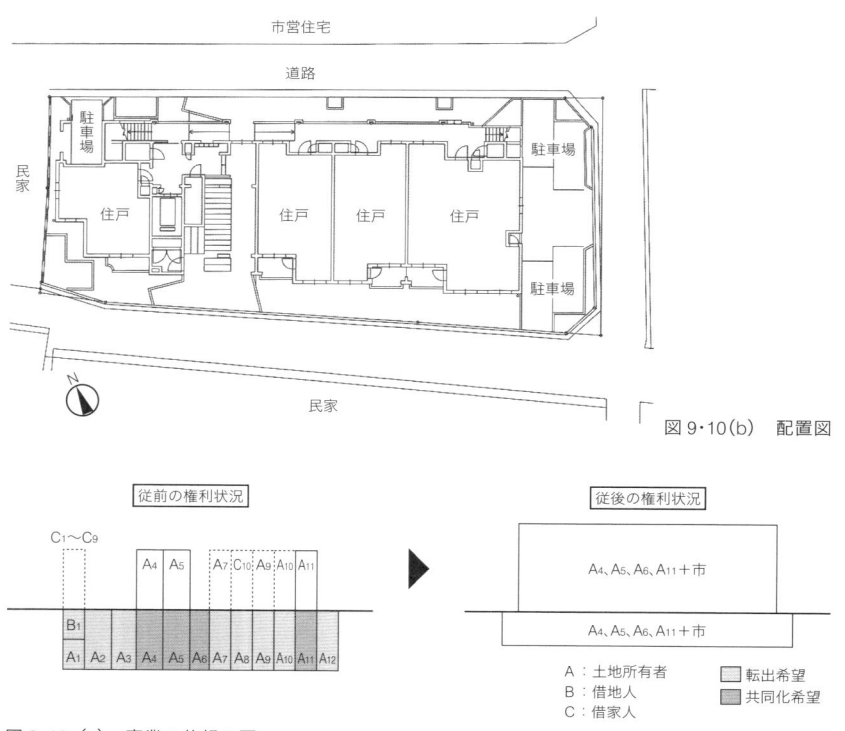

図 9・10（b）　配置図

図 9・10（c）　事業の仕組み図

6. 復興事業の経験から

　阪神・淡路大震災で木造住宅が密集する地域の防災性が課題として強く認識され、1997年に密集法が施行された。その後2001年には、国の都市再生本部が都市再生プロジェクトとして「密集市街地の緊急整備」を決定し、最低限の安全性を確保するという目標が設定された。その後も改正が重ねられ、2003年には、密集市街地の特性に合わせた柔軟な権利変換手法を備えた防災街区整備事業が創設され、さらに2007年には、地方公共団体からの要請によりURが従前居住者用賃貸住宅を建設できるようになった。

　全員同意に基づく小規模な共同化の実践は、合意形成の進め方、権利者とのきめ細かい意向調整や柔軟な権利設定、抵当権などの整理、税制対応、小規模な余剰床の処分の工夫など、貴重な経験の積み重ねとなった。また、2007年創設の要請に基づく従前居住者用賃貸住宅の建設において、家賃を低廉なものとするため自治体による借上げと組み合わせているが、これは復興事業における柔軟な制度の組み合わせの経験を反映したものである。

　そして、木造住宅が密集する市街地での甚大な被害（人的・物的な被害、コミュニティや地域の生活環境への被害など）を目の当たりにしたことで、密集市街地の災害に対する脆弱さを認識すると共に、住み慣れた地域での居住継続が共同再建の動機となったことなど、災害に対していかに備えるべきかについて再認識するきっかけとなった。また、まちづくり協議会、自治体、コンサルタントなど、多様な主体の協働が、市街地の整備において大きな力になり得ることも実感できた。

　阪神淡路大震災以降も東日本大震災をはじめ、大規模災害が発生している。一つの組織として、災害から教訓を学び、復興事業などでの経験や実践から得られたノウハウを蓄え、次に生かしていく役割を担っているものと認識している。

> 3.10

戸越一・二丁目地区 ｜ 1998 ～ 2002 東京都品川区

住民参加によるまちづくり計画案作成と権利者合意による道路整備の実現

URがコーディネーターとして、まちづくりの経験とノウハウを生かし、密集市街地整備の促進に大きく貢献した最初の地区である。住民との協働によるまちづくりルールの策定等による防災性向上と住環境整備を行い、権利者の生活再建に着目した共同化を通じて積年の課題であった主要生活道路の整備を実現した。

1. 立地と市街地特性

「江戸越え」が地名の由来と言われ、日本一長い商店街として有名な戸越銀座商店街を有する品川区戸越一・二丁目地区周辺は、東急池上線の戸越銀座駅、都営浅草線の戸越駅の東側に位置する（図 10・1）。京浜工業地帯の一角として急速に工場街に発展し、関東大震災を契機にして住宅が建てられ、さらに戦災を経てより過密な住宅市街地になっていった。とりわけ、当地区は建物の老朽化や機

図 10・1　戸越一・二丁目地区の位置

能低下により、居住水準や住環境などにおいて多くの課題を有していた。

2. 建替え促進に向けた住民参加によるルールづくり

当地区では、1993 年度から密集市街地整備が開始された。1998 年度に UR（当時、住宅・都市整備公団）が参画するまでの間は、品川区によって都市再生住宅（コミュニティ住宅[注 19]）や公園・広場、細街路拡幅整備などが進められていた。

この時期 UR では、1997 年度の密集法の施行を受け、1998 年度に密集市街地

188

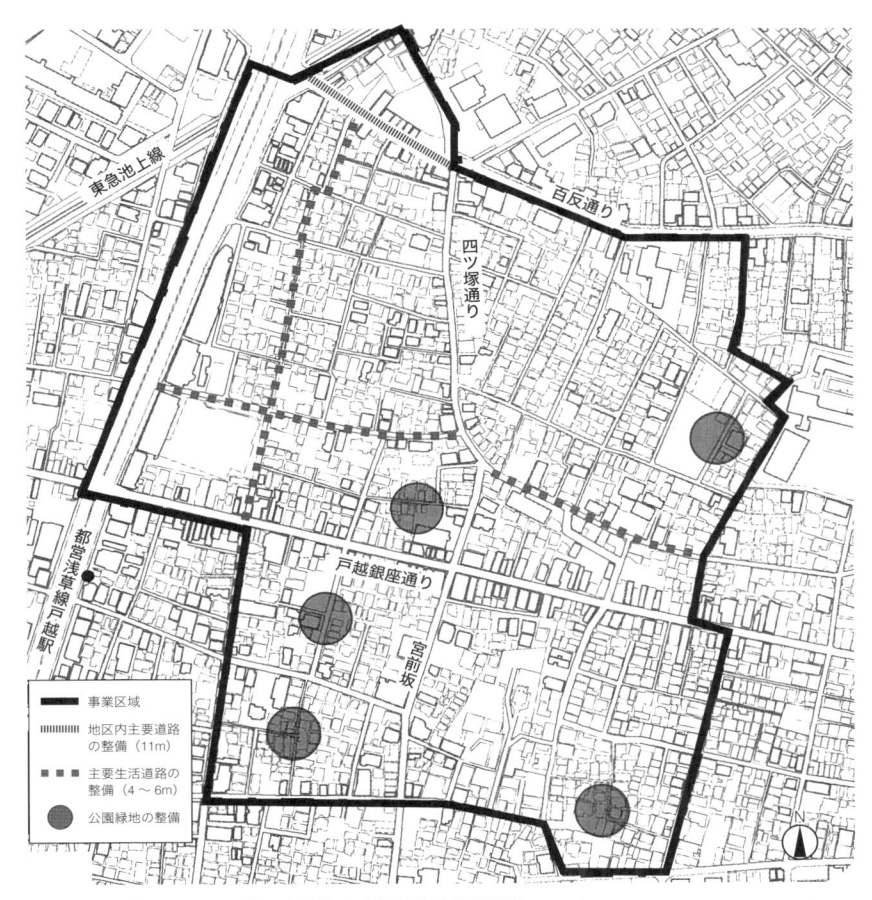

図 10・2　戸越一・二丁目地区密集住宅市街地整備促進事業　23.0ha （出典：品川区資料を一部加工）

表 10・1　UR 都市機構の取り組み

項目	概要
まちづくりコーディネート	自治体との協定に基づき以下のコーディネートを実施。 ・地区計画や地区整備計画の策定支援 ・地区内主要道路「百反通り」拡幅に係る生活再建策の検討支援（共同建替え）

整備を主要な業務とする組織（土地有効利用事業本部計画部計画第二課）を設置し、密集法第30条による公共団体支援業務として区よりコーディネート[注10]業務を受託した。当地区はURがコーディネーターとして貢献した最初の整備事例である。

（1）地区の課題と地元まちづくり懇談会

　地区内は、戦後の急速な住宅建設と公共施設整備の遅れにより、4m未満の細街路と狭小敷地が多く、老朽化した木造住宅が密集していた。現行法規を遵守しようとすると、2項道路拡幅や道路斜線、前面道路幅員に基づく容積率制限などの建築制限から、従前床面積の確保は困難であり、ただでさえ狭小な敷地では生活が成り立つだけの住空間を再建築することができなかった。そのため住民の自主的な建替えが進まないことが課題となっていた。

　1998年度に、URがコーディネーターとなり最初に手掛けたのは、「まちづくり懇談会」の再組織化と運営支援であった。URが課題の整理や方針案作成で地元住民組織の運営をサポートし、品川区と共同で原則月1回の会議の場を設けた。これが功を奏し、まちづくり機運の高まりと活発な問題提起がなされるようになり、自らの問題としてまちづくりを考えるようになった。

　特に熱心に議論がなされたのは、建替えと細街路拡幅整備の支障となっている現行の建築規制を撤廃・緩和（前面道路幅員による容積率制限、道路斜線制限、北側斜線制限）することで、規制誘導策の担保となる地区計画の策定が議論のテーマとなった。

　まちづくり懇談会の活動の拠点として、常設のまちづくり事務所を設置した。これは、URが受託業務として初めて設置したものであり、1998年から7年間、建替え相談や住民説明会など地元住民に開かれた寄合の場としてまちづくり活動を支えた。

（2）住民の理解促進と多様な主体の参画

　懇談会の委員は、地元住民から選出された17名を中心に、行政、UR、民間コンサルタントからなる事務局メンバーで構成された。地元住民には高齢者が多く、設立当初から「情報のわかりやすさ」が求められた。

　地区計画の理解を進めるため、計画書や図面などの配布資料と紙媒介での説

図10·3　100分の1の街並み模型を前に熱心に意見を交換する様子

明に加え、100分の1の街並み模型とその模型をCCDカメラで撮影して従前・従後の街並みを映像化するという、当時としては画期的な情報の可視化に努めた（図10·3）。

　こうした柔軟な発想によるビジュアル化に大きな役割を担ってくれたのが、早稲田大学佐藤滋研究室のまちづくりを志す学生たちであった。密集地域に若い息吹を吹き込む大学生の参画は、懇談会メンバーからも子や孫の世代と一緒にまちづくりを考える新鮮さをもたらすと歓迎され、地元でも話題となり、地区計画の検討会への参加者も増えていった。

　こうした輪の広がりは、事務所のスペースを使った当地区のまちづくりの歴史年表やまちづくり情報の常設展示などを通じ、住民のまちづくり参加の機運の醸成に繋がっていった。

（3）街並み誘導型地区計画の提案

　まちづくり懇談会での議論の結果、建替え促進の障害となっているのは地区計画導入前の建築制限であるとの認識を皆で共有した。

表 10·2　地区計画

面積		地区面積：15.0ha 地区整備計画区域：4.1ha	
地区整備計画の概要		規制内容	検討内容、規制値の根拠
	用途	・風営法関連、ホテル、旅館等の禁止	・風紀の悪化を防止する
	容積率の 最高限度	・200％、300％、500％	・都市計画の指定容積率とする
	敷地面積の 最低限度	・60m²	・区開発基環境指導要綱の基準により引用 ・狭小敷地の分布実態約4割より決定
	壁面の 位置の後退	・道路境界線から0.5m（高さ2.5m以上に ある簡易な塀、戸袋等は可） ・真北の隣地境界線から0.5m	・既定の建ぺい率、地区の実情を勘案した ・住居系地区に真北制限を設定
	工作物の 設置の制限	・街並み景観の美化に資するプランターボ ックス等、容易に移動できる物は可	
	高さの 最高限度	・10m、12m	・既定規制での容積率限度の確保および模 型を使ったケーススタディより算定した
	垣、さく	・生垣または透視可能なフェンス	・緑化と地域への開放性を求めた
備考		・区域の設定にあたっては、地元の熱意、意向をもとに同意できるところから順次拡大 していく方針で進めた。現在までに2回の区域の拡大をしている。	

（出典：品川区作成戸越まちづくりニュース）

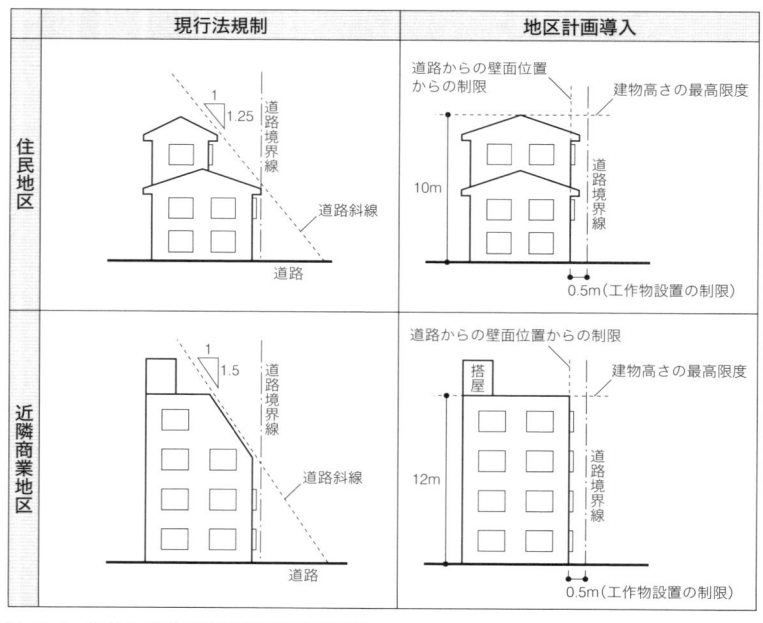

図 10·4　街並み誘導型地区計画の緩和内容

課題解決の先進例として参考にしたのは、阪神・淡路大震災[注1]で大きな被害を受けた神戸市野田北部地区での事例だ。当時まだ実施例が少ない「街並み誘導型地区計画」[注36]を提案し、道路斜線制限と前面道路幅員の容積率制限を適用除外とし、さらに高度地区の北側斜線を外して絶対高さ制限のみの高度地区に変更し、北側敷地に配慮して真北は 0.5m の壁面後退を定めた（表10·2、図10·4）。

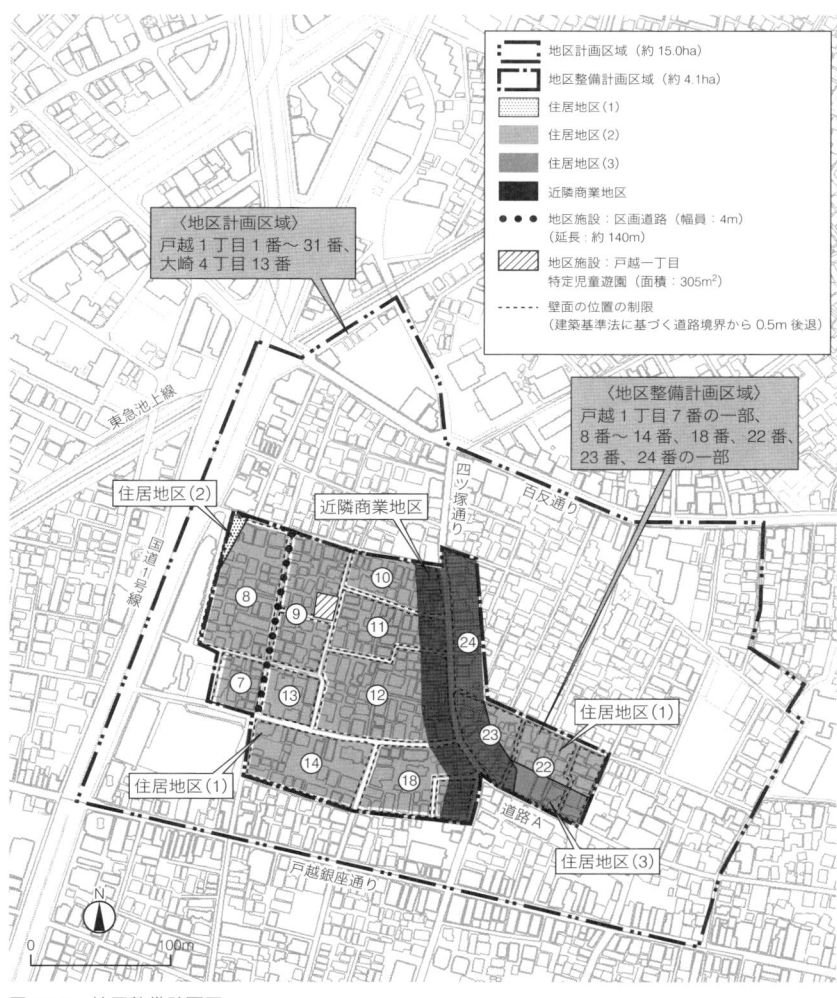

地区計画区域（約 15.0ha）
地区整備計画区域（約 4.1ha）
住居地区（1）
住居地区（2）
住居地区（3）
近隣商業地区
地区施設：区画道路（幅員：4m）
　　　　　（延長：約 140m）
地区施設：戸越一丁目
特定児童遊園（面積：305㎡）
壁面の位置の制限
（建築基準法に基づく道路境界から 0.5m 後退）

〈地区計画区域〉
戸越 1 丁目 1 番〜31 番、
大崎 4 丁目 13 番

〈地区整備計画区域〉
戸越 1 丁目 7 番の一部、
8 番〜14 番、18 番、22 番、
23 番、24 番の一部

住居地区（2）　　近隣商業地区

東急池上線

国道1号線

四ツ塚通り

百反通り

住居地区（1）

住居地区（1）

戸越銀座通り

住居地区（3）

道路 A

0　　　100m

N

図 10·5　地区整備計画図

地区整備計画（図 10·5）は、段階的に建替え区域を定めて、住民の賛同を得るための建替え実績をつくることから始めた。先行建替えの区域設定は、懇談会の委員が中心となって検討した。道路幅員が狭いことで生活に不便を来たし、かつ地元から反対意見が出ない区域、つまり地区計画施行後の建替えを最も前向きに検討している地区を選定し、第 1 次計画区域とした。

　そこで実績を示し、第 2 次計画として範囲拡大を図っていくというビジョンであった。

（4）地区計画の効果

　地区計画施行後は、年間建替え率が約 2 倍になり、その後も地元の意向によって地区計画区域の拡大が図られている。

　後日談ではあるが、当時のまちづくり懇談会の会長を務めていた地元住民の方が、他地区のまちづくり協議会発足総会で「地元住民が頑張れば法律も変えられる」とエールを送っていた。

　建築制限の緩和を地区計画によって実現したことを自らの実体験として語ったもので、支援した UR としても住民参加のまちづくりに手ごたえを得たエピソードである。

3. 共同化による権利者の生活再建と道路整備の実現

　ここからは、当地区の密集市街地での主要生活道路[注 16] の拡幅整備における、具体のアプローチについて述べてみたい。

　後述するが、従前の権利者の多様な要望に反して柔軟性に欠ける街区全体の再開発計画の見直し、沿道権利者の生活再建と市街地環境整備を図ることが最優先課題と考えられた。そこでまず、借地人については、道路拡幅後の残借地権を土地所有権に変える土地交換を行うこととした。そのうえで、彼らの所有地を街区内の 1 カ所にまとめて、道路補償費を原資とする共同ビルの建設計画を提案した。3 年にわたる粘り強い交渉の末、8 名の借地権の権利者全員から合意を得ることできた。

（1）コーディネート業務の概要

　UR が受託したコーディネート業務には、地元の要望や行政の第一優先課題

として、老朽木造住宅の密集地での防災性向上、住宅および住環境の整備改善を図ることに加えて、地区内主要道路（品川区道）である通称「百反通り」の整備が含まれていた。

この道路は国道1号線とJR大崎駅を結ぶ機能を有し、延長約1.1km、計画幅員は11mであった。しかし、対象地区に接する約115m区間では沿道権利者の合意に時間を要し、6m幅員のまま未整備で、ボトルネックとなっていた。当区間は国道1号線と交差する部分に位置するため、子どもを巻き込む交通事故が多く発生しており、拡幅整備は品川区や地元住民の長年の悲願だった。地震時に倒壊の恐れがある沿道の老朽家屋なども災害時の避難を妨げる懸念があり、地域の安全を確保するためにも建替えと併せた早急な市街地整備が求められていた。

URは拡幅整備の実現に向けて、形骸化しつつあったこれまでの計画案の見直しと、沿道権利者の合意形成に向けた協議・調整を積極的に行い、権利関係の整理と生活再建の意向に柔軟に対応した計画案を作成した。

（2）権利者合意を進めるうえでの課題

当地区の道路拡幅に係る権利者は図10·6（a）に示すAとBの区域の土地所有者（不在地主）が1名、Bの区域の借地による建物所有者が8名、Cの区域の土地・建物所有者が2名の計11名である。

Aの土地所有者は借地関係の清算と駐車場経営の継続を希望していた。8名の借地人については、共同化による従前居住水準の確保や従前資産の保全を希望する者が5名（その内1名は工場経営者、3名は持家、1名は賃貸住宅経営者）、資産売却希望者が2名、残り1名は個別建替えを希望していた。Cの権利者2名は現状と同規模の土地、建物による生活再建を希望していた。

当地区での道路整備事業の前提条件は、居住継続が可能となる各権利者の生活再建方法を提示し、これまで保持していた土地や家屋の権利といった資産の保全が可能な計画案を作成し、その合意を得ることである。それが成立して初めて道路拡幅に踏み切れる。この計画案の作成でとりわけ困難なのは、残地が20〜40m²程度の零細な借地人に、従前と同規模の床面積の確保を提案し、合意を得ることであった。

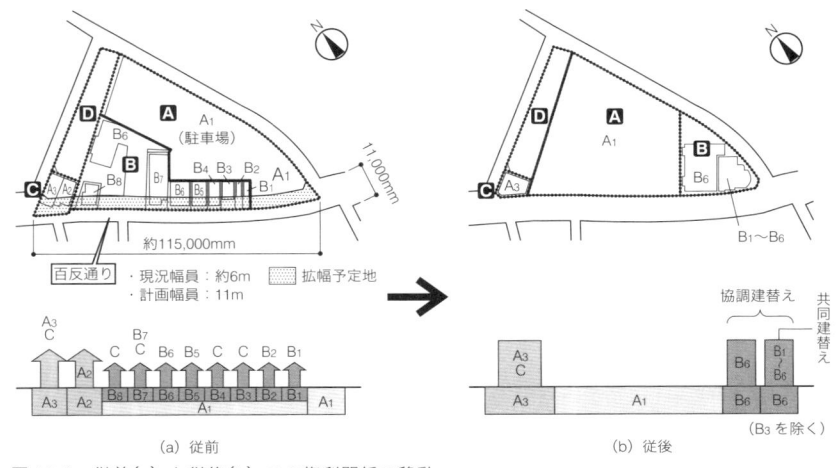

図 10・6　従前（a）と従後（b）での権利関係の移動

（3）UR の行った提案と取り組み

　ここから、UR がこれらの課題に対してどのような計画案を構築し、住民合意に至ったかその詳細を整理しておく。具体的には、①土地交換による借地関係の清算、②共同出資方式による共同化、③建物などの補償、④代替地の斡旋、⑤権利者の理解の促進と組織の立ち上げ支援といった五つの提案である。

　①土地交換による借地関係の清算

　道路拡幅に伴う残地の借地権（相続税路線価割合 70％、堅固建物は 80％）と底地権の等価交換により、借地人が所有権の土地を従前面積の 70％超を取得し、街区内の 1 カ所にまとめて、敷地を共同化することを提案した。また、うち 1 名の個別建替え希望者（図 10・6、B_7）には、密集事業で取得済の区有地と土地交換を行った。交換取得地に移転してもらい、区の取得した借地権は道路区域となる A の所有する土地と再交換することを提案した。

　このことにより、図 10・6（b）に示す A の土地所有者には 11m 道路に接道した整形化された A の単独所有の土地が戻る。また、B の借地人たちは建物計画上有利な角地に共同で土地を所有することになり、双方にメリットをもたらす提案である。

　②共同出資方式による共同化

　土地交換により取得した B の土地の権利者のうち、資産売却を希望したのは

2名であった。彼らの持分を他の5名が取得し、道路拡幅に伴う土地・建物などの補償費を原資とする5名の共同ビル建設計画が合意に至った。

　なお、うち1名の工場経営者においては、工場の騒音や振動、将来の施設規模の可変性も想定していたため、敷地内に住宅棟と分離した工場棟を設けて二棟建てとし、建築基準法第86条の一団地認定[注37]を受けることとした。その結果、容積率290%の土地の高度利用が可能となり、6階建ての共同住宅ビルと地上4階（地下1階）の工場棟を建設することになった（図10·7）。

　以上の結果、権利者が希望していた従前建物と同規模の床面積も確保することができた。

③建物などの補償

　道路区域内は道路事業で補償を行い、道路区域外にあっては、密集事業に基づく区の老朽家屋の買取除却制度を利用し補償の対象とすることで、権利者の建替え事業費の軽減を図った。

　このように、効率的な建物計画と道路補償費や区の建替え助成を組み合わせて、権利者の負担が最小限になるよう配慮した。また従前地と交換取得地の位置を変えたことにより、共同ビル建設期間中の仮住居や仮工場の確保が一部を除いて不要となり、移転回数と移転費用の軽減に繋がっている。

　当事業の要となるのは、道路補償費を早期に提示できたことである（図10·8）。通常の道路事業であれば、道路補償費の算定は事業の実施が決定した後に行われるものであるが、ここでは共同化などによる生活再建の実現可能性が道路整備の成否をもたらすことが明らかだったため、早期に補償費を算定し、権利者

(a) 工場棟　　　　　　　　　　(b) 住宅棟

図 10·7　B街区で実施した5名の権利者による共同ビル建替え

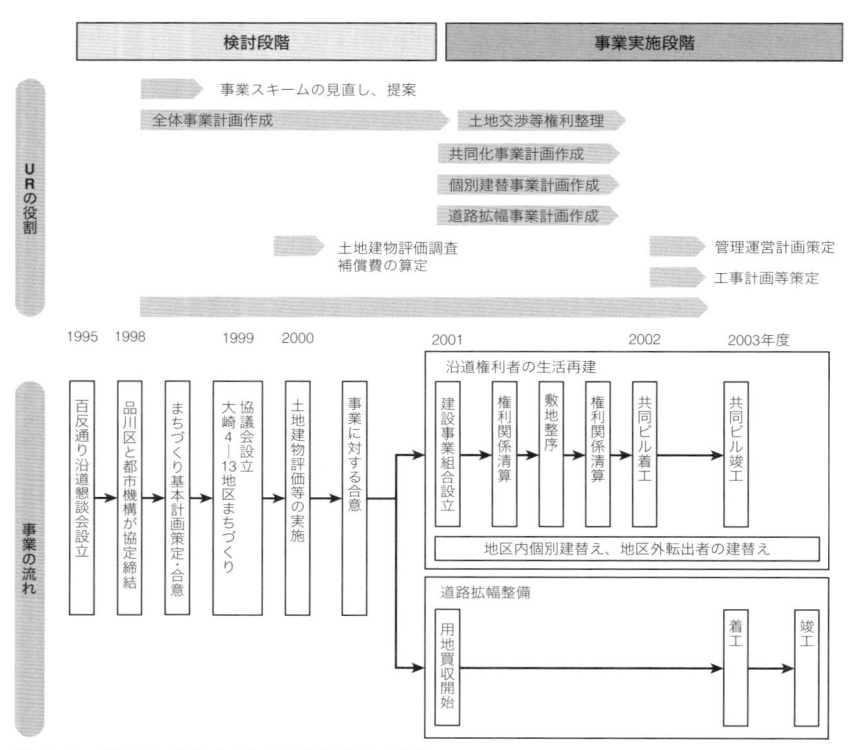

図 10·8　共同化に向けた UR の役割と事業の流れ

　の合意を得る必要があった。そこで区に働きかけ、道路事業の計画過程で密集
事業の調査費予算を活用することとした。

　④代替地の斡旋

　図 10·6（b）の C の区域については、権利者 1 名を地区外の事業用代替地に
斡旋した。移転後の残地をもう 1 名の権利者が道路補償費を原資として取得す
ることにより、両者が従前と同程度の建物を取得し、生活再建が可能となる計
画を提案した。

　⑤権利者の理解の促進と組織の立ち上げ支援

　そして、当事業の実施において最も重要だったのは、8 名の借地人たちの道
路拡幅整備事業への理解と共同ビル建設での事業協力であった。そのため、借
地人による協議会を一早く設置し、②の共同化案による居住継続や資産の保全

といった生活再建案について、品川区と共に3年に及ぶ勉強会や検討会、個別説明を粘り強く行った。資産の保全や共同化への不安など、権利者の意向の変化についても柔軟に対応した。

2000年4月に、これまでの「まちづくり協議会設立準備会」から、「大崎4-13地区まちづくり協議会」へと、より主体性の発揮が求められる組織に変化を遂げ、そのうちの借地人を対象にした「Aブロック共同建替え協議会」を派生させ、より親密な議論ができる関係性を構築してきた。

さらに2001年5月には、共同化に参加する借地人全員の合意を得て、「(仮称)大崎413ビル建設事業組合」へと発展させ、共同ビル建設および完成後の建物の管理主体となる建設組合の立ち上げもサポートした。コーディネート業務への参画から3年間の月日を経て、ようやく共同化事業の施行主体の設立に漕ぎつけることができた。

(4) 事業成否のポイント

以上の事業の成功には、権利者の状況に応じた共同化など柔軟な対応と提案が欠かせない。URの受託前の計画では、A〜Dの全権利者を対象にした再開発計画が立案され、共同化への全権利者の参画が前提となっていた。

この計画案は、権利者対応の柔軟性に欠け、戸建て指向の強い権利者にも共同化を強いるもので限界があった。URは地区全体での共同化を止め、事業対象範囲もA〜C地区に絞り、借地権と底地権の交換など、権利者の状況に応じた提案を行い、初動期の予算案と個人の道路補償費の算定をもとに、詳細な個別の事業収支計画案を作成した。2000年9月からは「共同化を実現させるための権利者の事業力」を見出すため、借地人との個別対話を繰り返し行った。そうして権利者全員の合意形成を達成し、事業を成功に導いたのである(図10·9)。

また、当事業で特筆すべきこととして、UR参画と同時にUR業務を支えてくれた民間コンサルタントの役割が大きかった。

共同化の推進過程において、権利者たちの間で軋轢が生じないように、日常的な繋がりとコミュニケーションを深め、些細なことにも気を配って立ち回ってくれた。権利関係で問題が生じた時なども、事が大きくなる前に、早目に問題の芽を摘む努力を精力的に行ってくれ、彼らが獲得した権利者からの絶大な信頼は、合意形成上での強力な推進力になった。

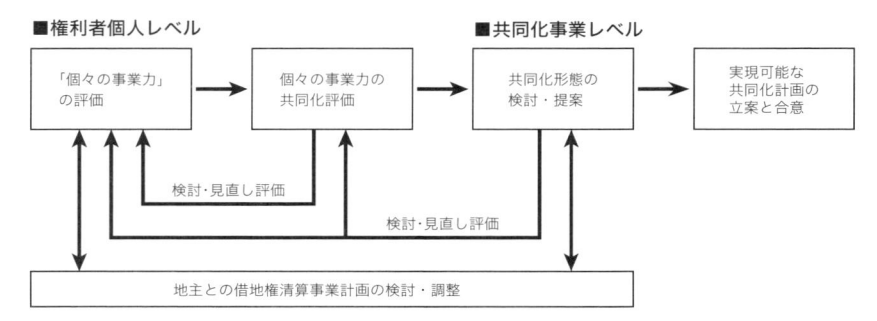

■権利者個人レベル　　　　　　　　　　　　　■共同化事業レベル

| 「個々の事業力」の評価 | → | 個々の事業力の共同化評価 | → | 共同化形態の検討・提案 | → | 実現可能な共同化計画の立案と合意 |

検討・見直し評価

検討・見直し評価

地主との借地権清算事業計画の検討・調整

図 10・9　共同化による生活再建事業の実現に向けた合意形成のプロセス

（5）現時点での評価

　当地区の道路拡幅整備の取り組みで特徴的だったのは、権利者による共同建替えと道路の整備を一体的に行ったことである。

　また、公共団体と UR の協同による権利者説明や交渉、権利者組織の立ち上げ支援などは当時としては画期的で、以降実現されてきた密集事業の進め方の一つのモデルを示したと言える。

　また、当事業の道路は片側拡幅であったが、今回の整備により道路反対側の建物の建替え更新が加速し、百反通り沿道のまちづくりも確実に進んでいる。

　密集市街地の整備が都市再生の一層の緊急課題として位置づけられているなか、道路などの公共施設と周辺市街地の一体的整備の枠組みは大いに有効である（図 10・10、10・11）。

　しかし一方で、土地の交換分合やそれを前提とした公共施設整備といった、長期にわたる複雑な権利調整と道路整備への関係者合意などの課題に対し、円滑な事業推進を可能とする事業手法などが求められている。土地区画整理事業[注5] やその後の密集法改正で制度化された防災街区整備事業[注4] の導入など、前例にとらわれずに地区の状況や権利者特性に応じた制度の柔軟な活用と工夫を行っていくことも必要であることをここで述べておきたい。

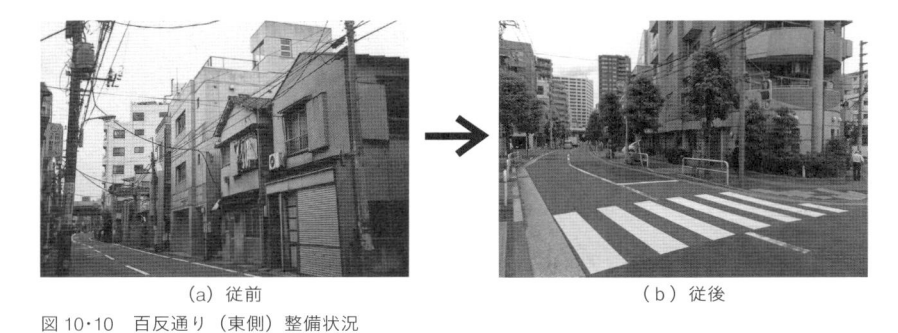

（a）従前 　　　　　　　　　　　　　　（b）従後

図 10・10　百反通り（東側）整備状況

（a）従前 　　　　　　　　　　　　　　（b）従後

図 10・11　百反通り（西側）整備状況

> 3.11

大谷口上町地区 │ 1998 ～ 2009

整備計画案の見直しと新たな事業展開

〈法定事業で解く区域と任意事業で解く区域の再構築〉

　都内の密集市街地の中でも密集度がとりわけ高く、劣悪な住環境と脆弱な都市基盤の改善が停滞していた特筆すべき地区である。UR 参画以降、住民の生活再建に視点を置いた計画の見直しなどにより事業化が実現した。

1. 立地と市街地特性

　当地区は東京都板橋区の南端、JR池袋駅から 3km 圏内に位置し、東京メトロ有楽町線千川駅および東武東上線大山駅が地区の最寄駅である（図 11・1）。

　当地区は、延長 200m、幅 30m で周辺との高低差が 7m 程ある谷状の地形であり、世界でも有数の大都市東京にあって、モロッコのフェズなど海外の旧市街を彷彿とさせる密集度合いで、現地を訪れる者はその様相に驚愕させられた。

図 11・1　大谷口上町地区の位置

　整備前の航空写真からも道路らしきものは確認できず周辺の密集市街地とも様相を異にしており、狭小な老朽木造家屋がびっしりと建て詰まった、住宅密集市街地であったことがわかる（図 11・3）。

　戦前は沼地で、現在でも地区内に湧き水があるなど地盤の悪い地域でもあった。

　地区内の多くが未接道敷地であることから、合法的な建替えができず建物の老朽化が進むなど、多くの課題を有していた。

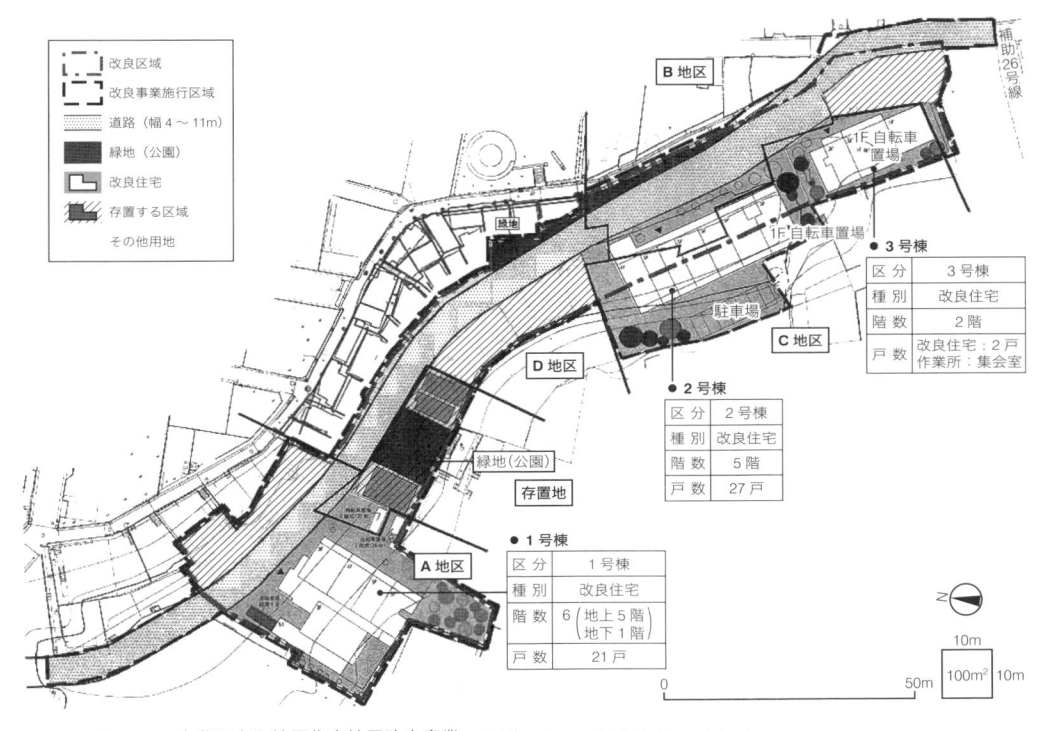

図 11・2　大谷口上町地区住宅地区改良事業　0.45ha （出典：板橋区資料を一部加工）

図中の凡例・ラベル：

- 改良区域
- 改良事業施行区域
- 道路（幅 4 ～ 11m）
- 緑地（公園）
- 改良住宅
- 存置する区域
- その他用地

B 地区　補助26号線　1F 自転車置場　1F 自転車置場　3 号棟

区　分	3 号棟
種　別	改良住宅
階　数	2 階
戸　数	改良住宅：2 戸／作業所：集会室

駐車場　C 地区　D 地区　緑地　● 2 号棟

区　分	2 号棟
種　別	改良住宅
階　数	5 階
戸　数	27 戸

緑地（公園）　存置地　A 地区　● 1 号棟

区　分	1 号棟
種　別	改良住宅
階　数	6（地上 5 階／地下 1 階）
戸　数	21 戸

0　50m　10m　100m²　10m

（a）枠線内のエリアが地区外形

（b）当地区従前の密集する屋根並み

図 11・3　上空から見た従前の地区

表 11・1　UR 都市機構の取り組み

項目	概要
まちづくりコーディネート	自治体との協定に基づき以下のコーディネートを実施。 ・住宅地区改良事業導入に向けた整備計画等の策定支援 ・権利者関係等の調整等の事業推進支援

2. 谷状地形の整備に立ちはだかる課題

　当地区は、0.75ha の谷状地形に 157 戸の老朽木造住宅が密集しており、1950年代から無秩序な造成が行われ、1950 年代から 1960 年代にかけて 10 坪程度の借地権付き建売住宅や貸家が建設されていったが、それらの未接道の建物は建替えもできず、老朽住宅の密集市街地が形成された（図 11·4）。

　地区東側の 2 項道路（建築基準法第 42 条第 2 項に基づく道路）から西方向に下る狭い階段状の通路が、当地区への導入路となっている（図 11·5a、b）。

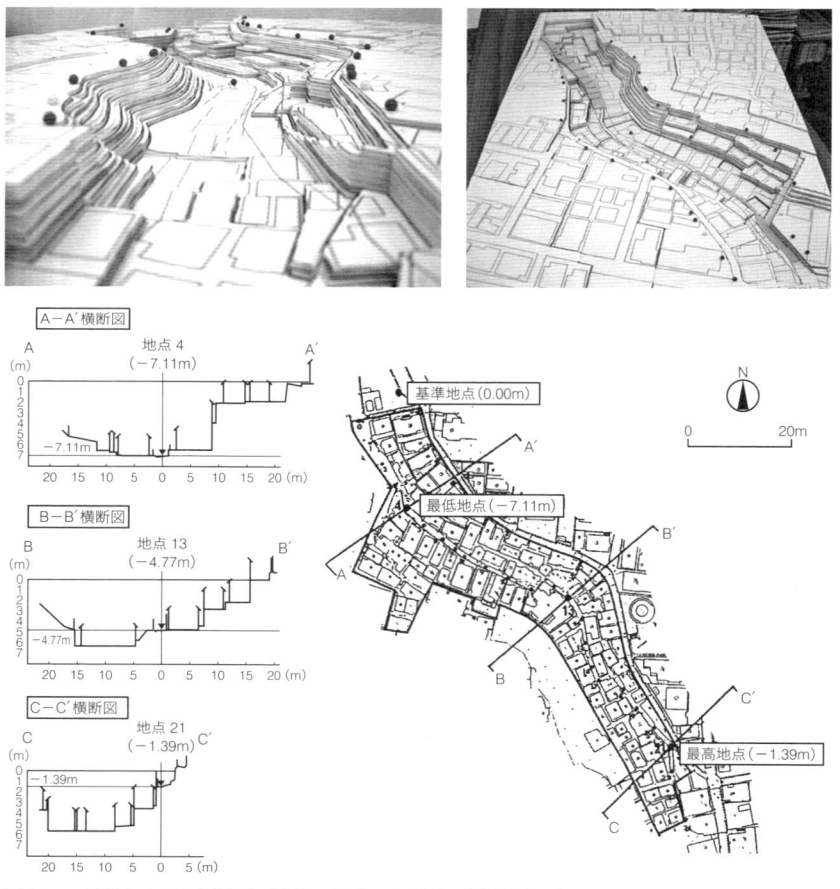

図 11·4　模型による谷戸地形（出典：平成 8 年測量の横断図より）

| (a) 階段状通路① | (b) 階段状通路② | (c) 地区内通路 |

図 11・5　防災広場・通り抜け通路写真

　地区内に入ると、雨の日は傘をさすとすれ違えないほどの狭い通路しかなく（図 11・5c）、災害時に消防活動が可能な幅員 6m 以上の道路から 140m 以上離れた消防活動困難区域[注 23] が広がっていた。また、建築基準法上の道路は地区外周にしかなかったため未接道住宅が多く、全体の 7 割以上が接道不良であった。

　また、宅配等の生活サービスについても地区内外で取り扱いに違いがあり、そのことが地元住民の問題意識の共有と仲間意識に繋がっていたものと思われる。権利関係は借地持家が約 7 割と一番多く、土地建物所有が約 3 割であった。また、全世帯の約 5 割が借家人で、零細権利者が多かった。

　このように住環境や防災面、衛生面に大きな課題を抱えており、谷状地形や道路整備の遅れ、さらに老朽住宅の密集状況などから、自力での建替え更新は非常に困難であったため、公共団体ら外部の者の介在による面的整備に頼らざるを得ない状況だったのである。

　1998 年度に板橋区より整備計画推進業務を UR（当時、住宅・都市整備公団）が受託し、後述の整備計画案の見直しが始まった。

3. 困難な立地特性に整備計画は 2 度頓挫

　当地区のまちづくりは、1970 年代に始まっている。

　当時の事業手法である「過密住宅地区更新事業」を導入したがうまくいかず、1993 年度には当地区より一回り広い 5.3ha を対象としてコミュニティ住環境整備事業（現在の住宅市街地総合整備事業[注 7]（密集住宅市街地整備型））を導入し、

住環境の改善、防災性の向上を目指すことになる（図11・6）。

　その整備計画とは、当地区を含む0.75haの区域を全面買収し、地区東側の2項道路を8mに拡幅し、高低差最大7mの谷地全域を埋め立てた後、公営住宅（コミュニティ住宅）[注19]を建設するというものであった。

図11・6　コミュニティ住環境整備事業整備計画案

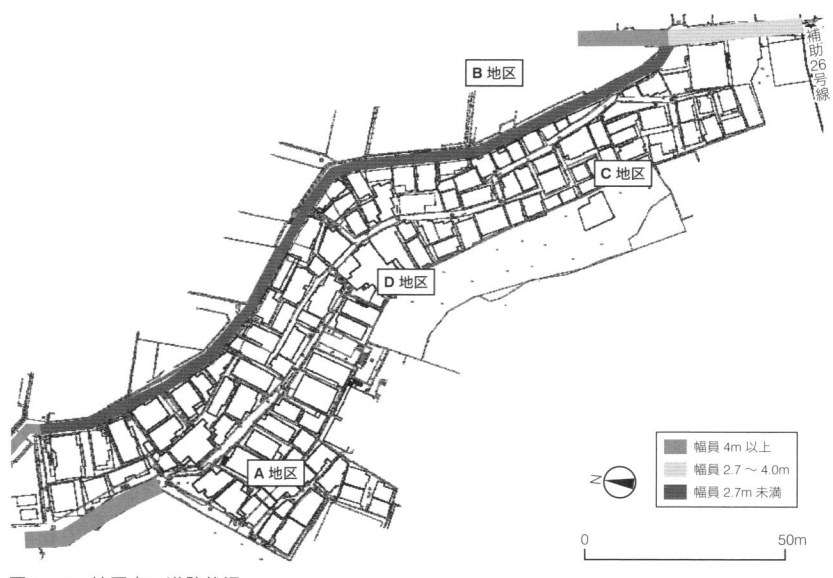

図11・7　地区内の道路状況

　しかし、地区内唯一の公道である東側の 2 項道路を工事用道路として利用するには、先行して崖側への拡幅が必要となるが、そのためには谷部が埋立てられることが前提となり、事業化は極めて難しいことが予想された（図 11・7）。また 100 億円を超える事業費が想定され、区も庁内調整に苦慮していた。加えて権利者は、コミュニティ住宅に入るか、地区外に転出するかの二者択一を迫られるのである。自力再建の選択肢もなく、合意形成上の問題も抱えていた。

　そこで 1998 年度にようやく「東京都緊急木造住宅密集地域防災対策事業（東京都の補助事業）」を導入し、より具体的で実現性の高い計画案への見直しが検討されることになったのである。

4. 法定事業と任意事業の重ね合わせの提案

　1997 年の密集法の制定を受け、UR は 1998 年に初めて密集市街地整備を主要な業務とする組織が誕生した。当時の UR は、住宅団地開発の周辺密集市街地整備の実績（【神谷一丁目地区】）は有していたが、資産をもたない地区でのコーディネート[注10] による支援のあり方を模索している段階であった。

　当時東京都をはじめとする自治体から、既成市街地の再開発実績をもつ UR に、密集市街地整備への参画が期待されていたが、その一つが当地区であった。

　このような状況のなか、1998 年度に、東京都や特別区などで構成する「木密関連協議会」による事業提携計画で UR の参画が位置づけられ、板橋区から初めて住宅地区改良事業[注11] の整備計画作成業務を受託したのである。受託に際し、「大谷口上町地区の整備に関する協定書」が締結され、当地区のまちづくりについて、双方の役割分担と相互協力による一層の推進を図ることが確認された。

　整備計画案見直しにあたり、UR 発意による検討委員会（学識経験者、国交省、東京都、区、UR など）を立ち上げ、地区現況・課題の再整理、整備計画案の比較と見直しおよび実現方策の検討を行った。課題は、強制力のある法定事業と、権利者の自主更新を可能とする任意事業（規制・誘導[注6]）との重ね合わせのあり方である。

　ポイントは、権利者の合意形成と事業費の縮減などを目標に①全面埋め立てではなく従前の谷状の地を生かした計画、②自主的な建替えを可能とする主要生活道路[注16] の整備、③段階的な整備を可能とする計画、④従前権利者の生活再

建を可能とする最低限必要な公的住宅の建設、⑤事業実施の確実性を高める住宅地区改良事業によるエリアと自主更新を促す密集事業のエリアとに区分し、それに伴う住民および行政の役割の明確化、の5点であった。

　そのなかでも、主要生活道路の整備は老朽住宅の建替えや避難路ネットワーク形成といった密集市街地改善の最重要ポイントであり、以下の3点に留意し検討した。

　①多くの接道不良住宅の建替えを可能とするため、地区中央へ道路を配置し、

表 11·2　法定事業と任意事業の比較

土地所有者	住宅地区改良事業	密集住宅市街地整備促進事業
事業根拠	住宅地区改良法に基づく事業	国の要綱に基づく任意事業
事業内容	不良住宅の除却、住宅の建設が義務づけられる	従前居住者のための住宅の建設
私権の制限	・建築行為等の制限 ・土地建物の収用等	なし
効果と特徴	・法に基づく事業で確実性が高い ・補助率が高い ・税控除は 5,000 万円	・任意事業であり、権利者の意向が大きく影響 ・税控除は 1,500 万円
財　源 （補助率）	国補助：2/3 都補助：1/6 区　費：1/6	国補助：1/2 都補助：1/4 区　費：1/4

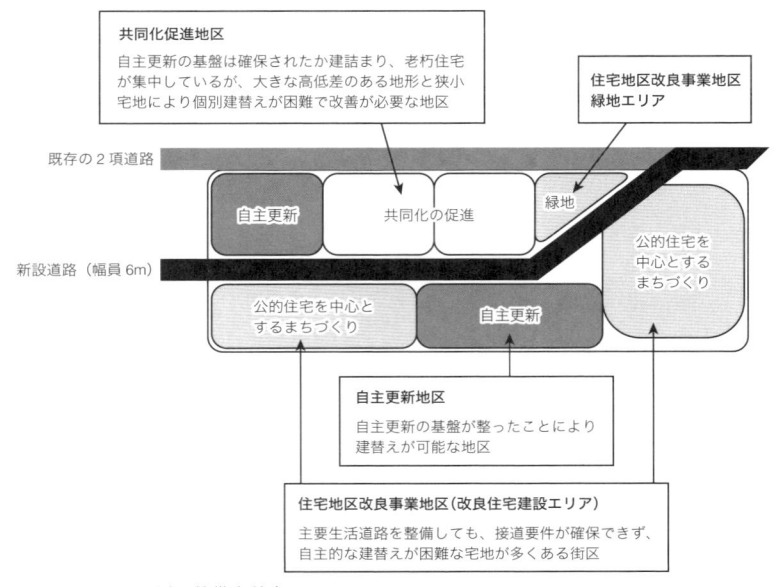

図 11·8　エリア別の整備方針案

　道路両側の建物が接道できるようにする

②周辺主要道路と有機的に接続し、良好な道路ネットワークを形成する

③工事用道路として使用するための、段階的整備を可能にする

　以上のような検討の結果、谷状の地形は変えずに地区内中央に主要生活道路を整備する計画に見直した。そのうえで、主要生活道路と公共住宅を整備するエリアと、共同建替えや個別建替えに併せて整備を進めるエリアとに分け、前者には住宅地区改良事業を、後者には密集住宅市街地整備事業促進を活用する合併施行とした（表 11・2、図 11・8）。

　具体の整備計画と適用事業は、図 11・8 のとおりである。0.75ha の谷状の地区を、改良住宅建設エリア、自主更新可能エリア、共同化検討エリアに区分した計画となった。

5. 権利者合意による住宅地区改良事業の推進

　1999 年度より、住宅地区改良事業の導入に向け、計 12 回の権利者懇談会や個別ヒアリングによる意向調査を行い、並行して関係機関との協議や都市計画手続きを行った。その結果、多くの権利者から賛同を得て 2003 年 3 月に改良地区に係る大臣指定、同年 4 月に事業計画が告示された（表 11・3）。大臣の指定後、用地測量や建物補償調査を開始し、2003 年度から地区内の土地や建物の買収を進めた。同時に、地区内に建設する改良住宅では必要戸数に満たないため不足分を確保すべく、地区外で改良住宅 1 棟（〈やよい住宅〉10 戸）の建設にも着手した。この地区外の改良住宅は、改良住宅の最初の入居を予定する権利者にとって、仮住居なしの一度の引越しで生活再建ができ、高齢者の多い当地区での合意形成に好影響を与えた。

表 11・3　住宅地区改良事業の計画概要

事業の概要	住宅地区改良	住宅戸数	90 棟 96 戸
		面　　積	0.45ha
		不良住宅戸数	84 戸
		不良住宅率	88％
		住宅密度	218 戸 /ha
	事業計画	事業施行区域面積	0.56ha
		不良住宅（用地）の買取・除却	87 棟 93 戸
		改良住宅	地区内 50 戸、地区外 10 戸
		公共施設	道路（幅員 6 ～ 11m、延長＝ 250m、高低差 7m）、緑地（公園）

UR は、1998 年度の整備計画見直し業務に続き、事業推進のためのコーディネート業務を 2006 年度まで受託し、施行者である区を支援した。

6. 協議会との連携による権利関係の整理

　地区内に発生していた 10 数件の空き家の一部は、区が「まちづくり事務所（通称、まちづくりハウス）」として借上げ、権利者や住民との日常的な相談や権利関係の調整などの場を設けた。地区内の権利者約 100 名の個人カルテを作成し、個別ヒアリングなどを通じて、権利者や住民の課題や意向に丁寧に対応することで、各権利者から信頼を得る努力を行い、事業推進の合意形成に努めた。

　そして、2002 年 10 月には、区らの働きかけにより地区内の権利者および住民からなる「大谷口上町地区住宅地区改良事業区域まちづくり協議会」が発足した。

　まちづくり協議会は、①事業に関する情報の共有化、②借地権清算に関する共通ルール案の作成、③地区内で培ってきた独自のコミュニティの維持、④共同住宅の住まい方ルールの確認、⑤新設道路への地元提案、といった自主的な活動を事業終了まで継続的に展開した。UR は区と共に、これらの活動を支えるため、まちづくり協議会の運営やニュースの作成などの支援を行っている。

　当地区では借地人が多いことから、借地権の権利清算に関する共通ルールの作成は、合意形成上最も重要な課題であった。

　借地権の清算に先立ち、多くの境界未確定地において、境界の立会い確認や地籍確定といった作業を行った。その結果、借地面積の実面積と契約面積に大きな差異が発覚し、地主と借地人との当事者間で解決する必要が出てきた。この解決策として、①借地権割合については、当地区の標準的借地権割合を設定したうえで基準を定める（表 11・4）、②借地面積については、地主が借地人に

表 11・4　まちづくり協議会提案の借地権清算の基準

注）・木造建物所有者の標準的借地権割合（契約期間 20 年）は 63％が妥当
　　・更新料割合相当は 3％が妥当
　　・清算のもととなる面積等は借地契約面積で行うのが妥当

譲歩し借地契約面積を設定する案を、地主も構成員であるまちづくり協議会から各権利者に提案し、採用された。このように、一見利害が対立するような事柄も、立場と意向が異なる地主と借地人とで対応を分けながら、各々の課題を踏まえた提案を行うことにより合意形成を図ることができた。

当地区にもともと存在していた強力なコミュニティのおかげで、数名の大地主と多数の借地人との間で大きな意見の対立が生じることなく、事業を推進することができたのである。

また、建物については大半が未登記物件であったため、各権利者に登記をお願いした。併せて賃貸借契約や借地権の清算といった買収のための手続きや、仮移転の手続き、税務説明、売買契約交渉などを行った。そうして、地区内を前述した四つのエリアに区分した後に、順次買収や整備を進めていったのである。

2004年3月には最初の改良住宅10戸が地区外に完成し、まず主要生活道路整備に係る権利者が入居した。この改良住宅に対する入居者の評価は高く、ほかの権利者に安心感を与えた。これが、その後の合意形成の一層の促進、そして事業推進に繋がった。その後、工事の進捗に併せ、2007年3月に地区内の改良住宅〈かみちょう1号館〉21戸が完成、2009年3月に同住宅〈かみちょう2号館〉27戸、〈かみちょう3号館〉2戸が完成し、大臣指定から8年の歳月を経て、事業が完了したのである（表11・5、11・6）。

表11・5　必要な手続きなど

事業の進め方ほか
・まちづくり協議会開催、事務運営
・官民および民民の土地境界立会い、捺印、境界確定、地積の確定
・建物調査、建物評価算定書作成
・土地・建物評価額決定
・所有権表示登記および相続登記の説明・指導
・不動産賃貸借契約調査、借地権割合の提案、立会い
・仮住居調査、確保、交渉、不動産契約
・税務説明、相談、紹介
・売買契約交渉、契約締結、建物引渡確認、所有権移転登記
・建物除却、建物抹消登記、土地造成
・道路・建物等建設工事
・各事業の進捗に合わせて、補助金、交付金、起債申請
・各事業の進捗に合わせて、区財税当局、執行受任課との協議
・その他（会計検査、都検査、区監査、国交省・同大学視察研修）

(作成：板橋区)

表 11·6　事業スケジュール

年度	2002	2003	2004	2005	2006	2007	2008	2007
地元協議 ・計画について ・借地権について	⟷	変更案の周知						
用地買収・除却 A 地区		買取 ⟷		……▸				
			除却	除却				
B 地区			買取 ⟷		◂·▸ 除却			
C 地区			買取 ⟷		◂·▸ 除却			
D 地区				買取 ⟷		◂·▸ 除却		
改良住宅建設 やよい住宅		建設 ⟷ 入居						
かみちょう 住宅1号館				建設 ⟷ 入居				
かみちょう 住宅2号館、 3号館						建設 ⟷	入居	
道路・緑地 工事				A地区 ⟷	B・C地区(仮設含む) ⟷	⟷		D 地区 (緑地含む)

7. 的確な評価・検証が事業成否のポイント

　密集市街地の整備は、整備後だけを見ると「普通のまちではないか」という印象で終わり、変化に気づかないのが常である。

　しかし、当地区の整備後の姿は「整備前はどうだったのか」と思わず尋ねたくなるような興味を抱かせる（図 11·9、11·10）。

　当地区は、独特な地形と市街化の過程から由来するまちの生業、まちへの愛着、そこから生まれる人情味と豊かなコミュニティなど、地区周辺と一線を画する地域力があった。さらに地主、借地人、借家人の利害を超越した地区の文化とも言える運命共同体的意識の醸成が、防災まちづくりの潜在的な底力であったと考えられる。

　この地域力に加えて、行政の熱心な働きかけとそれを後押しした UR、専門家の提言、まちづくり協議会の活動とその運営を支援するコンサルタントなど、多様な主体による集中的なマンパワーの投入が、事業遂行上の推進力となり、

（a）従前 （b）従後

図 11・9 当地区を北側から見る

（a）従前 （b）従後

図 11・10 当地区の中央部から南側を見る

特筆すべきまちづくりを成し遂げた。

　事業成否の分岐点は、検討委員会による整備計画の見直し、それを実現する事業スキームを構築した点にある。そして、多様な主体の問題意識とその解決に向けた行動が、有機的に連携した結果だと思われる。

　密集市街地の整備にあたり、地区の特性と課題の正確な認識、住民の問題意識と行政の決意などを、まちづくりを考える際の与条件として捉え、地区に応じた適切で実現可能な計画や手順、手法を見極める、「整備の必要性、可能性、波及効果」を評価・検証することでまちづくりの出発点とする姿勢が何よりも重要と考える。

3.12

京島三丁目地区 | 2010 〜 2013

東京都墨田区

**権利者の動機を読み解き、生活再建策の多様化で対応した
共同建替え**

　都・区が長年にわたり取り組む密集市街地整備の老舗地区において、地区状況と権利者
の動機の読み解きから、借地エリアを含んだ事業スキームを構築し、多様な生活再建策と
粘り強い対話で実現に導いた防災街区整備事業の貴重な事例である。

1. 立地と市街地特性

　東京都墨田区、東京スカイツリー
の北東に位置する京島地域は、京成
押上線京成曳舟駅を最寄駅とする東
京の密集市街地の東の横綱と称され
る路地のまちである。

　防災危険度は極めて高く、東京都
「地域危険度測定調査」（2013 年）の
総合危険度で、三丁目が都区内 3 位、
二丁目が 6 位にランクされている。
これは、この一帯が関東大震災も戦
災も免れ（p.8）、都市基盤が田畑や

図 12・1　京島三丁目地区の位置

沼地時代のまま、戦後に住民や町工場が流入し市街地化したことに由来する。
そして密集化した状況（敷地の狭さ、接道不良、権利の輻輳など）が建物更新
の停滞を招いてきた。まちづくり目標の一つに「人口の定着」が掲げられてい
るが、人口は 1970 年から 2013 年の間に半減している。これは住環境の改善が
今でも課題であることの表れと言える。

　一方で、京島はさまざまな地域資源が残る地域でもある。昔ながらの商店街、
路地の入り組む街並み、町会・消防団・祭りなどの盛んな活動、近隣関係を大
事にする下町らしいコミュニティがよく保たれている。

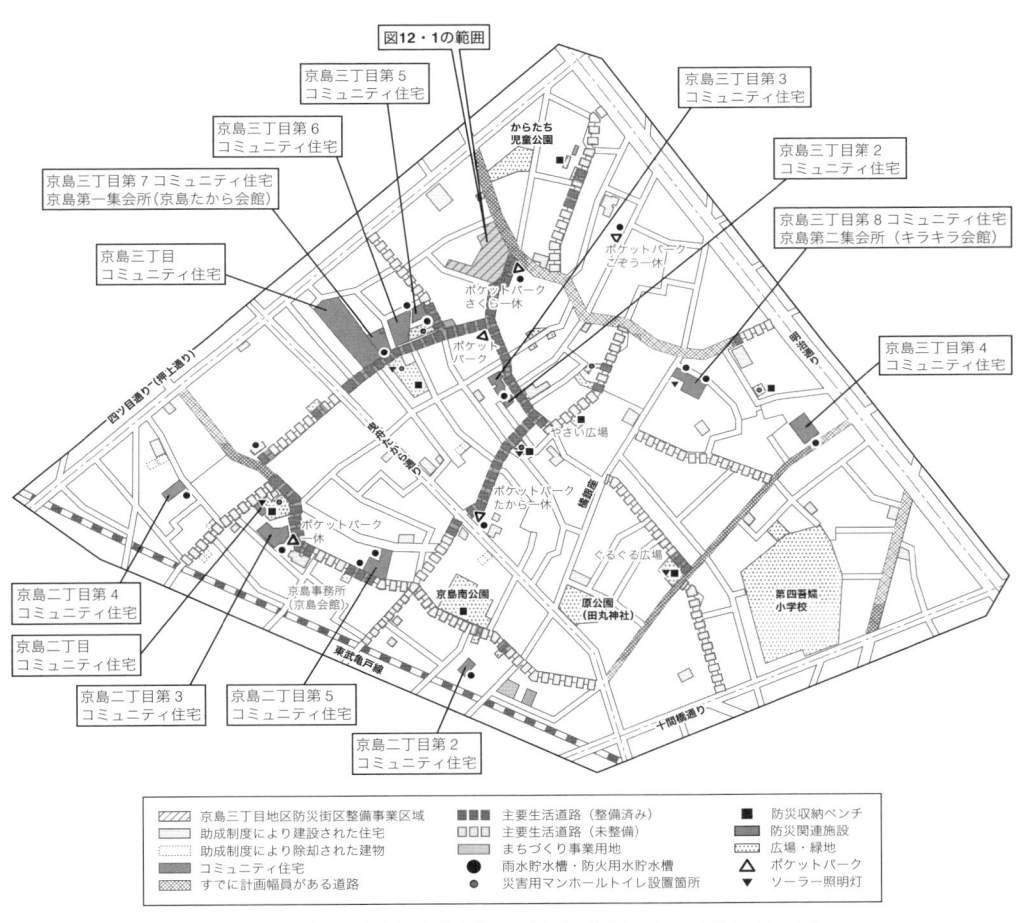

図 12・2　京島二・三丁目地区住宅市街地総合整備事業（密集型）整備計画図　約 25.5ha（提供：墨田区資料を一部加工（2016 年 3 月時点））

表 12・1　UR 都市機構の取り組み

項目	概要
防災街区整備事業の施行	京島三丁目地区防災街区整備事業（約 0.2ha）の実施により以下を整備 ・防災施設建築物（住宅 36 戸）の整備 ・個別利用区の敷地整備 ・主要生活道路（幅員 6m）、区画道路（幅員 4m）の整備

2. 密集市街地整備の動向と防災街区整備事業の検討

京島地区では、東京都および墨田区により密集市街地整備が30年以上にわたり進められてきた。当初の施行者は東京都で、1960年代から江東デルタ地帯の都市防災が進められた流れのなかで、1983年に京島二・三丁目地区として住環境整備モデル事業（当時）が導入された。これは、修復型の手法が導入されたものであるが、同じ区内の白髭東地区避難拠点整備が全面更新型で再開発されたのとは対照的である。そして、1990年から事業主体を墨田区に移し、整備計画（図12・2）に基づき、主要生活道路[注16]の拡幅整備（三丁目の「コの字型」道路など）、コミュニティ住宅[注19]の整備などを中心に、現在まで地道に改善の努力が続けられている。

本事例の検討エリア（図12・3）について、URが参画して検討が始まったきっかけは、区経由でURに敷地Aの取得を打診されたことであった。これを受けてURでは賃貸住宅・施設の導入を検討したが、事業の意義や成立性、権利者の事業への不安などから、実現にはさらなる検討が必要な状況であった。このようななか、2003年の密集法改正で防災街区整備事業[注4]が新設された。この制度は、都市計画に基づきながらも柔軟な区域設定、権利変換手法、個別利用区の設定を特徴とする。これを生かし、権利者に望まれ、整備効果も高い事業を検討すべく、周辺も含めた読み解きを進めた。

読み解きにより見えてきた検討範囲が、古い長屋の借家が立ち並ぶ民有地（敷地A、図12・4（a））、区の事業用地（敷地B）、そして借地ゾーンの北側エリア（敷地C、図12・4（b））を囲む図12・3のエリアである。特に北側エリアは、普通借地の上に敷地面積 $50m^2$ 程度の小規模な木造住宅が8軒建ち並び、通り側は大正末期の四軒長屋であった。居住者も高齢者が多く、自力更新を阻む要因が重なり合う状況であり、客観的な目で見ると、自力での建替え更新は難しく、事業による解決が必要

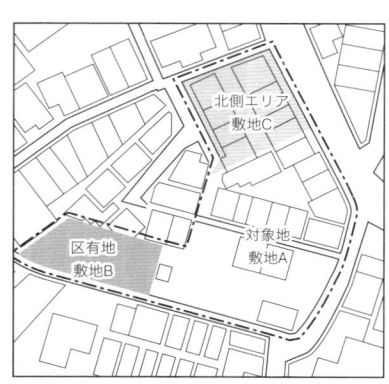

図12・3　検討エリア

(a) 敷地 A

(b) 敷地 C

図 12・4　従前の状況

と思われた。

3. 防災街区整備事業のスキーム構築

（1）権利者動機の仮想：個別利用区における借地権整理の潜在ニーズ

　地区の読み解きにおいては、事業の必要性に加えて、権利者の側に参加する動機が見込めることがポイントとなる。権利者が自己負担しながら共同で建替えるとなれば、なおさら権利者自身の動機が拠り所となる。このように動機を仮想するなかで着目したのが「借地」であり、北側エリアであった。

　借地（普通借地）は京島を含む東京の東側では一般的に見られ、土地の所有と利用を分離できる権利形態である。一方で、契約更新のつど地主・借地人の利害調整が欠かせず、特に相続が生じた後の利害調整は重荷となる。また、建替え更新には地主の承諾が必要で自由にできない。

　北側エリアは、借地に加えて、建物も共同性の強い長屋を含んでおり、資産の自由度は極めて低い。このため、地主、借地人双方にとって潜在的に権利関係を整理したいという動機が見込めると考えた。そして、区有地という資源に防災街区整備事業で新設された「個別利用区」を組み合わせれば、借地に対して、以下のような新たな提案ができると考えた。

・個別利用区を活用し、従前と同じ戸建て利用を選択肢にする
・普通借地は事業のなかで解消し新たに定期借地を設定する。従後の権利割合がより小さいため、自己負担を軽減できる（図 12・5）
・定期借地を区有地に設定して権利の安定を図り、直接移転にも対応する

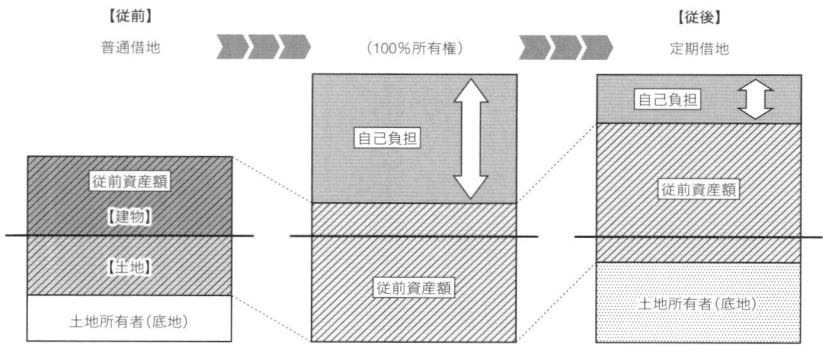

【従前】
普通借地 → （100%所有権） → 定期借地 【従後】

図 12·5　従前借地人の負担のイメージ

　このスキームでは借地権付きの土地となる底地をだれが担うかが課題になるが、これを墨田区が担うことで将来の安定性を確保できた。区が踏み切った背景には、借地の建替え促進は地域にとって共通的な課題であり、そのモデルになればとの期待があった。

（2）道路ネットワーク構築への寄与

　さて、北側エリアを取り込み、建替えをより促進する方向が見えてきたが、都市計画に位置づけるための事業意義も課題であった。この点では、当街区が道路ネットワークの結節点に位置していることが手掛かりとなった。地区内の主要な生活道路（幅員 8m）2 本はここで最も近接している。この両路線を繋ぐ優先整備路線 21 号線の拡幅（幅員 6m）は、道路ネットワークにおいて重要かつ効果的である（図 12·6）。加えて、結節点に面する建物の不燃化・堅固化は、避難安全性の確保や延焼遮断に大きな効果が期待できた。

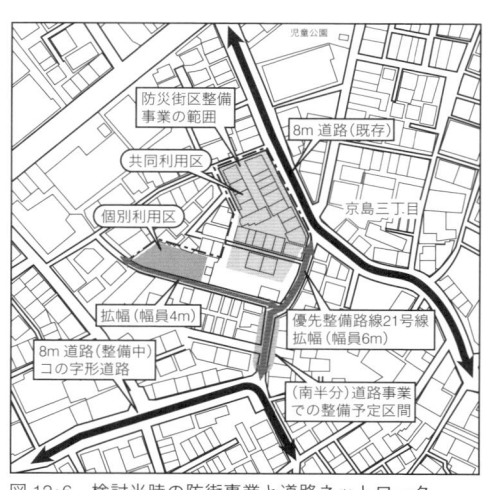

図 12·6　検討当時の防街事業と道路ネットワーク

218

（3）事業の基本方針と生活再建の選択肢

以上の検討から図12・6の事業検討範囲と下記の事業方針を定めた。

・権利者が「地域に住み続けられる」ことを第一に、生活の向上や将来の安定というバリューアップを目指し、きめ細かい選択肢を提案する

・権利者の経済的負担だけでなく、手間などの負担軽減にも配慮する

・建物は周辺との調和を重視し、高度利用や容積率アップを前提としない

そして、このスキームによれば、区の協力の下、権利者（所有者と借地人）に対して次のような多様な選択肢を示せることとなった。

①共同利用区（集合住宅）への移転（所有権）

②個別利用区（戸建て的な利用）への移転（定期借地権）

③転出による区のコミュニティ住宅への入居

④転出により自らで移転先を探す

さらに、⑤現状のまま事業に参加しない、という選択肢がある。

4. 権利者へのアプローチと事業への合意形成

（1）権利者との意見交換会の開始と中断

防災街区整備事業のスキーム案ができたことを受け、区とURで共同して権利者への打診と意向把握を始めた。はじめに土地所有者からは、あくまでも現地居住者の協力を前提に前向きな意向が示された。続いて、いよいよ北側エリアの借地人との意見交換を2006年に開始した。「住み続けられる工夫」を凝らした提案であり、前向きな反応を期待する反面、初耳となる借地人にどう響くのか心配もあった。

意見交換会を2回開催した段階で、これ以上話を聞かなくてよいとの申し入れがあった。どうやら、「住み続けられる工夫」の全体像を伝えきる前に、開発のために自分たちを移転させる話と受け止められてしまったようである。

一旦閉ざされた権利者の気持ちにどうアプローチするのか、ここから試行錯誤が続いた。個別訪問では、現状に強い危機感をもつ方、現状が当たり前と思う方、現在の場所に強い愛着がある方など現状認識はさまざまであったが、1年以上にわたる個別訪問の末、何とか意見交換の再開に漕ぎつけることができた。

（2）意見交換のあり方を再考する

再開に当たり、意見交換のあり方を根本的に考え直した。狙いは、区・URの提案や説明を聞いてもらうよりも、権利者自らが客観的な問題に気づき、判断できる状況をつくることだった。北側エリアは、同じ借地関係にあり、うち4件は長屋で繋がる運命共同体である。まずは、自分たちの生活や将

図 12・7　意見交換の様子

来を話し合う場、と実感してもらうため、隣どうしで互いの声を聞き合うことから始めてもらおうと考えた。その工夫として、地域に長年関わる専門家にファシリテーター役を担ってもらった。

そして、何よりも場の空気を変えるには、事業者側が意識を変える必要がある。練り上げてきた事業スキームは一旦忘れて、権利者の声を聞くのに徹することにした（図 12・7）。

こうした思いが通じ、少しずつ対話が進むと、事業への警戒心よりも、自分たち自身の現状・将来の問題や希望を持てる方法に目が向き始め、当事者としての意識が芽生えていった。振り返ってみると、ここが重要な転換点であった。

（3）権利者の多様な選択を尊重した合意の形

当事業では、先の経緯もあり、権利者と丁寧に対話を重ね納得して参加を判断してもらう姿勢で臨んだ。その一つの表れとして、「事業に参加しない」も選択肢としてフラットに扱うこととした。区域を柔軟に設定できる防災街区整備事業ならではだが、事業の経済性よりも納得が先と考えた。

UR側でも現地密着の体制をとり、担当部署を現地に近い再開発の事務所に移した。これで対話がより密になり、さまざまな場面を通じた地元の人的繋がりが権利者との距離を縮めることに繋がった。

こうして十分な時間をかけて話し合い、権利者それぞれが望む選択をした結果、2009年に、検討範囲の一部を縮小して事業実施の合意ができた（図 12・8）。北側エリアの借地人と意見交換を始めてから4年半が経過していた。

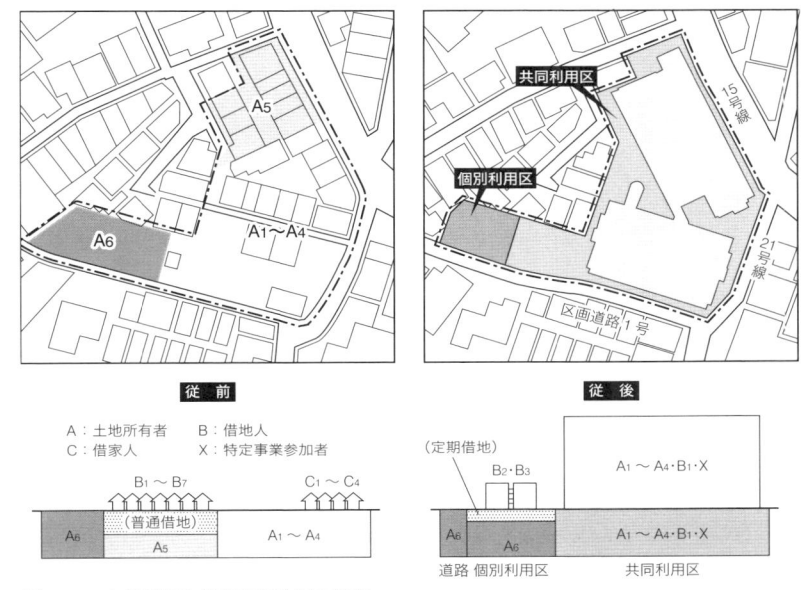

図 12·8 土地利用と権利変換計画の概要

　権利者の選択を見ていくと、共同利用区、個別利用区、コミュニティ住宅、外部転出、そして事業に参加しない、の用意した選択肢（p.219）のすべてが選ばれたが、全員が京島という「地域に住み続ける」結果となった。

　何よりも権利者の背中を押したのは「地域が良くなるために」という思いであった。京島には、互いを大切にするコミュニティ意識が息づいている。それが満たされることが権利者にとっての価値となり、動機になったように思われる。

5. 防災街区整備事業の施行

（1）事業スケジュール

　個別利用区を先に建設し、直接移転後に従前建物を除却し、共同利用区を建設する段階整備により、権利者の移転の負担を軽減した（表12·2）。

表 12·2　主な事業の経緯

2009 年	11 月：都市計画決定
2010 年	8 月：事業計画認可
	9 月：指定宅地公告（個別利用区）
2011 年	2 月：権利変換計画認可
	7 月：個別利用区引渡し
2012 年	5 月：共同利用区建築工事着工
2013 年	7 月：工事完了公告・引渡し

（2）防災施設建築物（共同利用区）の計画

　設計においては、「地域の防災性を高める（安全・安心）」、「既存のまちと調和する（景観）」、「環境に配慮したデザイン（環境）」の三つをコンセプトとした（図 12·9）。

　「安全・安心」としては、避難路（後述）や防災備蓄倉庫を設け、避難路を通行可能とするためセキュリティは建物内部で完結させた。「周辺との調和」としては、まちに対して開いた空間づくりを目指し、南面する 1 階部分にリビングアクセス住戸（図 12·10）を配した。「景観・環境」への配慮としては、建物をA 棟と B 棟に分け、圧迫感の軽減や風の通り道を確保した（図 12·11）。

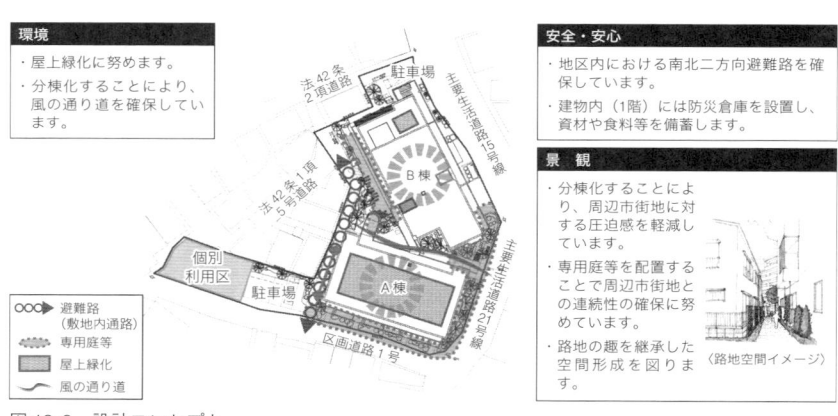

図 12·9　設計コンセプト

図 12·10　拡幅道路とリビングアクセス住戸

図 12·11　B 棟外観

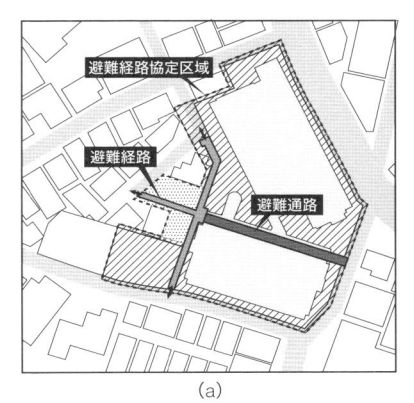

(a)　　　　　　　　　　　　　　　(b)

図 12・12　避難経路協定の位置づけ(a) と完成時の状況(b)

(3) 避難経路協定の認可

　当事業では全国で初めて、密集法に基づく承継効（所有者が代わっても従後の所有者に効力が及ぶこと）のある「避難経路協定」の認可を受けた。従前、隣接する区画との間に 2 項道路があり、これを廃止した機能の代替と隣接地への環境配慮を兼ねて、共同利用区内に避難路（図 12・12）を設けた。そして、法に基づく隣接経路協定を締結した。

(4) 個別利用区の計画と密集法の扱い

　借地対応を想定して設定した個別利用区には、借地人 2 者が移転した。当スキームでは底地権者が入れ替わるが、土地の権利変換では借地権は底地とセットで扱われるため、借地人は一旦転出したうえで、施行者から定期借地権を特定譲渡した。

　また、法令は個別利用区の最低敷地面積を 100m² と定めているため、従前宅地の権利が狭小な場合には活用に一工夫が必要となる。このため、二重壁の連棟建物とすることで、法に適合しつつ、独立性と将来の可変性を確保した。実務としては、権利者が建設するにあたり、UR がハウスメーカーとの間に入り、2 世帯間の調整、設計仕様、一棟二世帯の契約書、登記、共用箇所の管理ルールなど全般にわたり調整して実現に至った。

6. 事業の推進体制

（1）保有床処分の事業協力者

　保留床の確実な処分は、小規模な事業に共通する大きな課題である。当事業では早期に体制を確立するため、都市計画決定前に「特定建築者」[注35]を公募したが、事業者が現れなかった。リーマンショック後の市況の不透明さや事業手続きのリスクに対し、立地条件や販売戸数の少なさ（27戸）が見合わないという評価であった。これを受けて、床の取得・販売を担う「特定事業参加者」とすることでマンションデベロッパー以外にも参画の可能性を広げ、公募を経て事業者を選定し、保留床を処分することができた。

（2）墨田区との協力関係

　当事業の多様な選択肢は、各関係者の協力と連携で実現したが、特に墨田区とは密接なコミュニケーションをとった。最たるものは、区が個別利用区の底地をもち定期借地権を設定させるスキームである。また、コミュニティ住宅の斡旋や補助金の導入も事業成立の要因となった。そして何より、長年培われた区に対する地域からの信頼は、やはり代えの利かないものであった。

7. 防災街区整備事業の効果と連鎖的展開

（1）若い世代の転入を促進した事業の効果

　防災面では、京島地区の不燃領域率[注17]が1％程度向上(UR試算)し、避難経路協定により周辺の避難安全性も向上する効果があった。また、優先整備路線21号線の6m拡幅は、当事業による整備に加えて、残る部分を区が道路事業で買収を進めて完成し、道路ネットワークの大幅な充実が達成された（図12・13）。

　そして、分譲住宅には新たな住民を迎え入れた。購入者のうち、区内からの移住者が8割、30代までの世帯が6割を占めた。この結果は、当地には若年層に適した住宅があれば需要が確実に存在することを示している。新旧住民により、京島らしい新たなコミュニティが育まれることを期待したい。

（2）事業の波及効果と連鎖的な展開

　当事業の波及効果として、事業により拡幅された道路沿いで、数件の戸建て

| (a) 整備前 | (b) 整備後 |

図 12·13　拡幅した道路

住宅の建替えや改修があった。また、当事業に刺激を受け、複数の箇所から、防災街区整備事業を検討する意向が生まれている。このような動きは、まさに連鎖的展開として期待しているところである。

　さらに、京島地区内では、東京都が施行している都市計画道路の整備が進められ、UR も新たな土地取得方法である「木密エリア不燃化促進事業」[注18] をツールとして活用しながら、連鎖的な展開に取り組んでいる。

　少し長い目で捉えると、UR は曳舟・押上周辺で、団地建設、土地区画整理事業、再開発事業などを連綿と続けてきたが、これが当事業に粘り強く取り組むうえで大きな力を与えた。当事業もこの大きな連鎖の流れのなかで実現に漕ぎつけることができたと言える。

（3）地域を尊重する漸進的な合意のあり方

　当地区の防災街区整備事業は、法定事業の側面と、全員同意を前提とする任意事業の両方の特徴をもつ。まず、借地を含む複雑な権利を円滑に扱い、多様な選択肢を示せたのは、法定事業と密集事業の効果である。

　一方、自力更新が困難な状況に対して、権利者の動機と意向に寄り添い、時間がかかってもそれを実現しようとした進め方は、合意を重ねながら漸進的に進める修復型のまちづくりらしい取り組みと言える。このような姿勢が、最終的には地域を大切にする権利者のマインドと合致したことが実現の決め手になったように思われる。

> 3.13

大阪府門真市

門真市本町地区 │ 2003 ～ 2013
ほんまち

市との緊密な連携と柔軟な事業区域設定により実現した防災街区整備事業

門真市北部 461ha に広がる密集市街地の西側に位置する当地区において、UR は市と緊密な連携のもと、市有地を活用した防災街区整備事業を実施した。合意形成を円滑にするため柔軟に事業区域を設定するなど工夫し、消防活動困難区域の縮減や延焼遮断帯の形成を図った。デザインにも配慮しながら落ち着きのある街並みが形成された。

1. 立地と市街地特性

当地区は、門真市の北西部にあり、京阪本線西三荘駅より南東に 200m の位置にあり、大阪モノレール門真市駅からでも約 600m である（図 13・1）。

門真市市域は国内有数の電器産業の拠点地域となっているが、当地区周辺は老朽木造住宅や狭隘道路が多く存在し、消防車の侵入を阻み消火
活動ができない「消防活動困難区域」注23 が、広範囲にわたり存在し、

図 13・1　門真市本町地区の位置

災害時や火災時に延焼する危険性の高いエリアが広がっている。

門真市本町地区では 1999 年ごろから 2004 年にかけて、地区内にあった木造平屋の市営本町住宅を対象に市による建替え事業が実施され、地区内には建替え跡地として市有地が残っていた。また、地区中央部には 1960 年代から公設市場として使用していた土地が長期間空地となっていた。地区の西側には、道路に面して権利者が所有していた貸家が 5 棟、地区の東側には別の権利者が所有していた貸家が 2 棟あり、これらの老朽化が進んでおり、公共施設の拡幅および地区内建築物の不燃化が急務となっていた。

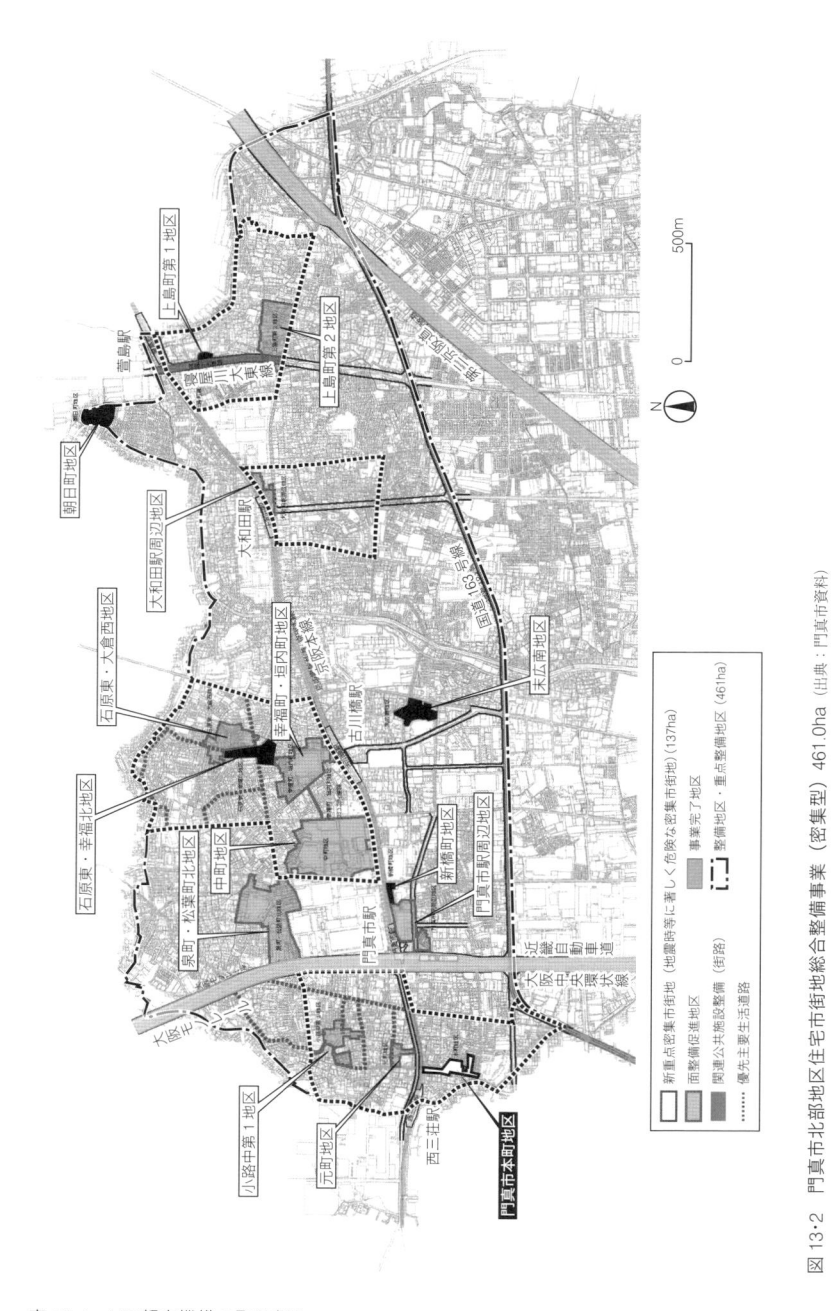

図 13・2 門真市北部地区住宅市街地総合整備事業（密集型）461.0ha（出典：門真市資料）

表 13・1　UR 都市機構の取り組み

項目	概要
防災街区整備事業の施行	門真市本町地区防災街区整備事業（約 0.5ha）の実施により以下を整備 ・防災施設建築物（分譲住宅 34 戸）の整備 ・個別利用区の敷地整備 ・防災道路（幅員 6.7m）、区画道路（幅員 4.7m）整備

2. 事業候補地の抽出と柔軟な事業区域設定

当地区においては、「未利用地の存在」と「事業区域の設定」が事業成立のポイントとなった。

1点目の「未利用地の存在」については、市が1999年ごろから密集市街地解消の意向を大変強くもち、市内部でも貴重な市所有の未利用地（市営住宅跡地と公設市場跡地）を活用する方針があったことが非常に大きかった。市は未利用地を活用して、事業区域北東方向に存在する消防活動困難区域を、防災道路（幅員6.7m）の整備により早期解消することを喫緊の課題としていたのである。

2点目の「事業区域の設定」については、未利用地に隣接する敷地を含めて、早期に整備改善と合意形成が得られる区域を重視し、公共施設の整備上、はずせない最小限のエリアに限定し、事業区域の候補地とした。

これら未利用地と現状の老朽木造賃貸住宅の建替え意向をもつ権利者5名を含めて柔軟に設定した結果、事業区域は地形地物にとらわれない不整形なものとなった[*1]。

3. 防災性の向上と市場性のバランスのなかで

URが市から事業化検討業務を受託し事業化に至るまでの約5年間、権利者の意向把握・協議を市が、事業計画などの技術的検討をURが実施するという役割分担の下、後段に述べる多角的な視点で整備手法や計画フレームの検討を行った（図13・3）。

密集市街地の防災性能を高めるためには、避難や消防活動に有効な道路整備と併せて、耐火建築物（RC造の集合住宅など）を一定規模以上で整備することが最も効果的である。しかしその一方で、集合住宅よりも戸建て住宅のほうが、地価負担力（市場流通性）が高いという地域性もあり、当事業区域では、この相反する事象を満たすまちづくりが求められた。

[*1]：特定防災街区整備地区：都市レベルの観点から防災機能を確保すべき地域地区について、建築物への防災上必要な制限（建築物の構造に関する防火上の制限など）を課す。防災街区整備事業の施行要件になっている【防災街区整備事業ハンドブック　社団法人全国市街地再開発協会より】。また、当地区では、防災街区整備事業の事業区域と同様に不整形であるが、特定防災街区整備地区の形状・地区界の設定については、国土交通省都市計画運用方針に『整形であることは必ずしも要さず』と記載されている。

(a) 検討当初のフレーム

権利者が権利変換を受け、賃貸住宅経営を継続することを想定し、共同利用区を設定

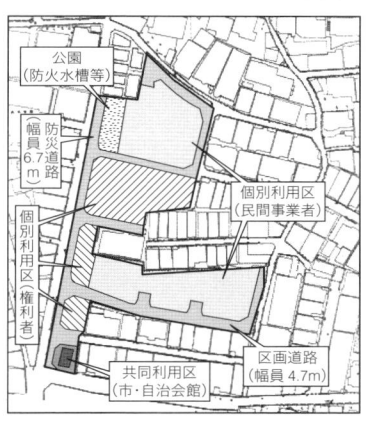

(b) 現最終形フレームの対案

最低限の防災機能を確保し、市費の負担を極力抑えるため共同利用区を最小限に抑える

(c) 現最終形フレーム

・一定の防災機能を確保

・集合住宅と一戸建住宅をミックスすることで若年層世帯から高齢者世帯まで多様な住い手を確保する

・公園の位置を変更

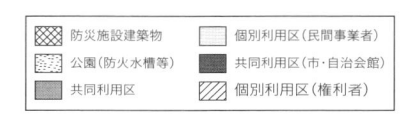

図 13・3　フレームの変遷プロセス

そして、権利者の意向にも柔軟に対応しつつ、求められる防災性向上（道路、耐火建築物の整備）と戸建て住宅用地の確保（戸建て優位の地域性）の総合的な整備が可能な手法として、防災街区整備事業[注4]（以下、防街事業）が選定されたのである。

　事業フレームは、最終的には、戸建て住宅と一定規模の防災施設建築物（集合住宅）をミックスすることで若年層世帯から高齢者世帯まで多様な住まい手を確保し、地域の活性化を図るという現最終形フレーム（図13・3c）となったが、その過程でさまざまなフレームを検討している。最初は、権利者が賃貸住宅経営を継続することを想定したフレーム（図13・3a）を検討したが、権利者は個別利用区への権利変換を希望した。そこで自治会館のみを最小限の防災施設建築物（耐火建築物）とし、残りを個別利用区として整備するという、市の財政負担を極力抑えた対案フレーム（図13・3b）も提案した。そして市とURで検討を重ねた結果、中期的な税収で投資回収できるという市の収支構造により最適な最終形に落ち着いたのである。

4. 事業成立のポイント

　事業化検討当初、防街事業による公共施設整備に係る補助率は、「国と地方公共団体で2/3、残り1/3は施行者負担」というルールであった。しかし、このルールでは事業採算性の確保は困難であった。

　国と協議しつつ、府・市・URは、「①市有地をURが取得」「②取得地の一部を道路形状の個別利用区に権利変換」「③道路形状の個別利用区を市が取得」「④市が住宅市街地総合整備事業[注7]（以下、住市総）で道路整備（URが受託）」という、特殊スキームも模索していた。

　そんな折、2009年度の防災街区整備事業の制度拡充により、組合（個人施行者やURを含む）などが実施する公共施設整備の補助率が「国と地方公共団体で10/10」となった。府からの強い要請もあり、当拡充制度を活用することとなったのである。

5. 良好な景観形成誘導と将来への布石

　事業化にあたっては、周辺の街並みと調和しつつ、住宅市街地として良好な景観形成を図っていくことについても意識した。

　関西の密集市街地の街並みに共通する話であるが、当地区も、2～3階建ての木造住宅（敷地面積 70 ～ 80m²）が主流であった。3階戸建て住宅の勾配屋根の高さは概ね4階建てマンションの高さと同レベルになることから、当事業では周囲の街並みとの調和を図るために、防災施設建築物は4階以下にし、圧迫感を極力抑えることを目指した。また、都市計画でも施設建築物の敷地面積の最低限度は 1,000m² と定め、将来の敷地分割を防止すると共に、壁面後退 1m を義務づけている。また個別利用区の敷地面積の最低限度は 100m² と定め、ワンランク上の戸建て住宅供給を目指した。さらに、任意ではあるが建物の外壁や屋外工作物などの色彩、デザインに一定のルールを設け一般権利者と協調して景観形成を図ることも目指した。

　後述するように、結果的には事業者公募が困難を極めたことから、施設建築物を4階建てから5階建てに見直さざるを得なくなったが、住棟北側および西側に配置する4住戸分を4階に抑えるなどの工夫に対して権利者・事業者の理解

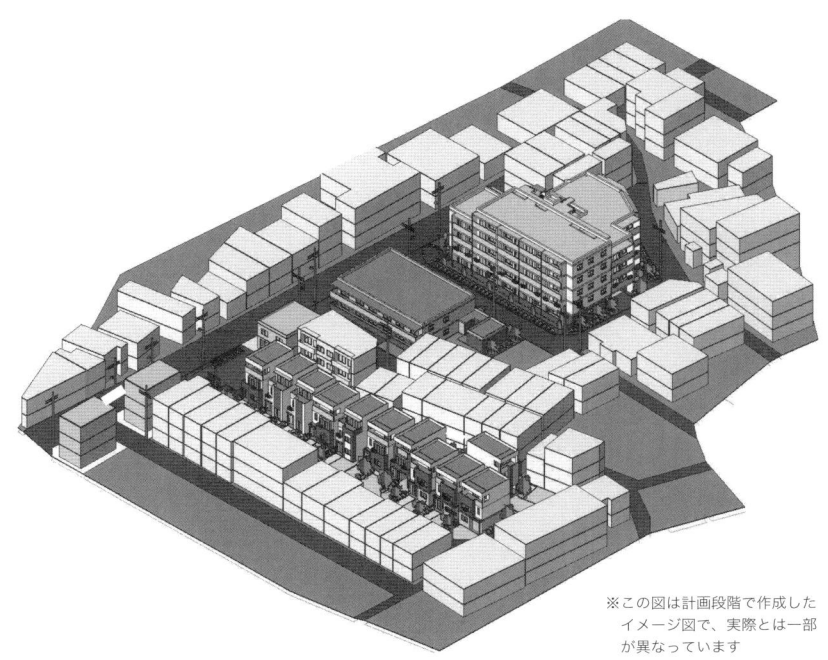

※この図は計画段階で作成したイメージ図で、実際とは一部が異なっています

図 13・4　計画段階で作成したイメージ図

を得、周辺戸建て群とおおむね一体的な景観を形成することができた（図 13・4）。

これらはあくまで事業区域だけのスポット的な取り組みに過ぎないが、地区の先導的なモデルとなり周辺にも波及していくことを期待している。

6. 民間事業者の募集

当事業は、防災施設建築物と個別利用区の用地を取得し、分譲マンションと戸建て住宅の建設・販売を担う民間事業者を見つけるうえでの困難が想定された。新規住宅需要の低い立地であることに加え、集合・戸建て住宅の供給規模が共に小さいからだ。事業化検討当初は、マンションを得意とする民間事業者と戸建て住宅を得意とする民間事業者とをそれぞれ選定するほうが、用地を高い価格で処分*2できると考えていた。しかし複数の民間事業者にヒアリングをかけたところ、予想以上にマンション需要が少なく、戸建て用地と併せて1者に一括で譲渡する必要があると考えた。結果的に事業区域のデザインの統一が図られたという効果もあった（図 13・5、13・6）。

また、当事業の防災施設建築物はすべて保留床（＝個人権利者の権利床が存しないので、建物全体での商品企画が可能）であったため、設計か

図 13・5　防災施設建築物（分譲マンション）

図 13・6　個別利用区の戸建て住宅

＊2：UR から民間事業者に土地を譲渡すること。民間事業者は取得した土地にて住宅などを建設しエンドユーザーに販売するなどの事業を行う。

ら建設・販売まで、民間事業者のノウハウ・資金をフルに活用できる特定建築者[注35]（以下、特建者）制度を導入した。ところが、事業協力者を公募してみると事前ヒアリングで複数社の参加意欲が表明されていたにもかかわらず、応募者が現れなかった。2008年のリーマンショックの影響で、民間事業者が一気に慎重姿勢をとったのである。

急遽再ヒアリングをかけて不参加の要因分析を行い、公募条件を防災施設建築物を4階建て以下から5階建て以下に緩和するなどし、事業性を高めて再公募を実施した結果、なんとか1者の参画を得ることができた。

7. 事業実現の鍵

当事業は、住市総と防災街区整備事業の連携により成し得た事業である。防災街区整備事業単独では、採算性の確保が困難であったため、住市総事業者である市と適切な役割・費用分担を行った。防災街区整備事業による支出を最小限に抑え、採算性を高め、共につくりあげた事業計画であった。

市の住市総のスキームは、土地所有者や建物所有者が自ら借地・借家権の解消および従前建物の除却を行い、市はそれらの費用相当分を建物補償費として支払うものである。これは、土地所有者が自らの采配で借地権を解消したい、あるいは、建物所有者が自ら借家人の移転交渉を目論む傾向の強い地域で理にかなっていた。また、行政側の限られたマンパワーでも住民主体のまちづくりを推進する一助となった。

更地化するまでの間、権利者の交渉ペースに委ねざるを得ず、スケジュール管理が難しいという負の側面はあったが、当地区ではこのスキームがあればこそ、合意形成ができたのである。

後に市の担当課長から、「既成市街地の再整備のため、市とURが人事交流を始めた1983年ごろ、UR出向者から事業手法や先進事例の紹介など、さまざまなアドバイス・協力で、市で初めて木造賃貸住宅密集地区整備事業などによる再整備に成功した。URの技術力の高さ、ノウハウの豊富さに感服し、機会があれば、またぜひ、URと事業をやりたいと思っていた」と明かされた。脈々と築かれてきた双方の信頼関係が事業実現の鍵だった。

8. 地元の理解と協力と工事管理の立役者

　当地区の特徴は、自治会の影響力が大きいことであった。自治会長は公益性を重視され、当事業による防災性向上に対する理解度が高く、UR も常に地元に顔を出し、調整・打合せを支援してくださった。事業の最後まで、自治会長に地元住民の協力を取り付けていただけたことは感謝に堪えない。当事業により建替えられた自治会館を訪問するたびに、自治会の方々が楽しそうに歓談している様子が見られることは、事業者冥利に尽きるところだ。

　また工事スケジュールを管理するうえでのポイントは、地下埋設管・電柱などの移設調整であった。幅員約 4m 未満の生活道路を 6.7m に拡幅整備したことにより、上下水道、ガス、電柱（関西電力、NTT、CATV ほか）すべての移設を行う必要があった（図13・7）。各施設管理者との施工スケジュール調整には UR も多大な労力を割いたが、宅地造成・公共施設整備工事の請負者が地元業者としての強みを生かして各施設管理者との協議・調整に力を発揮してくれた。また、施設建築物や権利者賃貸住宅など複数の建設工事とラップしたにもかかわらず、一般車両の通行障害を最小限にとどめ、工期内に完了させることができたのは

（a）従前　道路幅員約 4m 未満

（b）従後　道路幅員 6.7m に拡幅
図 13・7　道路の拡幅整備

特筆すべき点である。

　最後に、特建者においては、事業の柱である施設建築物と戸建て住宅の建設・処分を一手に担い、リーマンショック後の厳しい事業環境のなか、「うちは、単なる住宅建設事業ではなく、まちづくりに貢献できる事業に参画したい」という社長の当初の言葉どおり役割を果たしてくれた。両者の協力なしには事業をスケジュールどおりに完成することはできなかった。

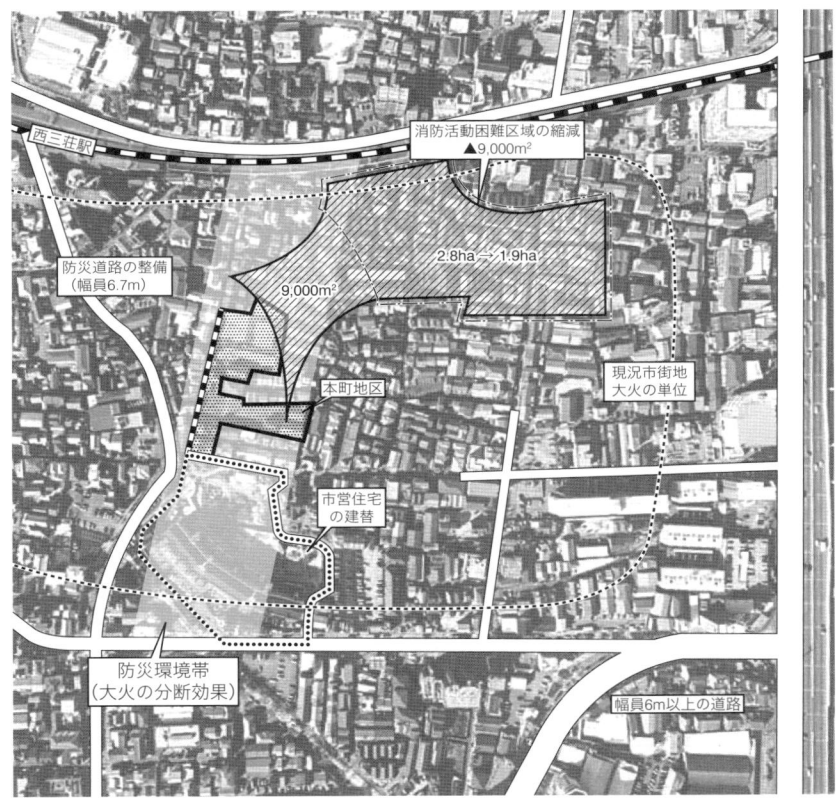

■延焼遮断帯の形成　　・防災道路の整備
　　　　　　　　　　　・耐火建築物による不燃化

図 13·8　地域防災性の向上

図 13·9　アースカラーを基調とした街並みと拡幅された道路

9. 防災性向上と街並み形成に時計台を添えて

　当事業により、当地区北東部に存在した消防活動困難区域約 2.8ha を 1.9ha に縮減すると共に（図 13·8）、2004 年に当地区南側に建替わった市営本町住宅（耐火高層住宅）と連担する形で、延焼遮断帯が形成され、地域の防災性向上に寄与することができたと言える（図 13·11）。また、地区内の建物や外構などのデザインルールを定め誘導したことにより、アースカラーを基調とした落ち着きある街並みが形成できた（図 13·9）。

図 13·10　竣工式典の様子

　2012 年 2 月 27 日、権利者、地元自治会、市、特建者、UR など関係者出席のもと、竣工式典を無事行うことができた。

　竣工の記念に、感謝の気持ちを込めて、住民の皆さんに有意義なものを提供しようと考え、自治会館のわきに事業レリーフをしつらえた時計台を寄贈させていただいた（図 13・10）。

　式典後の懇親会では、ほっこりとした雰囲気のなか、出席者全員、和やかに歓談することができた。

(a) 整備前（2006 年 9 月）

(b) 整備後（2012 年 2 月）

図 13・11　当地区の全景

> 3.14

東京都台東区
根岸三・四・五丁目地区 ｜ 2007〜2013

住民の意向を形にする事業手法の重ね合わせ

　住民の意向や課題に基づき、自治体と UR の連携により、土地区画整理事業による土地の再配置、道路事業による従前建物の補償の実施、従前居住者用住宅による借家人の受け皿住宅の提供と、重層的に手法を重ね合わせることにより、早期に整備を実現した事例である。

1. 立地と市街地特性

　根岸三・四・五丁目地区は、東京都台東区の北部に位置し、北側は荒川区に接し、その他は幹線道路に囲まれた地区である（図14・1）。根岸の歴史を紐解くと、平地の中の微高地として室町時代から集落が営まれ、江戸時代には街道が通り、別荘地としても栄えた。現在も多くの寺社があり、震災や戦災を免れたことから、古くからの道や町割りがよく残っている（根岸の町の成り立ちは、陣内

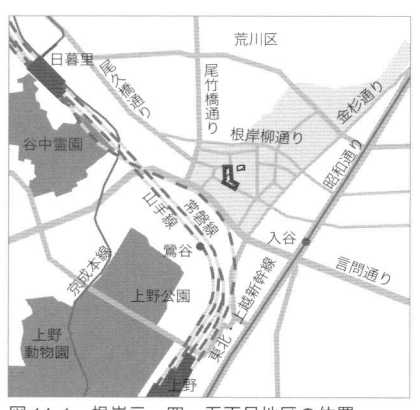

図 14・1　根岸三・四・五丁目地区の位置

秀信ほか著（1981）『東京の町を読む　下谷・根岸の歴史的生活環境』相模書房、に詳しい）。

　一方で、地区を囲む幹線道路の沿道では建替えやマンション化が進み、個性的な街並みは徐々に失われつつある。また、市街地の内部はこれまで基盤整備をする機会がなかったため、狭い道路や行き止まりも多く、古い木造住宅も多く残るなど、防災上の課題を抱えている。

図 14・2　根岸三・四・五丁目地区住宅市街地総合整備事業（密集型）33.2ha 整備計画図
（出典：台東区資料を一部加工）

表 14・1　UR 都市機構の取り組み

項目	概要
土地区画整理事業の施行	土地区画整理事業（約 0.3ha）の実施により以下を整備 ・防災区画道路 B 路線（幅員 5m）、防災区画道路 C 路線（幅員 4m）
道路整備（受託）	防災区画道路 B 路線（幅員 5m）の整備
従前居住者用賃貸住宅の建設・管理	従前居住者用賃貸住宅（34 戸）の建設・管理

2. 道路ネットワーク構築に向けた B 路線の整備

（1） 最優先課題としての B 路線整備への UR の参画

　区は、2002 年から住宅市街地総合整備事業[注7]（密集住宅市街地整備型）に着手した（図 14・2）。そして、真っ先に防災広場〈根岸の里〉の整備に取り組み、2005 年度に完成した。この広場は、貴重な憩いの場を提供し、また防火水槽、備蓄倉庫や消防団が活動できる集会所を備えた防災活動拠点として整備された。併せて、広場の東西をつなぐ通り抜け通路が整備され、防災広場を中心とする避難路ネットワークの構築が始まった。本書で紹介する防災区画道路 B 路線（図 14・3）は、次のステップとして最優先の路線であった。

　UR は、2007 年から主要生活道路[注16]整備を支援する方針を打ち出し、同年 10 月に区とまちづくりへの協力協定を締結して当地区の検討に参画した。最優先課題は、防災区画道路 B 路線の南側区間の行き止まり解消と拡幅を具体化することであった。

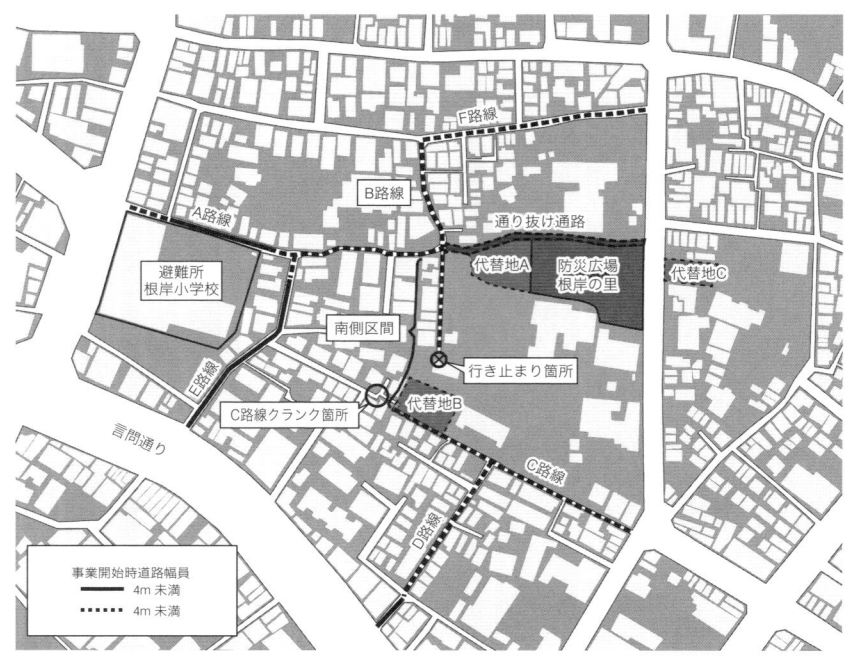

図 14・3　B 路線整備前の道路ネットワークの状況

| (a) 行き止まり箇所 | (b) 沿道建物の状況 |

図 14・4　整備前の B 路線

　B 路線は、北半分が S 字状で車両通行がギリギリの区間、南半分が 3m 弱の幅員に老朽木造住宅やアパートが建ち並び、南端は行き止まりであった（図 14・4）。行き止まりの接続先となる C 路線も幅員 4m 弱で、中央部にクランク箇所があり自転車一台がようやく通れる状態であった。このように、三丁目の中央部では道路ネットワークが寸断され、緊急車両の進入も困難な状況であった。

（2） 地域にとっての B 路線整備の意義

　B 路線の整備は、区と UR が最優先と捉えていたのみならず、地域住民からも望まれるものであった。ここが通り抜けられるようになれば、防災面では、防災広場への避難路ネットワークができ緊急車両が進入できる。日常においても東西南北が連絡し、街区内部に安全な歩行者ネットワークができて利便性が大幅に向上する。さらに行き止まりから生じる防犯上の不安も解消される。

　このように、B 路線の整備は総論として前向きに捉えられるものであった。したがって、問題は各権利者の生活再建の見通し、特に多数の借家人への対応方策を描き、事業計画を立案する具体論であった。

3. B 路線の関係権利者の意向と事業の方向性

　まず B 路線の整備対象区間（南側区間）は、土地は個人権利者 3 者と台東区が所有していた。そこに、いずれも築 40 年以上経過した木造住宅が 7 棟あり、借家人を中心に約 30 名が居住していた。特に、古い戸建て借家や昔ながらの木造賃貸住宅（風呂なし、共用トイレ、4 畳半の居室など）には多くの高齢者が居住し、低廉な家賃で長年にわたり住み続けていた。

土地所有者の意向 借家居住者への対応		土地の再配置 移転受け皿の提供		適切な事業手法の 選択・重ね合わせ

図 14・5　事業計画の組み立てプロセス

　次に、関係権利者の道路整備に対する意向であるが、個人の土地所有者は、道路整備には協力的であったが、現地に居住している借家人が円滑に生活再建できるかを懸念していた。そのうえで、土地所有を継続して新たに活用することを希望していた。

　そして、台東区はすでにこの区域内に複数の用地を保有しているため、既存の保有地を道路整備に活用したい意向であった。

　以上のような意向や状況を踏まえ、従前居住者が「地域に住み続けられる」選択肢を用意することを柱として、道路用地は土地の再配置により生み出し、借家居住者に対して移転受け皿住宅を提供するという方向性を定めた。続く問題は、それを実現するのに最適な事業手法を見出すことであった（図 14・5）。

4. 三つの事業を重ね合わせるスキームの構築

　前項の方向性を実現する事業手法として、道路法に基づく道路事業を骨格としたうえで、三つの事業を重ね合わせる事業スキームを構築した。

①道路用地を土地の再配置で確保するための「土地区画整理事業」[注5]
②道路認定による「道路事業」と従前建物の補償の実施
③借家人に受け皿住宅を提供する「従前居住者用住宅」の整備

（1）土地区画整理事業を活用した土地の再配置

　土地の再配置にあたっては、まず道路整備のために、区が保有している土地の一部を道路用地として再配置することとした。これにより、区は新たな財政負担を抑えることができる。

　宅地部分については各土地所有者の意向を踏まえて再配置することとした。土地所有者にとっては用地買収後に残地が狭小・不整形になるのを防ぐことが

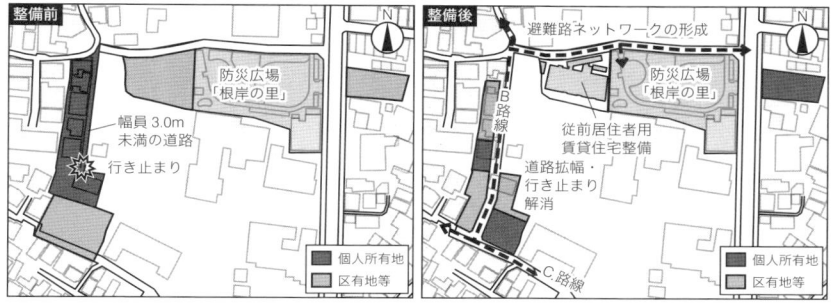

図 14・6　土地区画整理事業による土地の再配置

できる。

　次に、このような土地の再配置を実現する事業手法を検討した。権利者の固定資産を当事者間で任意に交換する方法が一般的であるが、すべての土地所有者の意向に沿うためには、複雑な土地交換が必要となり、交換時に発生する所有者の税負担が懸念された。そこで、敷地整序型土地区画整理事業[注38]（個人施行）を導入することとした。この手法により、複雑な権利の交換を法手続きにより一括し安定的に扱いながら、区の事業用地の一部を従前公共用地（道路用地）とすることで、土地所有者の負担となる土地提供（減歩負担）を抑制し、各権利者の意向に沿った再配置が可能となった（図 14・6）。

　密集市街地整備における土地区画整理事業の活用は、UR では世田谷区【太子堂・三宿地区】の円泉ケ丘地区（p.258）で同じ個人施行型の実績がある。個人施行型は、小規模な範囲にも活用できる手法である。ただし、事業の終了まですべての手続きに権利者の同意が必要となるため、この点に見通しがもてるのであれば、土地区画整理事業を有効なツールとして活用するのに道を開くものである。

（2）道路認定による「道路事業」と従前建物の補償の実施

　道路整備については、道路認定に基づく道路事業をベースとし、道路整備に伴う各種補償（建物所有者への建物移転補償、借家人への動産移転補償など）も道路事業として行った。また、補償金に係る課税の特例についても、税務署と事前協議を行って道路事業としての特例（譲渡所得に係る 5,000 万円特別控除など）の適用が受けられるよう調整し、関係権利者の税負担を軽減した。

（3）従前居住者用賃貸住宅の建設による借家人移転先の確保

　移転対象となる借家人は高齢者が多く、低廉な家賃負担で住み続けており、円滑な生活再建のためには受け皿住宅の確保が必須な状況であった。しかしながら台東区には区営住宅もなく、都営住宅を数十戸単位で確保する見込みも立たず、公営住宅もあっせんできない状況にあった。また、区自らによる新たな住宅建設も将来負担が多く現実的ではなかった。

　そこで、密集法改正で新設された制度を活用し、区の要請に基づき UR が従前居住者用賃貸住宅を建設・管理することとした。さらに区が UR から事業のために必要な戸数を借上げることで、密集事業への協力者に対して、各自の状況（所得）に応じた負担で居住できる仕組を構築した。

　このような形で、地域に住み続け、既存のコミュニティや生活圏を維持したまま移転できる選択肢を用意することができた。これらが借家人の抵抗感を大幅に和らげ、早期の合意形成に繋がった。

　以上の事業スキームは、区と UR がそれぞれの得意分野で力を出し合い整備を推進することで、三つの事業の調整においても一貫性のある対応が可能となった（図 14・7）。

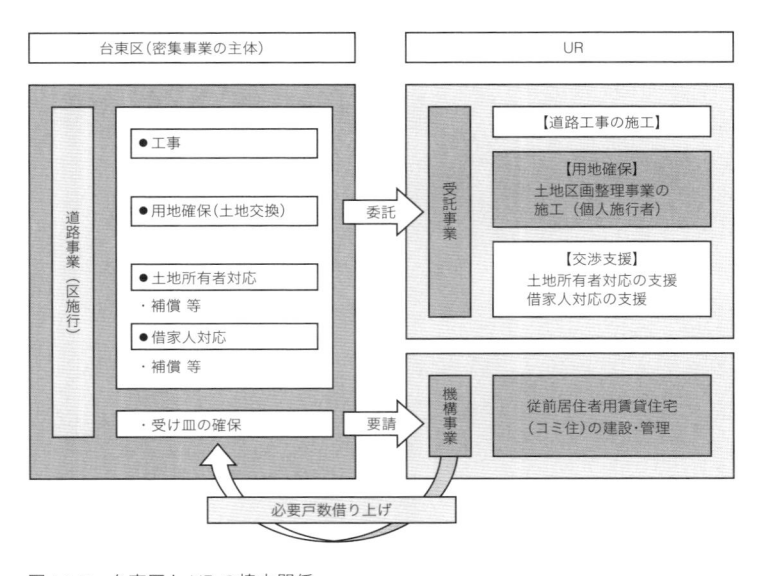

図 14・7　台東区と UR の協力関係

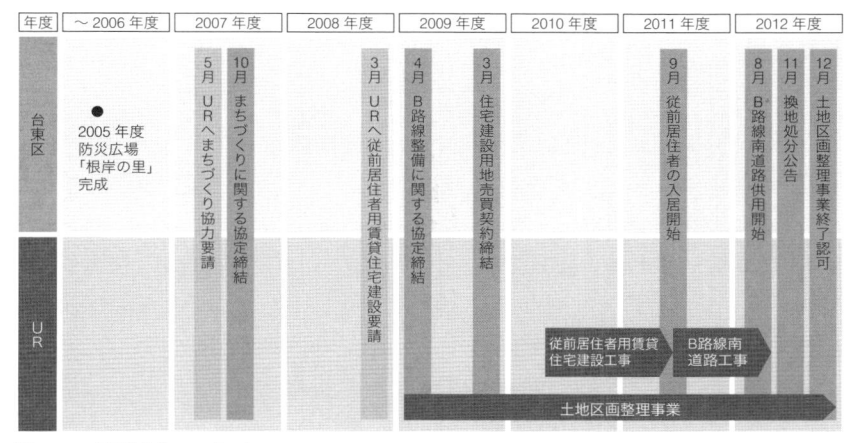

図 14·8　事業全体のスケジュール

5. 各事業の内容とプロセス

　こうして区・URが協力して事業を進めた結果、2012年8月には念願であった B 路線の行き止まりを解消することができた（図 14·8）。以下では、本スキームを構成する三つの事業の詳細なプロセスを見ていきたい。

（1）土地区画整理事業の施行

　区が UR に対して事業の実施を要請し、UR が個人施行の同意施行者となり、2009 年 5 月に土地区画整理事業の施行認可を受けた（表 14·2）。

　事業計画は、B 路線整備のために換地手法により敷地の整序を図るという目的に焦点を絞り、必要最小限で事業区域を設定（再配置対象の土地が飛び地であるものを含む施行区域）し、4 〜 5m の区画道路のみを公共施設整備の対象とした。特に、3 カ所の土地にわたる飛び施行地区であるのは特徴的である。また、個人施行の土地区画整理事業は、権利者全員の同意が必要となるが、区とUR が連携し丁寧な説明に

表 14·2　土地区画整理事業諸元

地区名称	根岸三丁目中央地区
施行者	独立行政法人都市再生機構（個人同意施行）
事業面積	約 0.3ha
事業期間	2009 年 5 月〜 2012 年 12 月
事業費	約 5,100 万円
公共施設	防災区画道路 B 路線（南区間）：幅員 5m、延長約 90m 防災区画道路 C 路線（一部）　：幅員 4m、延長約 30m

努めた結果、滞りなく B 路線完成後の 2012 年 12 月に終了認可を受けることができた。

（2）防災区画道路 B 路線の計画と道路整備の進め方

B 路線の道路線形は、西側への片側拡幅とした。これは、東側は寺院の多数の墳墓があり拡幅が難しいためである。

道路幅員については、密集市街地における主要生活道路の整備では 6m を標準としているが、当地区は沿道宅地の奥行きが小さく、道路の機能と残地の利用価値のバランスがとれる幅員を設定する必要があった。そのため、平常時に緊急車両が進入し円滑な消防活動が可能となる 5m に設定したうえで、電線共同溝を地下に設置して無電柱化する計画とした。

役割分担としては、区が道路事業の施行者として、UR が権利者との調整役や道路整備工事の工程管理を担った。

（3）従前居住者用賃貸住宅の整備

1. 住宅建設の経緯と借家人対応

従前居住者用賃貸住宅は、UR が建設・管理の主体となり、区が必要戸数を借上げて従前居住者に提供するスキームとした。

整備の手順としては、まず区から UR への実施要請を受け、2009 年 3 月に国から従前居住者用住宅建設の整備計画が認可された。続いて UR が区から用地を取得し、2010 年 7 月に工事着工、2011 年 9 月には 34 戸の従前居住者用賃貸住宅〈コンフォール根岸〉が竣工した（表 14・3、図 14・9、14・10）。

借家人への移転説明は、これまで居住していた戸建て借家や共同性の強い借家とは住まい方が大きく変化することから、新たな生活環境をイメージできるよう丁寧な説明を心がけた。その甲斐があり、ほとんどの借家人が当住宅への入居を希望し、34 戸中 23 戸と約 7 割の住戸に B 路線沿道の従前居住者が入居し、密集事業の推進に大きく寄与した。

表 14・3 〈コンフォール根岸〉の建設概要

敷地面積	766.73m²
用途地域（建蔽率 / 容積率）	第 1 種住居地域（60/200）
前面道路幅員	5m
構造・階数	RC 造 5 階建て（一部 4 階建て）
建築面積 / 延床面積	434.08m²/1,454.18m²
住戸数・間取り	34 戸　1K（25 戸）、1DK（9 戸）
戸当り住戸面積	27.82 〜 40.45m²

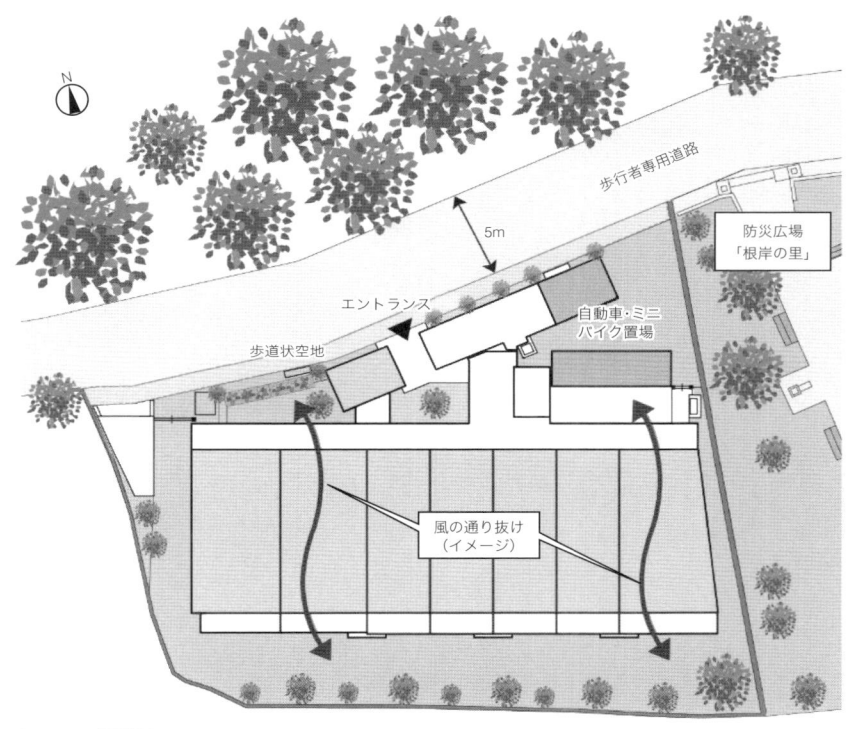

図 14·9　配置図

2. 従前居住者用賃貸住宅のデザイン（p.16）

　古き良き下町風情が残り、住民の景観意識も高いエリアにあって、建物の計画は近隣住民も注目していた。限られた用地に区からの要請戸数を建設する必要から 5 階建てとしつつも、地域性へのさまざまな配慮を施すことで、近隣住民の理解を得ることができた。

①地域性・コミュニティへの配慮

・歩道前に空地を設け、エントランス棟を低層として周辺への圧迫感を軽減し、下町の雰囲気を生かした格子状のファサードとした。また、エントランス前にベンチを置き、地域のコミュニティの場を設けた（図 14·10）

・共用廊下に居住者同士のコミュニティスペースとしてベンチやプランター置き場を設け、格子状に囲いファサードのアクセントとした

図 14·10 〈コンフォール根岸〉の景観に配慮した格子状のファサードとベンチ

②防災・安全安心・環境への配慮

・防災広場「根岸の里」への避難誘導照明として、歩道状空地に蓄電池付き
　ソーラーパネルを利用した誘導灯を設置した
・敷地内、建物、屋上を積極的に緑化し、風が通り抜ける玄関開口部のしつ
　らえなど環境面に配慮した設計とした

③将来需要の変動への対応

・住戸計画は区の要請に基づき小規模住宅を中心としたが、将来の需要に応
　じて小型住戸を2戸1化する変更を想定した設計とした

（4）B 路線に接続する C 路線の整備

　ここまで紹介してきた B 路線整備に関連して、当地区の改善に大きく寄与し
たのが C 路線のクランク解消である。

　B 路線の行き止まり部に隣接して、C 路線にはクランクする箇所があった（図
14·3）。このため、B 路線の解消と並行して関係権利者と協議した結果、B 路線
の整備に先立ち、2009 年に区が土地を取得することとなり、建物が撤去された。

　これにより、懸案であった狭隘なボトルネック箇所が解消され、道路ネット

ワークが大きく改善した。また、建物跡地には 20t の防火水槽を備えたポケットパークが整備されたことにより、防災性が大きく向上した（図 14・11）。

図 14・11　Ｃ路線沿いのポケットパーク

6. 住み続けられるまちづくりの効果とその後の連鎖的展開

　当事業の特長は、地区の状況や権利者の意向に応える選択肢をあらかじめ用意することを主眼に据え、それに適した三つの事業手法を柔軟に組み合わせ、全体のスキームを構築したところにある。特に、従前居住者が「地域に住み続けられる」条件を生み出せたことは、速やかな合意形成に結びつき、地域コミュニティを継続したまちづくりとしても評価できると考えている。

　また、土地区画整理事業により道路と宅地が整備されたことにより、防災性のみならず、日常的な利便性や防犯性など街区全体の住環境が大幅に向上する効果があった。これを迅速に可能にしたのは、区と UR がしっかりとタッグを組み、緻密なスケジュール管理ができたためである。

　さらに、当事業は連鎖的な展開の事例としても捉えることができる。まず、区が 2005 年に防災広場や通り抜け通路を整備した際に事業用地を確保し、これが B 路線整備の中で土地所有者の移転先や従前居住者用賃貸住宅の建設用地として有効に機能した。続けて、これら一連の整備事業が呼び水となり、その後の区の取組みとして密集地区内のボトルネックとなっていた交差点の拡幅改良や、同じ区内の谷中地区（密集事業を実施）の道路拡幅の推進に結びついている。

　このように、当事業は密集市街地整備のさまざまな要素〜権利者の動機・意向の重視、それに沿った柔軟な手法の活用、防災性と住環境の向上、先導と連鎖など〜を含んでおり、今後のモデルにもなり得るものである。

> 3.15

太子堂・三宿地区 │ 2001 ～ 2013　東京都世田谷区

防災拠点整備を契機に連鎖的なまちづくりへ

> 大規模な土地利用転換事業と主要生活道路の整備、小規模区画整理事業、代替地の確保などを組み合わせて UR ならではの総合的な取り組みを行った事例である。自治体との連携による比較的短期間での事業実現とその後の波及効果にも注目してもらいたい。

1. 立地と市街地特性

　東京都世田谷区にある当地区は、東急田園都市線三軒茶屋駅の北東約 800m に位置し、地区南部を国道 246 号線、西部を茶沢通り、北部を淡島通り、東部を補助 26 号線に囲まれた位置にある（図 15・1）。

　当地区は、明治から大正にかけては国道 246 号線沿いの街道集落と農村集落からなっていた。関東大震災後、都心部を中心とした旧市街地からのスプロール化により市街化が進

図 15・1　太子堂・三宿地区の位置

行、その後戦後の早い時期に都市基盤が未整備なままさらに市街化が進み、老朽化した戸建て住宅や低層集合住宅が建ち並ぶ木造密集市街地が形成された。

（1）地区の課題

　世田谷区は、建物更新の促進、オープンスペースの確保、消防活動困難区域[注23]を解消する主要生活道路[注16]（世田谷区では主要区画道路というが本文中では「主要生活道路」という）の 6m への拡幅整備を課題に掲げ、1983 年から木造賃貸住宅地区総合整備事業（以下、木賃事業）を導入し、密集市街地の整備・

図 15・2　太子堂・三宿地区住宅市街地総合整備事業（密集型）約 35.6ha（出典：世田谷区資料を一部加工）

改善に取り組んでいた。また、当地区周辺の広域避難場所は、国道246号線（首都高速3号線が高架する）を横断した南側の昭和女子大学一帯が指定されているが、阪神・淡路大震災[注1]での高速道路落橋被害から、国道246号線を横断する避難について住民から不安視する声があがっていた。そして、1985年に当地区北側の国立小児病院の移転方針が決まり、地域住民から防災性を備えた病院跡地開発を望む声があがっていた。

表 15·1　UR 都市機構の取り組み

項目	概要
防災拠点整備	病院跡地（約 3.3ha）の取得により以下を整備 ・防災空地や敷地内通路などの整備を条件に、民間賃貸住宅（360 戸）、民間分譲住宅（311 戸）、生活利便施設の誘致 ・公園（1,799m²）の整備 ・区画道路（幅員 6 〜 8m）整備
土地区画整理事業の施行	病院跡地の一部土地を活用し、土地区画整理事業（約 0.2ha）を実施し、避難道路、公社住宅建替え用地の整形化、主要生活道路などに係る代替地を整備
道路整備（受託）	区からの受託により主要生活道路（幅員 6m）整備の支援 ・地元合意形成支援 ・用地測量、道路線形検討支援 ・権利者調整業務（用地取得・補償交渉の支援）

（2）住民参加のまちづくりとまちづくり計画

　区は、1979 年に策定した「世田谷区基本構想及び基本計画」において、災害に強いまちづくりを目標に掲げ、重点的な推進地区として太子堂二・三丁目地区を位置づけ、「修復型まちづくり」「住民参加のまちづくり」を進めてきた。

　1982 年には、太子堂二・三丁目地区まちづくり協議会[1]（以下、まちづくり協議会）が発足し、住民主体でまちづくりの検討が行われ、区にまちづくり計画を提案している。区はこれを受けて 1990 年に地区計画の策定を行っている。

　また、国立小児病院跡地周辺のまちづくり計画についても、区は周辺住民との意見交換を踏まえ、病院跡地と周辺を含めた防災まちづくりを推進すること、病院跡地開発事業者（UR）（当時、都市基盤整備公団）には、まとまった防災空地の確保をはじめとする周辺まちづくりへの協力を求めること、住民と協働したまちづくりを推進することなどを盛り込んだ「国立小児病院跡地周辺まちづくり計画」（以下、まちづくり計画）を 2003 年に策定した（図 15·3）。

　そして、病院跡地および隣接する東京都住宅供給公社の太子堂住宅を含む一帯も含め（木賃事業と統合）、2004 年に住宅市街地総合整備事業[注7]を導入している（図 15·2）。

＊ 1：太子堂二・三丁目地区内の住民により構成される住民団体。1982 年 11 月発足。太子堂二・三丁目地区の防災性能と生活環境の向上を図ったまちづくりを推進する目的で設立された世田谷区街づくり条例に基づく住民組織。住民参加のまちづくりを実践する先駆的団体として全国的にも名を知られている。太子堂二・三丁目地区全体のまちづくり計画に係る提案や地区計画策定に関する要望を世田谷区に対して行うなど、積極的に活動している。

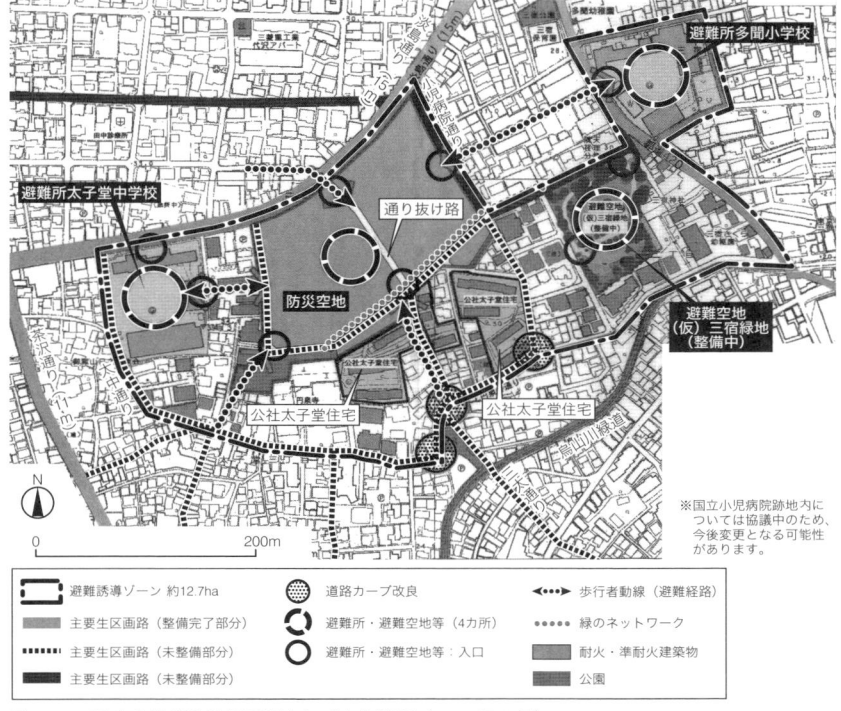

図 15・3　国立小児病院跡地周辺まちづくり計画（2003 年 2 月）

2. UR による国立小児病院跡地の取得

　国立病院の移転を受け、区は広域避難場所として再整備するため、1985 年より病院跡地一部の土地取得を目指していたが、すでに近隣の法務省研修所跡地（後の〈三宿の森〉）を公園用地として取得することが決定しており、財政上、病院跡地の取得を断念した。しかし、区はまちづくり協議会から病院跡地を広域避難場所の核と位置づけるよう要望されていたため、UR に病院跡地取得の検討を打診したのである。これを受け、UR は内部で土地利用計画などを検討、2000 年 10 月より厚生労働省と用地取得交渉を開始し、2002 年 3 月に病院跡地を取得した。

3. 拠点地区整備を契機として連鎖的なまちづくりを促進

　URはこの病院跡地を、密集市街地内にある希少な種地（低未利用地）として捉え、拠点地区の整備を契機として地区周辺まちづくりの課題である密集市街地の整備、改善に繋げるべきと考えた。そこで、URの事業採算性を確保するための住宅街区の整備に併せて、周辺の防災性向上に寄与できることは何か、当地区の土地利用計画に関して区やまちづくり協議会など多数の地元住民組織と度重なる協議を重ねた。新設される建築物の高さや圧迫感などのいわゆる相隣問題から地区全体の防災性や生活環境の向上、道路や公園の計画に関してさまざまな意見が出された。URはこれらの議論を踏まえ、区が策定した「まちづくり計画」に基づき土地利用計画を定めた。

　病院跡地では、防災性の高い街区形成や、道路・公園などの都市基盤整備に留まらず、病院跡地周辺の密集市街地のまちづくりを連鎖的に進めるため病院跡地南東部（南側に広がる密集市街地との接点部分）に、代替地などのための事業用地を確保した。これにより、隣接する公社との土地交換による敷地整序や公社住宅建替事業の促進支援、太子堂円泉ケ丘土地区画整理事業[注5]の実施、さらには周辺密集市街地の避難路に位置づけられている主要生活道路の拡幅整備に繋がり、URが培ってきたノウハウをフルに活用し、連鎖的・総合的に事業を展開する原動力となったのである（図15・4）。

4. 防災性を備えた良好な住宅街区の形成を誘導

　病院跡地の道路や公園整備にあたって、通過交通対策や環境負荷低減、公園の施設計画や樹種選定など、さまざまなテーマで地元住民と意見交換を重ねた。そして、将来管理者となる区と協議のうえ、可能な限り住民要望を反映している。

　道路については、病院跡地から防災空地へ繋がる避難経路となる区画道路を新設および拡幅整備している（幅員6〜8m）。道路計画にあたって、区や地元

＊2：太子堂二、三丁目と三宿一、二丁目を対象に車優先から人優先の道を提案する目的で活動し、太子堂二・三丁目地区まちづくり協議会や世田谷区、専門家などにより構成される組織。2002年12月に国土交通省の制度「くらしのみちゾーン」に応募し、2003年6月に登録された。くらしのみちゾーン研究会では、通過交通に対する対応方策を中心に検討を行った。なおURは、オブザーバーとして研究会に出席していた。

太子堂三丁目地区
(国立小児病院跡地)

避難所
(多聞小学校)

避難所
(太子堂中学校)

避難空地
(三宿の森緑地)

防災空地
整備

公社
太子堂住宅

公園
整備

公社
太子堂住宅

③土地区画整理事業の活用
・敷地整序
・道路整備による避難路
　ネットワークの形成

②公社との土地交換
・土地交換による敷地整序
・公社住宅建替促進

**④主要生活道路（三太通り）の
　拡幅整備（受託）**
・防災空地に至る安全な避難
　路の確保
・沿道不燃化誘導支援
・共同建替え、面的整備等の
　コーディネート

①病院跡地を活用した防災性の高い街区形成
・都市基盤の整備（道路、公園）
・防災空地、通抜け通路の整備
・多様で良質な住宅ストックの形成
・高齢者施設の整備
・子育て支援施設の整備
・事業用地（移転者用代替地）の確保

広域避難場所
(昭和女子大学一帯)

図 15・4　UR の取り組み内容

　住民で組織する「くらしのみち研究会」[*2]をはじめとする周辺住民との協議により、通過交通を抑制するため一車線一方通行規制、歩行者の安全に配慮し自動車の走行速度抑制のためのハンプや狭さくの設置、環境に配慮した遮熱性舗装を施している（図 15・5a）。

　公園（太子堂円泉ヶ丘公園）については、災害時に周辺住民が利用できるかまど可変ベンチ（図 15・5b）、マンホールトイレ、防災井戸などを設置すると共に、斜面緑地を整備し、地区内の区画道路の植栽を経由して三宿の森緑地へと繋がる緑のネットワーク形成を図った。また、ソメイヨシノを植栽するなど、国立小児病院時代の記憶を継承するよう努めている。

　UR が病院跡地で道路や公園などの基盤整備を行った後、公募により民間事業者を誘致（譲渡・賃貸）し、分譲マンション（311 戸）と賃貸マンション（360 戸）を建設・供給している。民間事業者の公募にあたっても区や地元住民

(a) 区画道路に設置したハンプおよび狭さく

(b) 公園に設置したかまど可変ベンチ

図 15・5　街区の防災性を高める整備

(a) 民間事業者（分譲）により整備された防災空地

(b) 民間事業者（賃貸）により整備された東西通り抜け通路

図 15・6　民間事業者敷地内の防災整備

　組織と協議し、防災空地（図 15・6a）やそれに至る避難路ネットワーク形成（図 15・6b）などの防災施設の整備や高齢者・子育て支援施設の導入などを条件として付し、地区の防災性を備えた良好な住宅街区の形成を誘導している。

　また、分譲マンション街区と賃貸マンション街区で異なる民間事業者が開発することとなり、連続した美しい景観と安全安心で豊かな住環境の形成のため、まちづくりのコンセプトやデザインの考え方を共有していくことが必要と考えた。そこで、照明・植栽・色彩計画といったコンセプトやデザインコードを景観形成ガイドラインとして策定し、これを遵守することも公募条件に付している。民間事業者の決定後は、UR と民間事業者との間で景観デザイン部会を設置し、基本設計時点、確認申請時点など節目で民間事業者の設計プランに関し同部会で議論を行い、魅力ある景観形成に努めた。

5. 事業用地（代替地など）の有効活用

（1）公社太子堂住宅の建替事業促進を支援

　病院跡地の南側に隣接する公社太子堂住宅は、築 50 年以上経過し老朽化していたが、敷地が不整形かつ接道条件が悪いため、公社は建替えの着手を見合わせていた。UR による病院跡地開発を契機に、区、UR、公社の三者で病院跡地周辺一帯の整備を図ることを区が呼びかけ、住宅市街地総合整備事業の導入について協議した。そこで、UR の事業用地と公社太子堂住宅の敷地の一部を土地交換することで公社太子堂住宅の建替えが図られた。

　2003 年 1 月、公社からの申し出により UR と公社で「太子堂三丁目地区に係る連携方策の検討に関する覚書」を交換、両者の事業推進のため連携を図ることを約束。その後、同年 5 月「太子堂三丁目地区土地交換協定書」を締結し、2007 年 3 月土地交換を実施した。

　後に UR は、事業用地を活用して後述する太子堂円泉ヶ丘土地区画整理事業を施行したが、UR が換地を受けた区画の一部（宅地として利用しづらい形状であり公社建替え事業区域に隣接していた）と公社太子堂住宅の敷地とを再び土地交換することで、敷地の整形化を図った（図 15·7）。

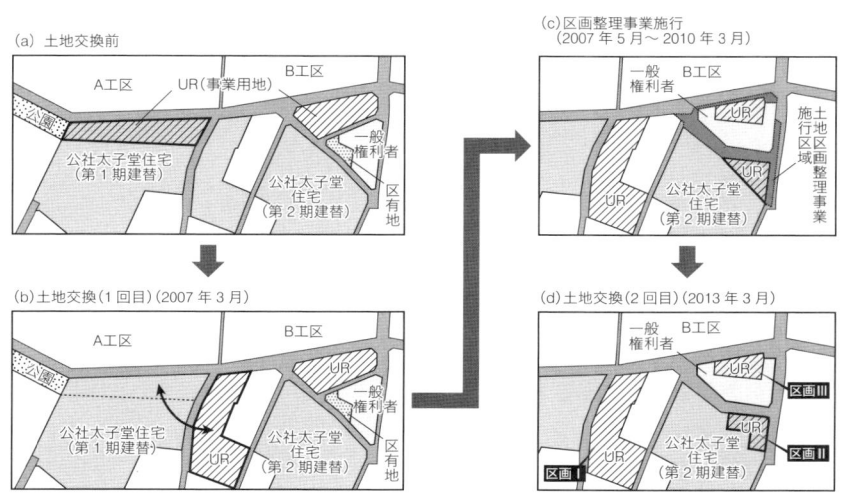

図 15·7　公社との土地交換の流れ

（2）密集市街地整備に係る代替地などとしての活用

　事業用地は、当地区の密集市街地整備の推進に活用するため確保していた。後述する主要生活道路（三太通り）の拡幅整備に伴う代替地としての活用を想定していたためである。結果的には、事業用地の確保期限としていた 2011 年3 月末までに、三太通りの整備に伴う代替地希望がなかったが、東京都より近傍の都市計画道路補助 26 号線整備に係る代替地としての活用について申し出があったため、一部を都に譲渡した。残りの事業用地は区や地元住民組織に報告のうえ、公募により民間事業者へ譲渡している。公募にあたっては、まちづくり協議会との協議を踏まえ、緊急災害時に周辺住民が通り抜けできる通路を敷地内に確保することを条件に付している。

6. 0.2ha の土地区画整理事業による避難路のネットワーク化（太子堂円泉ケ丘土地区画整理事業）

　当地区において、病院跡地に民間事業者（UR からの条件）が整備する防災空地と地域の避難空地である三宿の森緑地をつなぐ避難路のネットワーク化、そして、病院跡地東側の主要生活道路（小児病院通り）の 6m 幅員への拡幅が課題であった（図 15・8）。

　小児病院通りは、UR による病院跡地開発と公社住宅建替事業によりそれぞれ拡幅整備されることになっていたが、両方の事業に挟まれる三角地はどちらの事業区域にも属さず、幅員 3m 未満の狭隘（あい）道路のまま取り残されていた。

　一方、三角地と病院跡地に挟まれる 2 項道路は、病院跡地開発において指定容積率200％を利用可能とするため、病院跡地の開発に併せて 5m に拡幅する計画であった。この整備に係る測量作業に先立ち、三角地の権利者に事業の説明を行ったところ、ある権利者から土地の売却意向が示された。そこで、三角地の権利者の生活再建を図りつつ、敷地整序と道路整備を進める方策、土地区画整理事業について検討を始めたのである。

　2006 年 7 月から区と UR で権利者との協議を開始し、その後、2007 年 5 月に土地区画整理事業の実施および UR が個人施行者となることについての権利者の同意および施行認可を得、同年 7 月に仮換地指定、3 年後の 2010 年 3 月に土地区画整理事業が完了している（図 15・9）。

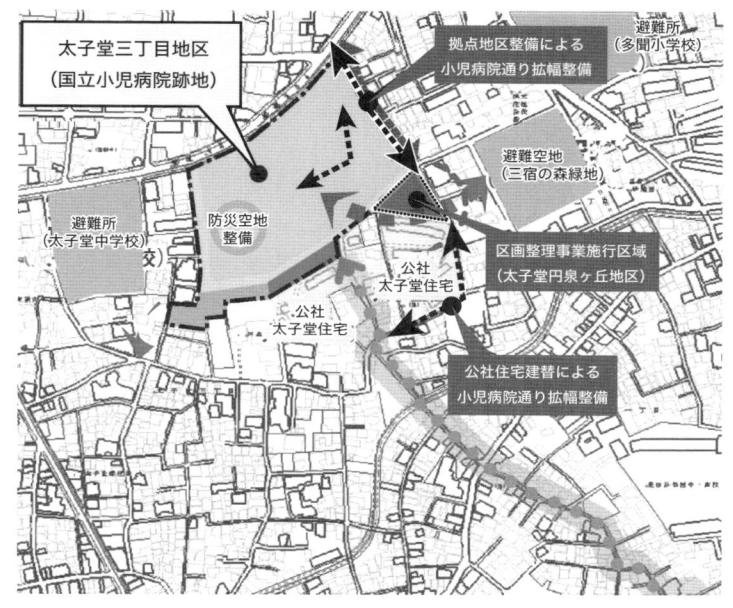

図 15·8　避難路のネットワーク化

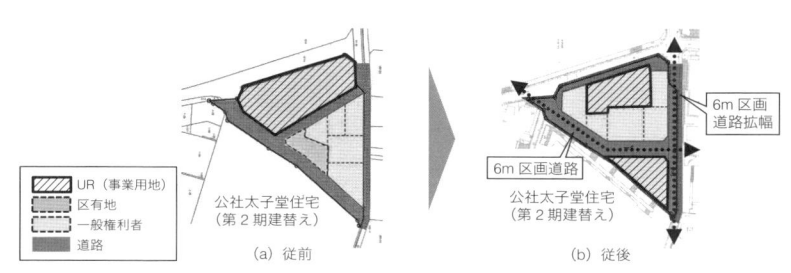

図 15·9　土地区画整理事業の従前従後の権利関係図

（1）密集市街地における土地区画整理事業の有用性

　密集市街地の道路整備において、道路用地を買収して進める場合、小規模宅地が多いため再建不可能な残地（道路用地を除く宅地部分）が残る可能性が高く、残地も含めて買収する必要が生じる。土地区画整理事業を活用できれば、活用困難な残地を生み出すことなく道路用地を効率的に確保することができる。また、換地位置や形状など、権利者の生活再建意向に応じた調整を行うことが

でき、権利者が地区内に住み続けることが可能となり、合意形成においても有用である。

（2）個人施行の留意点

　個人施行では、事業同意や仮換地同意までは事業開始当初に得られるものの、換地処分にあたって換地計画同意を得る必要がある。そのため、事業期間中も権利者と良好な関係継続が必須であり、その間の権利者からの要望に対してきめ細やかな対応を行う必要がある。土地区画整理事業に係る権利者は5名（機構を除く）であったが、事業終了までの間、少ない権利者でも20回以上、合計で150回以上の交渉を行っている。

（3）土地区画整理事業の組み立てにおける工夫

　この三角地の整備にあたって、区とURの役割分担について工夫している。建物補償と道路工事および道路用地を確保する土地区画整理事業を分け、建物補償は区が密集（道路）事業により実施し、道路工事および道路用地の確保を区からURが受託した。そして、道路用地確保の手法として土地区画整理事業を活用している。建物補償と道路工事を、土地区画整理事業と分けることで土地区画整理事業を軽量化でき、工事費が増えることによる事業計画変更リスクを軽減できた（個人施行における事業計画変更は全員同意が必要）。また、建物補償を区が実施することで、区とURとの協働体制を継続させたのである（図15・10）。

　2点目の工夫は、道路整備に係る費用への補助金の導入である。住宅市街地総合整備事業の道路整備のための土地区画整理事業であることから、住宅市街地総合整備事業の「地区公共施設等整備」の補助を適用し、また、道路用地に

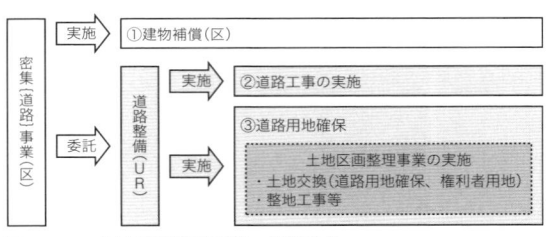

図15・10　土地区画整理事業の役割分担

(a) 従前　　　　　　　　　　　　　（b) 従後　交差点の奥が土地区画整理事業
　　　　　　　　　　　　　　　　　　　　区域

図15・11　整備前後の街並み

影響しない建物（1棟）の補償についても「老朽建築物等除却」の補助を適用
したのである。

　3点目の工夫は、区有地やUR事業用地の活用である。当土地区画整理事業
により整備する公共施設は6m幅員の区画道路であり、事業による増進は大き
くない。つまり、土地の増進分で、道路用地を生み出し、かつ、その整備費を
賄うことが難しい。よって、区が先行取得していた区有地を従前公共用地とし、
従後の道路用地に付け替えることとした。また、URの事業用地については、
土地の買い増し希望の権利者への一部譲渡、各権利者の換地面積の調整、公社
との土地交換で不整形地を換地して権利者の土地を整形化するために活用して
いる。

　4点目の工夫は、権利者の生活再建に配慮し、更地である区有地とUR事業用
地に権利者が直接移転できるように換地設計を行ったことである。また、権利
者との合意形成にあたり、区と連携し、換地先での建物プランの提示や、住宅
金融支援機構による資金融資相談なども実施した。

　このようにさまざまな工夫や細やかな権利者への対応によって、密集市街地
における道路の拡幅整備を目的とした土地区画整理事業が完了したが（図15・
11）、この経験とノウハウが、後に行われる根岸三・四・五丁目地区における
主要生活道路の拡幅整備（p.238）にも活用されることとなった。

7. 新たなチャレンジへ
（主要生活道路：三太通りの拡幅整備支援）

　2007 年 1 月、国は都市再生プロジェクト第十二次決定を行い、重点密集市街地の解消に向けた取り組みの一層の強化を打ち出した。また、都も密集市街地内の主要生活道路の早期整備を図るよう各区に対して強力に働きかけを行った。UR もこの流れを受け、密集市街地の緊急かつ効果的な主要生活道路を先導的事業として支援していく方針を打ち出したのである。この第 1 号が、当地区の三太通りであった。

図 15・12　防災空地が整備された病院跡地と広域避難場所結ぶ約 650m の三太通り

（1）UR 初の主要生活道路拡幅整備の支援へ

　三太通りは、防災空地が整備された病院跡地から国道 246 号線（その先に広域避難場所がある）までの延長約 650m の主要生活道路であり、避難路として早期に 6m 幅員に拡幅整備する必要があった。区は 1983 年から建替え連動（建替えと合わせたセットバック）による整備を進めていたが、23 年間で約 30% の用地取得に留まっており、未だ幅員 4m 未満の箇所も多く、クランクもあり緊急車両の通行に支障があった。

　区と UR は、三太通りの拡幅整備に向けて整備方法や役割分担について協議を開始した。UR による公共施設整備の手法としては、拠点開発に併せ道路などの公共施設を地方公共団体に成り代わって整備する関連公共施設の直接施行制度がある。三太通りにおいても当制度の活用を検討した。しかし、三太通りはもともと沿道会議における区と沿道住民との長年にわたる話し合いや「三太通り道路整備についての共同宣言」において、建替え時に併せて道路を拡幅することで双方が合意していた。これを区が早期整備の必要性から道路事業を導入し用地を積極的に買収していく方針としたため、区自らがあらためて沿道住民に対して理解、協力を得る必要があった。よって UR が事業主体となる直接

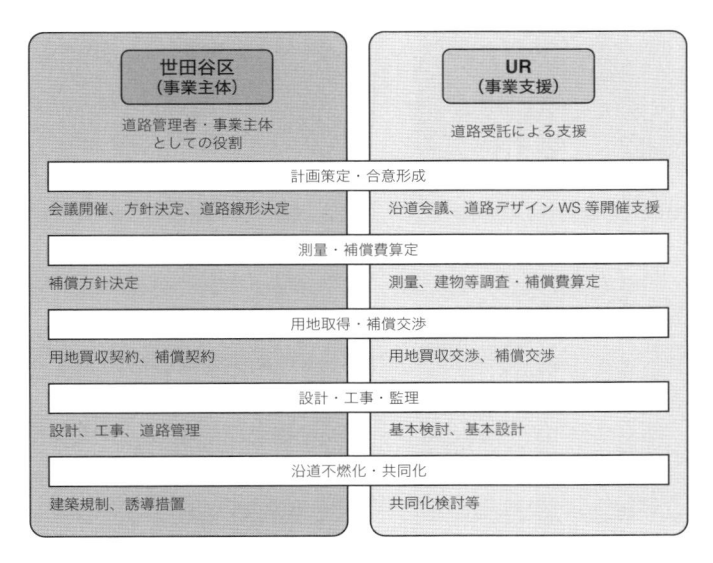

図 15·13　世田谷区との役割分担

施行ではなく、区が実施する道路事業を UR が部分的に受託することによって区をサポートすることになった。具体的には「計画策定・合意形成」、「測量・補償算定」、「用地取得・補償交渉」などの業務を受託した。こうして、2007 年 3 月に「三太通り整備に関する基本協定」を締結し、UR で初めての試みとなる主要生活道路の拡幅整備支援が始まった（図 15・12、15・13）。

（2）道路事業への方針転換による整備促進

　区は 2006 年 6 月から沿道会議を再開し、拡幅整備の必要性や交通規制、道路デザインなどについて沿道住民と意見交換を行ってきた。2008 年 7 月、これまでの建替え連動による整備から方針転換を行い、道路の区域決定をし、積極的に用地を買収する道路事業を導入することにした。

　その一部を UR が受託し、集中的にマンパワーを投入したことによって、23 年間の建替え連動による整備で約 30％の進捗だったところ、UR の支援した 7

（a）従前　　　　　　　　　　　　　（b）従後

図 15・14　三太通りクランク部の拡幅整備前後①

（a）従前　　　　　　　　　　　　　（b）従後

図 15・15　三太通りクランク部の拡幅整備前後②

年間で約80％まで概成することができた。URが用地買収支援した権利者数は93人（底地人50人、借地人16人、借家人28人）で、宅地数では43件である。この43件（土地のみ買収や建物を改築して居住継続しているものも含む）のうち、16件の建築物が除却され、うち9件が地区内（残地内あるいは三太通り沿道の代替地）で建替えている。結果的にURが病院跡地に確保した代替地の活用はなかったが、事業用地を用意して地区内で再建が可能であるという選択肢を提示しながら用地買収交渉を実施したことは生活再建上の配慮として大きい意義をもったと考えている。そのほか地区外に転出したのは5件に留まり、ほとんどが地区内で居住継続できている。

　100％完遂とはいかなかったが、3カ所あったクランクは解消され、緊急車両の通行に支障のない道路となり、防災性は従前より格段に向上している（図15・14、15・15）。道路整備と併せ、道路中心線から10m（全幅20m）の区域に東京都建築安全条例による新防火規制区域に指定し、延焼遮断帯の機能も果たしている。

（3）三太通り整備事務所の設置

　URは、三太通りの拡幅整備の支援にあたり、機動的に用地買収を進めるため、2007年11月に事業用地内に現地事務所「三太通り整備事務所」を開設した。道路事業化の直前に現地に事務所を設置したことは、権利者調整の拠点機能という意義だけでなく、道路事業を積極的に推進していくという区とURの姿勢を地元に示す重要な意義があった。現地事務所には4名が常駐し、事業概要説明、測量・建物調査に係る権利者調整、用地取得・補償交渉などを昼夜を問わず精力的に行い、道路用地取得を支援したのである。

8. そして自律更新へ

　当地区では2002年3月にURが病院跡地を取得したことを契機として、防災拠点となる防災空地や道路、公園などの基盤整備を含む住宅街区を整備したことを契機に、跡地内に確保した事業用地を活用し、周辺の公社住宅の建替え、円泉ケ丘土地区画整理事業、そして三太通り拡幅整備へと、URの総合力を駆使し連鎖的な事業展開へと繋げていった。これらの先導的事業によって、まずは早期の防災性向上が図られた。その後、これらの先導的事業が周辺密集市街

表 15・2　三太通り沿道などの建物更新状況

		道路買収対象宅地	道路買収対象以外の宅地
1989 年 6 月～ 2008 年 6 月	件数	25	23
	更新率 / 年	1.70%	0.99%
2008 年 6 月～ 2014 年 6 月	件数	19	19
	更新率 / 年	4.10%	2.60%
総宅地数		77	122

地にどのような影響を及ぼしたのか。拡幅整備が行われた小児病院通りや三太通り沿道においては、自主的な建替え、いわゆる自律更新が顕著に見られる。三太通りの建物更新状況について、区が建替え連動により道路整備を実施してきた 1989 年から 2008 年度までの期間と UR が支援した 2008 年度以降とを捉えると、道路事業に切り替え UR が支援した期間に道路買収対象外の宅地においても建物更新率が伸びており、建替え促進の効果があったと言える（表 15・2）。

　三太通り整備をきっかけに借地関係が整理されたことや、沿道と同一権利者であった裏側宅地も含めた共同建替えがなされたことなどの直接的な効果もあるが、周辺で道路買収補償により新しい建物が建設され街並み景観の変化が生じたことや防災意識の向上といった、心理的に新しい建物への更新意欲が喚起された波及効果もあったものと推測できる。

　このように、UR の先導的な取り組みが、地元住民による自律更新を促し、倒れない、燃えない建物へ、安全・安心な街へと変わって行くきっかけとなることを改めて認識できたのである。

図 15・16　自律更新が進んだ沿道の住宅

第4章　これからの密集市街地整備

座談会：
これからの密集市街地整備
というまちづくり

高見沢実・住吉洋二・田中貢・新居田滝人

司会：藤井正男

登壇者

高見沢実／横浜国立大学大学院都市イノベーション研究院教授
住吉洋二／東京都市大学名誉教授　㈱都市企画工房相談役
田中貢／近畿大学建築学部　教員（座談会当時）
新居田滝人／独立行政法人都市再生機構東日本都市再生本部本部長（座談会当時）
藤井正男／独立行政法人都市再生機構都市再生部事業管理第1チームリーダー（座談会当時）

1995 年の阪神・淡路大震災、人口減少・超高齢社会への突入など、政策的背景や社会状況が変わっても、密集市街地は歴史や文化、コミュニティなどを背景に高密度の住宅地として営まれてきた。それゆえに、住民の合意を前提とする修復型のまちづくりにおいては、一貫した理念や姿勢が必要である一方、安全で快適なまちづくりのための技術革新が必要である。横浜国立大学教授の高見沢氏、URとの関わりが深い東京都市大学名誉教授の住吉氏にご参加いただき、これまでを振り返りながら、「これからの密集市街地整備というまちづくり」と題して座談会を行った。

■阪神・淡路大震災前の住環境整備と UR

藤　井　1995 年の阪神・淡路大震災[注1] を契機に、劣悪な住環境の改善から防災対策へと、国の住宅政策は大きく転換しました。震災前の住環境整備に関する時代

左から、藤井氏、新居田氏、高見沢氏、住吉氏、田中氏

的な背景や制度、URの取り組みについて、まずは高見沢さんと新居田さんに振り返っていただけますか。

高見沢 住環境の問題は、古くは不良住宅の改良や、「劣悪」と表現されるような環境の改善という一つの流れがありました。やがて1970年代後半にはそうした極めて質の低い市街地はなくなりつつあり、政策の対象は、それほど大きくはないが少し問題がある、という住環境への対処になります。その一つの流れが、1978年に始まった住環境整備モデル事業です。高度成長期以降に形成された環境の悪い住宅地を"木造密集市街地"として取扱い政策対象としようと、1982年には要綱事業[注39]として手掛ける動きが始まりました。

もう一つ、忘れてはならないのは、地方分権や住民参加の流れです。それまでの都市計画は、都市全体をコントロールする観点から制度が組立てられていました。それに対して、地域自ら身近な住環境を何とかしようという機運が高まり、

国もこの動きをどう捉えていくかが重要な課題となりました。こうして地区計画制度ができたのです。

しかし当時はまだ今日の文脈、つまり防災の観点はまだ重要視されておらず、そんななかで阪神・淡路大震災という大きな災害が起きてしまったと捉えています。

新居田 私が公団（現UR）に入社した1981年は、日本住宅公団最後の年です。その年の10月に住宅・都市整備公団が生まれました。住宅や宅地の大量供給が一息ついて、これからまちづくりを進めていこうという時期でした。

入社当時の公団は、密集市街地の整備にはまだ注力しておらず、大規模な工場跡地などでまとまった住宅建設や公共施設を整備する、特定住宅市街地総合整備促進事業を進めていました。東京の木場や大川端、名古屋の神宮東、大阪の淀川リバーサイドがその先行事例です。

ですが実は、私が入社1年目で最初に買った土地が、北区の【神谷一丁目地区】

の工場跡地 2.8ha なのです。周囲は住工混在の工業地域で、不整形の土地の上に団地の絵を描いてみるとヘタ地が出てくる。このヘタ地を使って、周辺の密集市街地整備に活用できないかと始まったのが【神谷一丁目地区】(p.74) の事例です。当時は北区も、整備が必要な地区だとは位置づけていませんでしたが、結果的にはこの地区の実績で公団が住環境整備モデル事業の事業主体になることが国に認められ、道路拡幅、共同化、住宅の不燃化事業に乗り出します。当時、志は認められながらも、お金も時間もかかる事業の意義を国や公団内部から問われ続けました。しかし阪神・淡路大震災後、密集市街地整備の意義が広く認知されるようになると手の平を返したように、"これこそ公団のまちづくりモデル"だと取り上げられだしたのです。

藤　井　この当時 UR は住宅供給が事業の柱で、密集市街地の整備は手探りだったと思います。住吉さんはこのころ新居田さんと【神谷一丁目地区】に取り組まれたそうですが、当時 UR の事業と関わられ、UR の動き方や役割、事業の成果はどのように映りましたか。

住　吉　私は、公団にとって初めての密集事業であり、唯一の直接施行である【神谷一丁目地区】から事業のお手伝いをしてきたわけですが、当時は直接施行ならではの難しさに直面して、次の３点を整備目標に掲げていました。

　第１点は、地区内での居住継続を前提に土地利用整序を図ることです。"公団は団地をつくるために自分たちを追い出

すのか"と誤解されないよう、地区内で代替地や代替住宅を用意しました。

　第２点は、モデル事業として基盤整備と不良住宅の解消などを行うことです。道路整備については消防活動困難区域[注23] を解消するため、ループ状の 6m 道路を優先的に整備しました。そして 4m 未満の現況道路の拡幅は、区の「狭隘道路拡幅整備要綱」で区に持続的に整備してもらうことにしました。不良住宅は最終的に９割近く解消されましたが、道路事業として補助対象となったのはわずか 27 戸でした。あとは全部、道路整備などによる環境の変化で自主的に建替えられたのです。

　第３点として、これは特に公団施行ならではの目標ですが、整備事業の波及効果を計画的に受けとめて、さらなる公団の事業機会に結びつけることです。現場事務所を設けると、いろいろな人が相談に来るわけです。そうした相談に丁寧に対応することで地区外も含めると、180 戸の住宅を民賃制度を用いて供給しました。さらに連鎖が生まれ、隣接する豊島八丁目地区の工場用地でも、土地利用転換を中心とした住宅市街地整備事業が展開されたのです。

　こうして 20 年かけて当地区の事業を進めてきたわけです。20 年間で、地域密着型事業の貴重なノウハウを学びました。一方で、【神谷一丁目地区】は UR 唯一の直接施行の事例であり、公共団体の役割を完全に肩代わりすることはできない、役割分担は必須条件であるという難しさも経験しましたね。

藤　井　ここで関西エリアを担当されていた田中さんに、当時の関西の取り組みを振り返っていただけますか。

田　中　関西でも〈淀川リバーサイド〉をはじめ、工場跡地などの土地利用転換による住宅市街地整備などに取り組んでいました。本体事業の収支に少し余裕が出たら、周辺地域にも何らかの貢献ができる事業を盛り込んで全体の事業を組立てていました。

　また、密集市街地整備については、市町村の個別検討ではなかなか整備の成果が上がらないため、みんなで共同戦線を組んでいました。大阪府環状エリアの市町村である豊中市、門真市、守口市、寝屋川市、東大阪市、堺市から密集担当者が集まり外郭センターがつくられ、対応策を研究していました。公団もそこに参加していました。その成果が、本書で紹介されてた寝屋川市【東大利地区】の連鎖的な共同建替え事業です。市と公団との連携により実現した事例ですね。

■阪神・淡路大震災以降の取り組み

藤　井　ここからは、阪神・淡路大震災以降、URが密集市街地整備にどのように取り組んできたのかを振り返ります。震災後に密集市街地整備法が制定され、大規模な市街地大火に対する防災対策の取り組みが強化されました。国が危険な密集市街地を公表して整備目標を定め、URの密集市街地における業務が位置づけられたわけですが、これに対してまずは阪神・淡路大震災の復興事業に携わった田中さん、新居田さんが認識された課題やその後の取り組みをお話ください。

高見沢氏

田　中　URは、3年間で1万8,000戸の復興住宅の建設役割を担ったわけですが、同時に市街地の整備にも積極的に取り組みました。神戸市には、戦後復興で一部の地域で区画整理が行われましたが、行われなかった地域では自然発生的に密集市街地ができました。前者は100mグリッドで一応6m道路ができていましたが、阪神・淡路大震災ではそれでも延焼している区域がありましたね。やはり、木造住宅の密集する地域では延焼が壊滅的な被害を招いていました。その後、神戸市では、助成措置などの地域分類を白地、灰色地、黒地などの色分けで表現します。現在、黒地地域という区画整理や再開発を実施した地域は、しっかりと基盤ができています。

　ただし、区画整理では狭小宅地に規制がかかり、戸建住宅での再建が困難となった権利者もいました。そういった権利者を集約換地で集め、共同化住宅を建設するという手法が多く受け入れられました。就労先が近くにあることから、その地域に住み続けるためには、そうする

新居田氏

しかなかったわけです。

　ただ、現在少し心配しているのは、白地地域の密集内の共同建替え住宅です。道路基盤が弱いと資産売却が難しいようで、黒地地域のように基盤整備もしっかりされた地区での共同建替え住宅とは差が出てしまっているようです。

新居田　阪神・淡路大震災の復興事業で公団は、HAT 神戸などの復興住宅の建設や西宮北口駅北東地区など大規模な法定再開発、区画整理を行いました。密集市街地では、東尻池、湊川などの任意の共同建替え事業を数多く進めました。公団のノウハウを復興事業に生かし、公団もその後の密集事業へのノウハウをたくさん学びました。

　1997 年制定の密集法で公団による密集市街地のコーディネート[注10]業務が位置づけられると、翌年 6 月に密集市街地整備を専門に扱う課が初めて設置されました。

　公共団体からの委託による調査、まち

づくり協議会などの地元組織運営、防災啓発活動などのコーディネートと並行して、この時代に多く手掛けたのが、工場・大学跡地など大規模な面整備と併せて行う密集市街地整備です。本書で紹介されている【上馬・野沢地区】や【西新井駅西口周辺地区】の事例のように、代替地も確保・活用しながら、防災環境軸となる都市計画道路を公団が直接施行で整備するという、防災拠点の面整備における一つの型が生まれました。道路が拡幅されると隣接する宅地の建物更新が誘発され、さらに不燃化が進むという効果もあります。

　本来は公共団体が行うべき密集市街地での道路整備ですが、そのマンパワーが不足していた場合は、公団が代わって直接施行や受託で道路を整備する手法です。また、密集市街地内に大規模な土地はなかなか出てこないため、阪神・淡路大震災でも効果的とされた 6m 幅員道路整備のために権利者調整業務を公共団体から受託する手法は、現在の UR が取り組む密集市街地整備の先導的事業のなかでも主力業務となっています。

藤　井　UR も試行錯誤の結果、大きく役割を変えてきたわけですが、阪神・淡路大震災以降の取り組みから学ぶ課題はどんなことでしょうか。

住　吉　当時私は、【西新井駅西口周辺地区】のまちづくり検討会に関わっていました。当初は駅前の活性化にどう寄与する事業かということがテーマでしたが、最終の委員会前に、阪神・淡路大震災が起こりました。急に議論の的は「防災が最優先課題」となり、周辺市街地も含め

た安全・安心のまちづくりがテーマとなり、最終のレポートをどうまとめるかということに苦労した記憶があります。

その同時期には、住宅供給は民間に任せ、UR は住宅を整備しない方針をとります。【神谷一丁目地区】で頑張ったのは、当時はまだ、公団の主要な役割の一つが住宅供給とされていたからです。

密集市街地整備を主業務として対応しろという流れができても、密集市街地整備の評価は何で計るのかということが常に付きまとって今日に至っています。公共団体と一緒に多様な事業展開を行いますが、社会的にどのようにアピールしていくかということが、まだ明確にされていないと思います。

高見沢 密集市街地整備で最大の目的は、建物まで含めた整備を完遂することではなく、住民が自律的に更新できるような、前提の状況をつくることだろうと思います。求められるレベルは高いですが、それが基本だと思っています。阪神・淡路大震災では、密集市街地がことごとく破壊されて非常に衝撃を受けました。どうしたらまちが再建できるかという切実な状況に陥って、なおさら住民が自律更新できる条件を整えることが大原則だと思っています。

また当時私が驚いたのは、UR が関西に復興本部を設置したことです。なるほど、UR はこのように役立つのかと思いました。3年で住宅建設1万8,000戸という現場の即戦力にも感心しました。あのような復興本部を立ち上げて、人材を投じて、自治体の足りない部分を大幅にカバーできるということは、今回の東日本大震災でも生かされていますよね。今後大震災が再び起きたとしても、それまでにさらに進化して、社会の役に立てる財産を蓄積してくれると期待しています。

もう一つ重要なのは、UR の役割についてです。2000 年ごろから、あらゆる事業の成果を評価する指標が徐々に数値ありきになってきたように思います。密集市街地整備の効果はなかなか数値では測りづらいところがあります。それでも、UR でしかできないもの、地方公共団体

UR 都市機構の取り組み：地区整備図

とパートナーを組んで展開して力が発揮できるもの、あるいは震災後の大きな流れであるNPOや住民参加といった民間、公共団体の力とURが協働して担える役割、これらをきちんと考えて対応することが重要だと思います。

■今後の密集市街地整備とURの役割

藤　井　政策的には、防災対策の側面が強い密集市街地整備ですが、地域の居住者にとって最も身近な関心事は住環境の改善です。今後、URが住民と向き合ったときに心がけたいことはどんなことでしょうか。

住　吉　密集市街地整備の特性は、任意事業であり、かつ日本では少ない修復型事業であることです。それが住民参加のまちづくりのモデルを生み出してきました。阪神・淡路大震災後にその主要課題は「防災」に変わっていったわけで、そうなると緊急性が伴います。

　任意事業として参加型で進めるためには、全員の同意がないとなかなか計画を立てられない。緊急車両が通れる6m道路をどこにするかとなると、参加している地域住民のなかで差が出てくるし、用地買収のためにあなたは明日から出て行ってくださいとはいかない。どうしても待ちの計画になる。当時、東京の密集市街地の整備は、今のペースで対応すると解消するまでに150年かかると言われていました。ですから、ハード整備は緊急性が伴うのです。そうすると、それまで積み重ねていた参加型のまちづくりが後回しになってしまいます。

　今のままでは直下型地震が来たらあなたの家は倒壊してしまうよ、燃えてしまうよと、ネガティブな情報を突きつける話になります。イソップ物語の「北風と太陽」ではありませんが、ある意味では危険を強調するのは北風ですよね。ところが、高齢の方も多いし、北風だけで事業は推進できません。長くこの場所で生活してきた人は、この地区がどのように良くなり、自分が何かをすることでどれだけ社会貢献できるのか、最後はそこが決め手になり、それが太陽だと思います。北風だけでは旅人はコートを脱がない。だから太陽の作業も忘れてはいけません。つまり、防災性向上のボトムアップだけではなく、地域価値向上のバリューアップの視点が必要だということです。

　これからの密集市街地整備においても、緊急性があるものと、持続的にみんなでつくり上げていくまちづくり、これをいかに調和させるかが重要です。そのためにも公共団体とのパートナーシップによる役割分担がより重要になってきます。

　私は、今のURの役割は、コーディネート業務などで地域の人々と信頼関係を築き、全体マスタープランに基づいて最も緊急性の高い事業をきちんと見極めて提案し、それを実施していくことではないかと思います。だからこそ緊急性を伴うハードの整備が当面の役割だと思っています。しかし同時に、期限を決めて持続的にまちのバリューアップに繋がるエリアマネジメントを進めるなど、これからはより地区とのかかわり方を検討していくことが大切であると思います。

藤　井　社会の情勢や経済が大きく変わ

り、人口が減り、超高齢社会になり、ライフスタイルや価値観も変わってきています。密集市街地でも、リノベーションに代表されるように、いろいろな活動が出てきています。密集市街地は、将来的にどのような姿になったらいいか、そのなかで UR は何に取り組んでいくべきなのかという議論を展開させていただきたいと思います。

新居田 2012 年に東京都で木密地域不燃化 10 年プロジェクト[注3]が立ち上がりました。2020（平成 32）年までに密集市街地の不燃領域率[注17]を 70％にしましょう、延焼遮断帯を形成する特定整備路線の整備を完了しましょうという事業です。UR も、コーディネートや生活道路整備の受託に加え、2013 年から木密エリア不燃化促進事業[注18]という、密集市街地内の土地を機動的に取得する事業も開始しました。土地取得にあたって老朽化建築物が除却されるだけでも不燃化に寄与します。さらにその取得地を道路拡幅用地やその代替地にも活用でき、面整備、従前居住者用賃貸住宅の建設にも繋げることができます。

　これからの密集市街地整備は、このように防災性の向上に資するハード整備を進めつつ、地区をバリューアップして、暮らしたい街にしていくことも大事になります。空き家や空き店舗、UR 保有地を活用しながら、公共団体や民間事業者、NPO などの力を借りて、子育て・高齢者施設やコミュニティ施設、生活利便施設の誘致やエリアマネジメント活動の立ち上げなどのソフト支援に、UR も微力ながら取り組んでいけたらと考えています。

藤井氏

高見沢 バリューアップについてですが、2007 年の UR の次世代型住宅市街地への再生研究会（p.49）で議題となった「地域再生プラットフォーム」が重要かと思います。まちづくり協議会を設置して住民主体のまちづくりを促してきたように、主役は住んでいる住民です。阪神・淡路大震災以降に出てきたようなテーマ型の組織、ビジネスを根づかせる民間企業、地方公共団体らまちのプレーヤーが一堂に会して、まちを良くしましょうという枠組みを UR が仕掛けていけるといいですよね。

　例えば東日本大震災後、宮城県石巻市の「街なか創生協議会」という包括的な仕組みができました。商工会議所や市役所、学者が集まり、多様な事業が生まれています。こうした"プラットフォーム"だけがあってもだめで、エンジンも必要です。その点では、UR によるコーディネートはエンジン役の一つの例だと思います。石巻の場合にはまちづくり会社「街づくりまんぼう」という組織に専任の

田中氏

スタッフがいて、いろいろな事業の下支えをしています。このまちづくり会社の立ち位置が、URの目指す一つのイメージだと思います。

　ただ、URの今の体制で地方も含めていろいろな地域で、専属のスタッフが事業の下支えをするような形で対応することは難しいかもしれません。すぐには無理でも中・長期的に考えて、そうした方向も探っていく、例えば各地で土地を買っていることもそのきっかけになり得ると思います。

　地域再生プラットフォームとして本格的なまちづくりを進めるには、人材育成という視点も欠かせません。先ほど、大阪府下の自治体とURも参加して密集市街地改善を検討する外郭センターが設立されたという話がありましたが、これも一つの例です。阪神・淡路大震災の復興事業や東日本大震災でも相互に人材育成をされたり、したりした経験が蓄積されていると思います。ただ、URが東京にいて、地方都市でその都度協定を結んで

人材を派遣し、終わったら戻るという形ではなく、一緒に仕事をしながらその地域に根付くセクターを育てる環境を整えるのです。最終的に本部要員が引き上げても、石巻の「街づくりまんぼう」のような形で育っていく仕組みを構築する必要があると思います。例えば私も研究対象としていた【上馬・野沢周辺地区】(p.90)などで非常にスピーディに進んだ都市計画道路整備ですが、数多くの地区で簡単に展開できるわけではありません。ハードに対応できるURの人材は非常に貴重ですが、数が限られているからです。状況を変えるためには、そういう能力をもった仲間を増やすなどの中長期戦略が必要だと思います。

田　中　阪神・淡路大震災の復興事業では、学識経験者として神戸大の安田丑作先生が情報交換の要を担っておられました。これも一つのプラットフォームと言えるかと思います。建設業界、不動産業界、行政、建設会社、設計事務所で構成する「いきいき下町推進協議会」には、神戸で活動している多様な組織のメンバーが集まっていました。先生の組織力があったから、なかなか普段では言いにくい情報交換ができたのです。

高見沢　そういったプラットフォーム構築の前例を示すためにも、もっと事業実績をPRして、各団体とのパートナーシップをきちんと打ち出してほしいですね。残念なことに、URが手掛けた事実が埋もれているように感じます。例えば【太子堂・三宿地区】の事業は、世田谷区がURと組んで実施しましたと見せる意識も必要だと思います。例えば海外の取り

組みでは、プロジェクトの冊子などに多主体のロゴマークが並びます。みんなで地域のまちづくりを進めていることを、地域の人や関係団体も広く理解しているのです。

　最後に、ストーリーづくりの必要性です。今日の話は【神谷一丁目地区】を出発点とし、徐々に次の地区へ繋がっていき波及した様子がよくわかり、非常に面白かった。こういうストーリーをまずは自分たちで共有することが第1段階です。第2段階は、それを分析して蓄積することです。その事業はだれが、どんな技術やノウハウで実現したのか。皆さんの職能や可能性、パートナーとの協働実績や、得意分野などを冷静に分析することが重要です。なぜならそれが社会の理解を生むと思うからです。

　私は昔から、URの皆さんの、自らまちの課題を調査・分析し、解決策を考えて行動していく能力には感服しています。密集市街地整備がまだ事業化できないころから、その原因と対策をきちんと調査して実際に事業を組み立ててきた力を生かしてほしい。例えば、自治体の初期の計画段階にももっと入り込んで、事業をどう展開すべきかアドバイスすれば、もっと戦略的に事業計画をつくることができます。

　役割や枠組みはある程度柔軟に考えつつ、制度メニューを駆使しながら、できることを着実に実施していくことで自然と社会から評価され、URの領域が広がっていくのだろうと思います。

藤　井　最後に、【神谷一丁目地区】から

今日までURの密集市街地整備の取り組みに関わってこられた住吉さんより、今後のURの取り組みの方向性や役割についてご意見をいただけますか。

住　吉　私は、任意事業、修復型の事業が好きです。それは、任意事業であるからこそ、その地域性を生かした計画を組立てることができるからです。法定事業ではそうはいきません。法制度上の規定のせいでみんな似たような結果になってしまう傾向があります。でもそれは高度成長時代のまちづくりの手法です。これからは修復型で、今あるものをうまく使いながら質を高めていく時代です。だからこそ、URの皆さんが密集事業で経験した知識は、これからさまざまに役立ってくるだろうと期待しています。

　私からは、今後のURの密集市街地整備の取り組みに対して、3点ほど注文と期待をお伝えします。

　一点目はURが密集市街地整備で果たす役割を説明する姿勢をもってほしいということです。【神谷一丁目地区】での最初の住民説明会で、住民の方から「役所がやるような仕事をなぜ公団が行うのか」という質問がありました。その20年後に、もうこれで終了しますと言ったら、「こういう事業に終わりはあるのか」と言われたのです。

　この質問に、URが密集市街地整備に取り組むということを、住民の方々に説明する難しさが表れているように思います。公共団体の要請に基づき取り組んできた密集市街地整備が、まるで行政サービスのように受け取られてしまっている。そうではなくて、公共団体で成し得ない

住吉氏

URならではのノウハウ、住宅公団・住都公団からのDNAがあるからこそ、密集市街地整備が実現できることをしっかり説明する必要があります。それはつまり、地区内の人たちの居住継続を可能にすることも一つでしょう。そうした参加型のまちづくりのために、URならではの支援メニューが必要であることを伝え、理解を得ることが今後の整備促進のためにも大切なはずです。

　二点目として、さきほど高見沢さんからもご指摘がありました、持続的な地域のために、バリューアップの手法と体制づくりを行っていくことです。本来、事業体としてハード整備を進めてきたURですが、これからは地域のコミュニティのために、公共団体や住民組織とネットワークを構築し、ソフト事業も含めた支援を行う必要があります。そのためのシステムとツールの整備は急務です。

　三点目は地方都市の中心市街地整備への取り組みです。最近では、密集市街地整備の取り組みは東京が中心ですね。地方ではほとんど行われていません。地方の密集市街地は都市の中心市街地です。だから歴史もあるし、文化もあって、まちの人たちも誇りに思っている。でも仮に再生できたとしても、地域で整備事業費を回収できるほど、土地のポテンシャルを期待できるかというと、やはり難しいですね。だから民間事業者はなかなか手が出せない。一方で防災上、住環境上多くの課題を抱えているのも、地方都市の現実です。URがその整備をサポートする体制をつくってほしい。地域の公共団体だけでなく、いろいろな組織やネットワークを構築できるURが知恵を結集するプラットフォームとなってほしいですね。そういう任意事業、修復型事業の良さをさらに追求しながら、これからもURの果たすべき役割を追求していって下さい。口で言うのは簡単ですが、結構大変だと思います。それを期待しています。

藤　井　本書でご紹介しているようにURは密集市街地において数多くの多様な経験を積み重ねてきました。皆さんの意見を参考にしながら、今後もさらに工夫を重ねてURの果たすべき役割を確立していきたいと思います。皆さん、貴重なお話をいただきありがとうございました。

平成29年3月17日　新宿アイランドタワー13F UR東日本都市再生本部にて

登壇者略歴

氏　名：高見沢　実（たかみざわ　みのる）
現　職：横浜国立大学大学院都市イノベーション
　　　　研究院教授
生まれ：1958 年、愛知県生まれ
略　歴：東京大学大学院（都市工学専攻）修了後、
　　　　横浜国立大学工学部助手、東京大学工学
　　　　部講師などを経て、1996 年より横浜国立
　　　　大学にて教育研究に携わる。専門は都市
　　　　計画。各地の都市計画マスタープランや
　　　　まちづくり条例の策定などにかかわる。
　　　　著書に、『イギリスに学ぶ成熟社会のま
　　　　ちづくり』（学芸出版社、1998）、『初学
　　　　者のための都市工学入門』（鹿島出版会、
　　　　2000）などがある。

氏　名：住吉　洋二（すみよし　ようじ）
現　職：東京都市大学名誉教授　㈱都市企画工房
　　　　相談役
生まれ：1946 年、広島県生まれ
略　歴：東京藝術大学大学院美術研究科建築専攻
　　　　修士課程修了後、ドイツ・ダルムシュタ
　　　　ット工科大学で調査・研究を行う。1980
　　　　年より東京都市大学にて教鞭をとり、
　　　　1982 年、都市企画工房を設立し、2014 年
　　　　より現在に至る。主なプロジェクトに
　　　　「神谷一丁目地区に見る密集市街地整備
　　　　の複合・連鎖的展開」（日本都市計画学会
　　　　計画設計賞）があり、2007 年より都市再
　　　　生機構の「密集市街地整備戦略会議」の
　　　　座長を務める。

氏　名：田中　貢（たなか　みつぐ）
現　職：近畿大学建築学部教員（座談会当時）
生まれ：1951 年、大阪府生まれ
略　歴：1969 年大阪府立今宮工業高校を卒業後、
　　　　日本住宅公団（現都市再生機構）に入社。
　　　　主に住宅計画系業務に従事、1995 年の阪
　　　　神大震災では共同建替事業を担当し、そ
　　　　の実態研究で大阪教育大学院教育学研究
　　　　科修士課程、神戸大学院自然科学研究科
　　　　博士課程を修了。2010 年 UR 退職後、
　　　　2011 年から近畿大学建築学部で「建築マ
　　　　ネジメント論」の研究指導。

氏　名：新居田　滝人（にいだ　たきと）
現　職：独立行政法人都市再生機構東日本都市再
　　　　生本部本部長（座談会当時）
生まれ：1959 年、愛媛県生まれ
略　歴：1981 年東京大学工学部都市工学科卒業
　　　　後、同年日本住宅公団（現都市再生機構）
　　　　に入社。2009 年東日本支社団地再生業
　　　　務部長、2011 年本社都市再生部次長、
　　　　2012 年本社震災復興支援室長、2014 年
　　　　東日本都市再生本部長を経て、2017 年度
　　　　から都市再生機構統括役。

氏　名：藤井　正男（ふじい　まさお）
現　職：独立行政法人都市再生機構都市再生部事
　　　　業管理第 1 チームリーダー（座談会当時）
生まれ：1966 年、東京都生まれ
略　歴：早稲田大学大学院（都市計画）修士課程
　　　　を修了後、1992 年に住宅・都市整備公団
　　　　（現都市再生機構）に入社。これまで、市
　　　　街地再開発事業、阪神・淡路大震災の復
　　　　興事業、密集市街地整備事業、居住環境
　　　　整備事業、都市デザインなどを担当、
　　　　2017 年度から東日本都市再生本部都心
　　　　業務部担当部長。日本建築学会都市計画
　　　　委員会住環境・市街地整備分野の小委員
　　　　会委員（2005 年～）。

UR の取り組み地区一覧

東日本

地区	期間	備考 取組み内容
神谷一丁目（東京都北区）	1981(S56)～1998(H10)	拠点整備／道路（直）／共同化
上馬・野沢周辺（東京都世田谷区）	1998(H10)～2007(H19)	拠点整備／道路（直）
戸越一・二丁目（東京都品川区）	1998(H10)	コーディネート
太子堂・三宿（東京都世田谷区）	2006(H18)～2014(H26)	拠点整備／コーディネート／道路（受）／区画整理
曳舟駅前（東京都墨田区）	2003(H15)～2011(H23)	再開発
大谷口上町（東京都板橋区）	1998(H10)～2009(H21)	コーディネート
鶴見小野（神奈川県横浜市）	1998(H10)～2011(H23)	コーディネート
四つ木一・二丁目（東京都葛飾区）	1998(H10)～2012(H24)	コーディネート
若 葉（東京都新宿区）	1998(H10)～2012(H24)	コーディネート
京 島（東京都墨田区）	1998(H10)～2015(H27)	コーディネート／防衛／エリア買い
西ヶ原（東京都北区）	1998(H10)～2015(H27)	防公／コーディネート
二葉三・四丁目、西大井六丁目（東京都品川区）	2003(H15)～2015(H27)	コーディネート
豊町四・五・六丁目（東京都品川区）	2003(H15)～2015(H27)	コーディネート
中延二丁目（東京都品川区）	2003(H15)～2005(H17)	コーディネート
旗の台・中延（東京都品川区）	2008(H20)～2011(H23)	コーディネート
渋谷本町（東京都渋谷区）	2003(H15)～2015(H27)	コーディネート
西新井西口周辺（東京都足立区）	2003(H15)～2014(H26)	拠点整備／コーディネート／道路（直）
千住仲町（東京都足立区）	2003(H15)～2008(H20)	コーディネート
北沢三・四丁目（東京都世田谷区）	2007(H19)～2015(H27)	コーディネート／道路（受）
十条駅周辺（東京都北区）	2009(H21)～2015(H27)	コーディネート／道路（受）
荒川二・四・七丁目（東京都荒川区）	2007(H19)～2015(H27)	コーディネート／従前／道路（受）／エリア買い
根岸三・四・五丁目（東京都台東区）	2007(H19)～2012(H24)	コーディネート／区画整理／従前／道路（受）
東池袋四・五丁目（東京都豊島区）	2007(H19)～2015(H27)	コーディネート／エリア買い

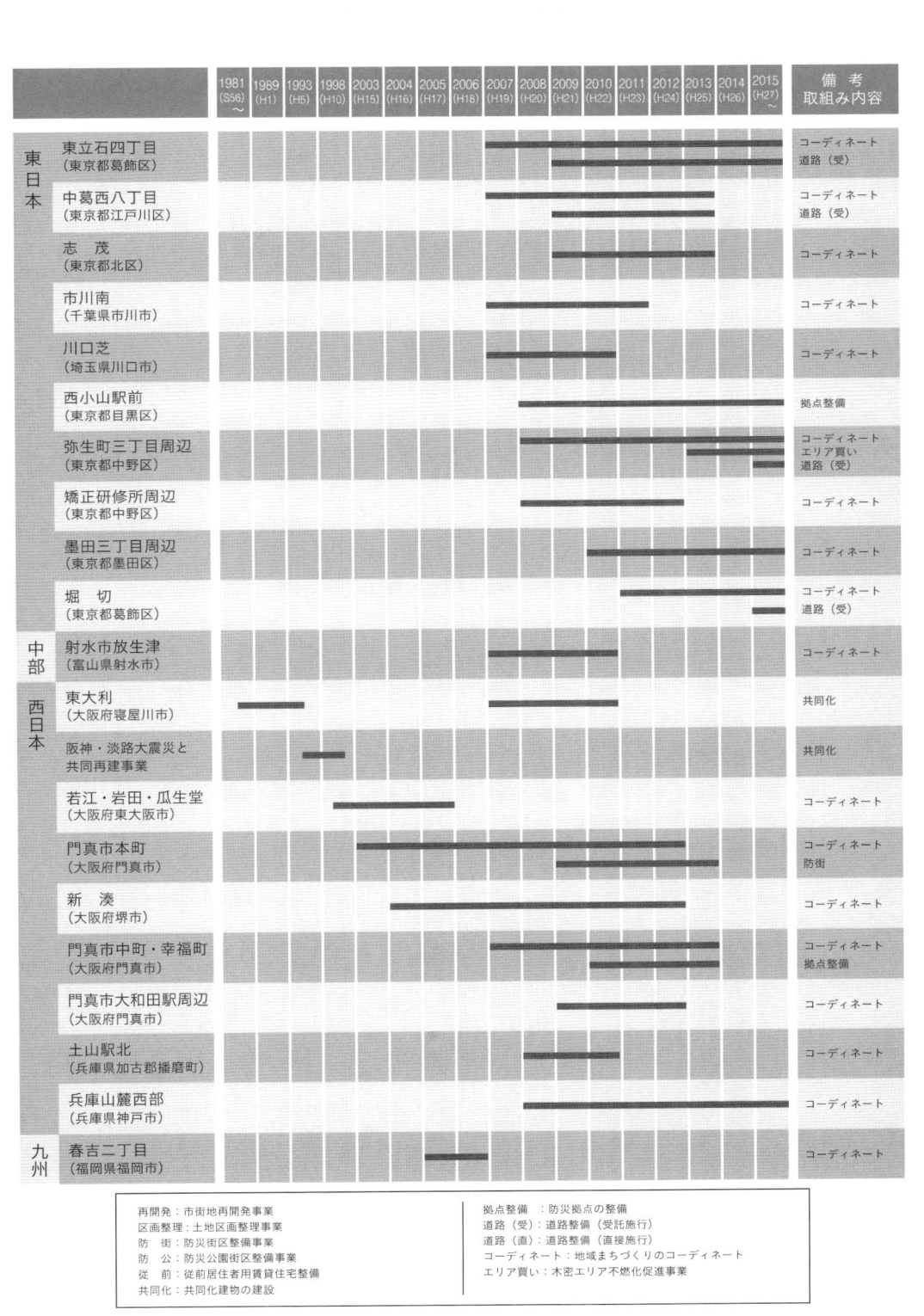

		1981 (S56)〜	1989 (H1)	1993 (H5)	1998 (H10)	2003 (H15)	2004 (H16)	2005 (H17)	2006 (H18)	2007 (H19)	2008 (H20)	2009 (H21)	2010 (H22)	2011 (H23)	2012 (H24)	2013 (H25)	2014 (H26)	2015 (H27)〜	備　考 取組み内容
東日本	東立石四丁目（東京都葛飾区）									━	━	━	━	━	━	━			コーディネート 道路（受）
	中葛西八丁目（東京都江戸川区）									━	━	━	━	━	━				コーディネート 道路（受）
	志　茂（東京都北区）									━	━	━	━	━	━				コーディネート
	市川南（千葉県市川市）									━	━	━	━	━	━	━	━	━	コーディネート
	川口芝（埼玉県川口市）									━	━	━	━						コーディネート
	西小山駅前（東京都目黒区）									━	━	━	━	━	━	━	━	━	拠点整備
	弥生町三丁目周辺（東京都中野区）									━	━	━	━	━	━	━	━	━	コーディネート エリア買い 道路（受）
	矯正研修所周辺（東京都中野区）									━	━	━	━	━	━	━	━	━	コーディネート
	墨田三丁目周辺（東京都墨田区）											━	━	━	━	━	━	━	コーディネート
	堀　切（東京都葛飾区）													━	━	━	━	━	コーディネート 道路（受）
中部	射水市放生津（富山県射水市）								━	━	━								コーディネート
西日本	東大利（大阪府寝屋川市）	━							━	━	━								共同化
	阪神・淡路大震災と共同再建事業			━															共同化
	若江・岩田・瓜生堂（大阪府東大阪市）				━	━	━	━											コーディネート
	門真市本町（大阪府門真市）					━	━	━	━	━	━	━	━	━	━	━			コーディネート 防街
	新　湊（大阪府堺市）						━	━	━	━	━	━	━	━	━				コーディネート
	門真市中町・幸福町（大阪府門真市）								━	━	━	━	━	━	━	━			コーディネート 拠点整備
	門真市大和田駅周辺（大阪府門真市）											━	━	━	━				コーディネート
	土山駅北（兵庫県加古郡播磨町）								━	━	━	━	━						コーディネート
	兵庫山麓西部（兵庫県神戸市）									━	━	━	━	━	━	━	━	━	コーディネート
九州	春吉二丁目（福岡県福岡市）							━	━										コーディネート

再開発：市街地再開発事業
区画整理：土地区画整理事業
防　街：防災街区整備事業
防　公：防災公園街区整備事業
従　前：従前居住者用賃貸住宅整備
共同化：共同化建物の建設

拠点整備　：防災拠点の整備
道路（受）：道路整備（受託施行）
道路（直）：道路整備（直接施行）
コーディネート：地域まちづくりのコーディネート
エリア買い：木密エリア不燃化促進事業

用語解説

注 1　阪神・淡路大震災

1995 年 1 月 17 日 5 時 46 分、淡路島北部の深さ 16km を震源とするマグニチュード 7.3 の大震災。神戸市を中心とする阪神地域および淡路島北部で甚大な被害が発生した。死者 6,434 人、負傷者 4 万 3,792 人、全壊 10 万 4,906 棟（18 万 6,175 世帯）、半壊 14 万 4,274 棟（27 万 4,182 世帯）、一部損壊 39 万 506 棟、出火件数 293 件、火災による焼失面積 83 万 5,858m²（消防庁 2006 年 5 月確定報）。この震災の特徴は、直下型地震で市街地を直撃し、特に古い木造住宅の密集した地域において大規模な倒壊と火災が発生したことである。

注 2　都市再生プロジェクト第三次決定

「都市再生プロジェクト」とは、解決を図るべきさまざまな「都市の課題」について、関係省庁、地方公共団体、関係民間主体が参加・連携し、総力を挙げて取り組む具体的な行動計画として、内閣に設置された都市再生本部が決定したもの。2001 年 12 月に決定された第三次決定において、密集市街地の緊急整備が打ち出された。なお、2007 年 1 月には、第十二次決定として「密集市街地の緊急整備－重点密集市街地の解消に向けた取組の一層の強化－」が打ち出されている。

注 3　木密地域不燃化 10 年プロジェクト

首都直下地震の切迫性や東日本大震災の発生を踏まえ、密集市街地の整備を一段と加速させるため、東京都が 2013 年度から開始した制度。防災都市づくり推進計画に定める整備地域（約 7,000ha）のうち、地域危険度が高いなど、特に重点的・集中的に改善を図るべき地区について、区からの整備プログラムの提案に基づき、都が「不燃化推進特定整備地区（不燃化特区）」に指定、また整備地域で延焼遮断帯となる主要な都市計画道路を「特定整備路線」に指定、さらには住民への働きかけや情報提供などによる防災まちづくりの気運の醸成、これらについて必要となる特別の支援策等を期間を限定して実施することで「燃え広がらないまち」を実現するとしている。

注 4　防災街区整備事業

2003 年、「密集市街地における防災街区の整備の促進に関する法律」が改正され創設された。権利変換手法による土地・建物の共同化を基本としつつ、個別の土地への権利変換を認める柔軟かつ強力な事業手法を用い、老朽化した建物を除却し、防災性を備えた建築物および公共施設の整備を行う事業。

注 5　土地区画整理事業

土地の所有者から道路・公園等の公共施設用地を生み出すために土地の一部を提供してもらう減歩制度と、従前宅地の権利を新しい宅地に置き換える換地処分によって、土地の区画形質を整え、宅地の利用増進を図る事業。

注 6　規制・誘導

地区計画や防火規制などにより、個々の建物が建て替わる際のルールを決め、セットバックによる道路整備、耐震化、不燃化などを図る方法。また、建物の除却や建設への補助と融資、税制の優遇などによる建替えの促進、地区独自のルールを定める方法などがある。

注 7　住宅市街地総合整備事業

既成市街地において、快適な居住環境の創出、都市機能の更新、美しい市街地景観の形成、密集市街地の整備改善、街なか居住の推進、地域の居住機能の再生等を図るため、住宅や公共施設の整備等を総合的に行う国交省の制度要綱に基づく事業。整備の内容に応じて、拠点開発型（拠点的な住宅開発を中心とした整備に関連した事業）や密集住宅市街地整備型（密集住宅市街地整備に関連した事業）などがある。

注 8　民営賃貸用特定分譲住宅制度

賃貸経営を行おうとする土地所有者の土地に、土地所有者が賃貸経営を行うための住宅を公団が建設して長期割賦で譲渡する制度。現在はこの制度はなくなっている。通称、民賃制度。

注 9 **整備事業**
規制誘導が個々の建替えを待つのに対し、道路整備や共同化、土地区画整理事業等の事業により整備を行うことをいう。

注 10 **コーディネート**
整備計画や整備プログラムの作成、地区計画等の規制誘導施策導入にあたっての地元合意形成など、主に地方公共団体に対する技術的な支援のことをいう。また、共同化や住宅地区改良事業等において、事業主体にはならないが、整備事業実施にあたっての技術支援もコーディネートに含む。

注 11 **住宅地区改良事業**
住宅地区改良法に基づき、不良住宅が特に密集している地区において、不良住宅の買収・除却、改良住宅の建設、公共施設の整備を行う事業。改良地区の指定により、土地収用法の適用が可能となる強い執行力を持つ事業。

注 12 **都市再生本部**
環境、防災、国際化等の観点から都市の再生を目指す 21 世紀型都市再生プロジェクトの推進や土地の有効利用等都市の再生に関する施策を総合的かつ強力に推進するため、2001 年 5 月に内閣に都市再生本部が設置された。本部長を内閣総理大臣、本部員を関係大臣が務める。その後 2002 年 6 月に都市再生特別措置法が制定され、法に基づく組織に移行した。都市再生プロジェクトの推進、都市再生特別措置法等に基づく民間都市開発投資の促進、全国都市再生の推進等に取り組んでいる。

注 13 **骨格的整備**
防災上の位置づけのある都市計画道路や大規模な防災公園のように、市街地大火において、延焼防止、緊急用車両の通行の確保等に貢献する防災上の骨格となる施設の整備をいう。

注 14 **UR 賃貸住宅**
住宅事情を改善するための住宅の大量供給から、民間による十分な供給が困難な都心部におけるファミリー向け賃貸住宅の供給等役割を変えてきたが、2002 年度以降は建替えによるものや民間が行わないもの等を除いて賃貸住宅の直接建設・供給は行わないこととなった。

注 15 **街区内整備**
都市計画道路等で囲まれた街区内部における整備をいう。整備手法としては主要生活道路の整備、防災街区整備事業等の共同化、小規模な土地区画整理事業等がある。

注 16 **主要生活道路**
街区内部において、避難や消火活動に資する幅員 6m 程度に位置づけられた生活道路。一般的に、住宅市街地総合整備事業（密集住宅市街地整備型）における整備計画等に位置づけられ、地区によっては「防災生活道路」や「防災区画道路」という呼称もある。整備前は幅員が 4m 未満の場合が多い。

注 17 **不燃領域率**
地区内における一定の規模以上の道路や公園等の空地面積と、地区内の全建物建築面積に対する耐火建築物等の建築面積の比率から算定される地区面積に対する不燃化面積の割合であり、市街地の延焼のしにくさを示す指標。延焼を一定程度抑えるには 40%以上が、ほぼ延焼しない水準として 70%以上が必要だとされている。

注 18 **木密エリア不燃化促進事業**
2013 年度より開始した UR 独自の事業制度で、密集市街地内の土地を UR が機動的に取得し、老朽建築物の除却の促進や、また、その土地を公共施設用地、公共施設整備などの代替地、土地交換用地、敷地整序や共同化の種地などに活用することで、密集市街地整備を促進させる事業。通称、エリア買い。

注 19 **コミュニティ住宅**
住宅市街地総合整備事業の施行等に関連し、住宅に困窮する事業地区内の従前居住者に賃貸

または分譲する住宅。2002年度より、対象となる事業を広げるとともに、民間住宅の活用も含めた都市再生住宅に変わっている。

注20 **優良建築物等整備事業**
一定規模以上の敷地を有する土地において、建物の共同建替え等を行い、市街地環境の整備および土地の合理的利用を促進する国の制度要綱に基づく事業。敷地内に一定規模以上の空地確保や土地利用の共同化、高度化に寄与する優れた建築物等の整備に対して、共同通行部分や空地等の整備補助がある。

注21 **都心共同住宅供給事業**
居住機能の低下を期している都心およびその周辺地域における住宅供給を推進するため、1995年の「大都市地域における住宅及び住宅地の供給の促進に関する特別措置法（大都市法）」の改正により創設された制度。一定の要件を満たす良質な中高層共同住宅の建設を行う事業に対して、共用通行部分や空地等の整備補助がある。

注22 **要役地、承役地**
地役権（一定の目的のために、他人の土地を利用することができるという権利）の設定において、利用価値が高まる土地を「要役地」、利用される土地を「承役地」という。

注23 **消防活動困難区域**
消防活動を円滑に行うために必要な幅員である6m以上の道路から、消防ホースを限界まで伸ばした範囲に含まれない区域を指し、消防活動の困難さを評価する指標。

注24 **2号施設**
都市計画法第12条の5第5項第5号に規定する施設で、土地利用転換により新たに形成される区域に必要な道路、公園等の施設。

注25 **関連公共施設直接施行制度**
市街地の整備改善等を行う面的整備事業に伴って根幹的な公共施設である道路、都市公園、下水道、河川の整備が必要な場合、短期的に集中する公共団体の人的・財政的な負担を緩和する方策として、URが面的整備事業の整備主体となる場合に公共団体に成り代わって関連公共施設の整備を行うことができる制度。通称、「直接施行」。事業資金はURが建替え、地方公共団体の一般財源負担分は長期割賦返済により、地方公共団体の財政負担の平準化が図られる。

注26 **一般型の地区計画**
地区計画の基本形となるもので、建築物の形態や公共施設の配置等について、既存の都市計画の規制を強化することで、その地区独自のルールを定め、地区の特性に合わせた良好な環境を整備し保全するための制度。

注27 **防災街区整備地区計画**
「密集市街地における防災街区の整備の促進に関する法律」に基づいて、地区の防災性向上を図るために定める地区計画の一つ。区域全体で建物を火に強い構造とする制限や敷地面積の最低限度等を定めることができる。

注28 **不燃化特区整備プログラム**
首都直下地震の切迫性に備え、木造住宅密集地域の改善を加速するため、東京都が取り組む「木密地域不燃化10年プロジェクト」の取り組みの一つとして、木密地域のうち特に危険度が高く早急に改善を図る必要がある地区を「不燃化特区」に指定し、その中で都・区が連携して策定する具体的な取り組み方針。

注29 **用途別容積型地区計画**
地区計画の一つで、都心部の住商併存地域において、住宅とそれ以外の用途を適正配分し、住宅供給の促進を図るために定める地区計画の一つ。住宅部分の容積を緩和し、立地を誘導する。

注 30 **「防災都市づくり推進計画」の重点整備地域**
東京都が災害に強い東京の実現を目指し定める計画で、そのなかで災害時の大きな被害が想定される地域を整備地域として指定し、整備地域のうち、基盤整備型事業等を重点化して展開し早期に防災性の向上を図ることにより波及効果が期待できる地域を重点整備地域として指定している。

注 31 **防災公園街区整備事業**
災害に対し脆弱な構造となっている大都市地域等の既成市街地において、防災機能の強化を図ることを目的として、地方公共団体の要請に基づき、工場跡地等を機動的に取得するとともに、防災公園と周辺市街地の整備改善とを一体的に実施する事業。

注 32 **民間供給支援型賃貸住宅制度**
都心居住の推進、高齢者等の居住の安定確保、都市再生の推進を図るため、UR が整備した敷地を、賃貸住宅の建設・供給を行う事業者に賃貸し、事業者によるファミリー向けの賃貸住宅等の供給を促進する UR の事業制度。

注 33 **市街地再開発事業**
従前の権利が新たに建設される権利に置き換えられる権利変換 (または管理処分) の手続きによって、土地の合理的かつ健全な高度利用、建築物の不燃化、公共施設の整備等を行い、居住環境の整備や都市機能の更新を図る事業。

注 34 **家賃等欠収補償**
借家人の退去により家主に発生した家賃欠収の補償。

注 35 **特定建築者**
市街地再開発事業等の施行者に代わって施設建築物を建設し、権利変換計画の定めにより自ら建設した建築物の保留床を取得する者（都市再開発法第九十九条の二 第 2 項）。

注 36 **街並み誘導型地区計画**
地区計画の一つで、地区の特性に応じた建築物の高さ、配列および形態を地区計画として一体的に定め、工作物の設置の制限等必要な規制を行うことにより、前面道路幅員による容積率制限などの建築物の形態に関する制限を緩和し、地区の特性に応じた街並みを誘導、土地の合理的かつ健全な有効利用の推進および良好な環境の形成を図ることを目的とした制度。

注 37 **建築基準法第 86 条の一団地認定**
特例的に複数建築物を同一敷地内にあるものとみなして建築規制を適用する制度。特定行政庁が、その位置および構造が安全上、防火上、衛生上支障がないと認める建築物については、接道義務、容積率制限、建ぺい率制限が、一つの敷地内にあるものとみなして適用される。

注 38 **敷地整序型土地区画整理事業**
既成市街地内の地域で、土地の有効利用のために、相互に入り込んだ少数の敷地を対象として、換地手法によりこれら敷地の整序を図る土地区画整理事業。

注 39 **要綱事業**
法律を根拠とした事業ではなく、制度要綱に基づく事業。住宅市街地総合整備事業は要綱事業である。

参考文献

第 1 章
・『住宅市街地整備ハンドブック 2017』編集：国土交通省住宅局市街地建築課市街地住宅整備室　発行：公益社団法人全国市街地再開発協会発行／ 2017.7 発行
・『安心まちづくりガイドブック密集市街地を再生する』（2008 年 7 月 4 日初版、編集：密集市街地住宅整備研究会、発行：㈱創樹社）

第 3 章
・『東大利地区－木造賃貸住宅密集地区の整備－（パンフレット）』寝屋川市 1997.11 発行

執筆分担

序章　密集市街地整備の変遷とまちづくり　髙見沢 実／横浜国立大学大学院教授

第 1 章　密集市街地整備の目的と意義
1.1　密集市街地の課題と魅力　　　　　大野 新五／UR 都市機構 本社 都市再生部 事業管理第 1 課主幹
1.2　密集市街地整備に係る政策の変遷と　藤井 正男(1〜4)／UR 都市機構 東日本都市再生本部 都心業務部 担当部長
　　　UR の取り組み　　　　　　　　　柳田 努(5)／UR 都市機構 東日本都市再生本部 密集市街地整備部 企画課長
　　　　　　　　　　　　　　　　　　　大野 新五(6)／再掲

第 2 章　密集市街地整備をいかに実践するか　大串 聡／UR 都市機構 東日本都市再生本部 都心業務部 業務推進課長
　　　　　　　　　　　　　　　　　　　　林 和馬／㈱ UR リンケージ 都市・居住本部 基盤整備部長

第 3 章　密集市街地整備「事業」の実際
3.1　神谷一丁目地区　　　　　　　　　住吉 洋二／東京都市大学名誉教授
　　　　　　　　　　　　　　　　　　　中村 和弘／UR 都市機構 東日本都市再生本部 密集市街地整備部長
3.2　上馬・野沢周辺地区　　　　　　　久野 暢彦／UR 都市機構 東日本都市再生本部 事業推進部 担当部長
3.3　西新井駅西口周辺地区　　　　　　林 昭兵／UR 都市機構 東日本都市再生本部 都心業務部 港区エリア計画課長
　　　　　　　　　　　　　　　　　　　岩本 伸夫／UR 都市機構 東日本都市再生本部 事業企画部 事業企画第 2 課担当課長
3.4　西ヶ原地区　　　　　　　　　　　千田 洋／UR 都市機構 本社 住宅経営部付
3.5　曳舟駅前地区　　　　　　　　　　留目 峰夫／UR 都市機構 本社 経営企画部 企画課主幹
3.6　中葛西八丁目地区　　　　　　　　大野 新五／再掲
　　　　　　　　　　　　　　　　　　　鈴木 宜人／UR 都市機構 本社 技術・コスト管理部 都市再生設計課主幹
　　　　　　　　　　　　　　　　　　　関本 晋也／UR 都市機構 東日本都市再生本部 都心業務部 業務推進課主査
3.7　荒川二・四・七丁目地区　　　　　伯耆 大介／UR 都市機構 東日本賃貸住宅本部 多摩エリア経営部 ストック・ウェルフェア推進課長
　　　　　　　　　　　　　　　　　　　松尾 知香／UR 都市機構 東日本賃貸住宅本部 東京東エリア経営部 団地マネージャー
　　　　　　　　　　　　　　　　　　　杉田 典大／UR 都市機構 九州支社 住宅経営部 ストック再編事業課主幹
3.8　東大利地区　　　　　　　　　　　田中 啓介／㈱ UR リンケージ西日本支社　都市再生本部長
3.9　阪神・淡路大震災と共同再建事業　藤井 正男／再掲
　　　　　　　　　　　　　　　　　　　田中 貢／近畿大学建築学部教員／2017 年 3 月まで
3.10　戸越一・二丁目地区　　　　　　　林 和馬／再掲
3.11　大谷口上町地区　　　　　　　　　林 和馬／再掲
3.12　京島三丁目地区　　　　　　　　　大串 聡／再掲
3.13　門真市本町地区　　　　　　　　　湊 文則／UR 都市機構 西日本支社 都市再生業務部 担当役
　　　　　　　　　　　　　　　　　　　松井 正文／UR 都市機構 中部支社 住宅経営部部付
　　　　　　　　　　　　　　　　　　　永長 幸一郎／UR 都市機構 西日本支社 ストック事業推進部 事業第 1 課主幹
3.14　根岸三・四・五丁目地区　　　　　大串 聡／再掲
　　　　　　　　　　　　　　　　　　　小松原 茂／UR 都市機構 東日本都市再生本部 事業管理部 補償支援課担当課長
　　　　　　　　　　　　　　　　　　　川田 浩史／UR 都市機構 東日本都市再生本部 都心業務部 虎ノ門エリア計画第 1 課主査
3.15　太子堂・三宿地区　　　　　　　　柳田 努／再掲

（※所属は 2017 年 9 月時点）

UR 密集市街地整備検討会

アドバイザー	住吉 洋二	（東京都市大学名誉教授）
編集スタッフ	大串 聡	（UR 都市機構 東日本都市再生本部 都心業務部 業務推進課長）
	大野 新五	（UR 都市機構 本社 都市再生部 事業管理第 1 課主幹）
	川田 浩史	（UR 都市機構 東日本都市再生本部 都心業務部 虎ノ門エリア計画第 1 課主査）
	中村 和弘	（UR 都市機構 東日本都市再生本部 密集市街地整備部長）
	西村 智弘	（UR 都市機構 九州支社 都市再生業務部 業務推進課主査）
	藤井 正男	（UR 都市機構 東日本都市再生本部 都心業務部 担当部長）
	柳田 努	（UR 都市機構 東日本都市再生本部 密集市街地整備部 企画課長）
		※以上、50 音順
編集サポート	林 和馬	（㈱ UR リンケージ 都市・居住本部 基盤整備部長）
	水野 卓	（㈱ UR リンケージ 都市・居住本部 基盤整備部 基盤企画課）
	長澤 愛子	（㈱ UR リンケージ 都市・居住本部 ストック再生部 居住デザイン課）

UR密集市街地整備検討会

2007年にUR内に発足した密集市街地整備の経験者を中心とし、長年協働でURの密集市街地整備に取り組んできた住吉洋二教授（東京都市大学）を座長とした整備戦略の検討会を、本書の企画にあわせて発展的に組織。経験者有志によるノウハウの集約と継承を図りながら新たな整備方策の検討を行い、URによる密集市街地整備の推進を強力にバックアップしている。

密集市街地の防災と住環境整備

実践にみる15の処方箋

2017年11月1日　第1版第1刷発行

編　著　者	UR密集市街地整備検討会	
発　行　者	前田裕資	
発　行　所	株式会社 **学芸出版社**	

京都市下京区木津屋橋通西洞院東入
〒600-8216　TEL 075（343）0811
http://www.gakugei-pub.jp/
E-mail info@gakugei-pub.jp

装　　丁	大串幸子	
印　　刷	オスカーヤマト印刷	
製　　本	新生製本	

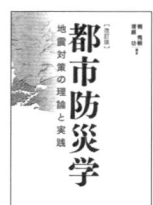

改訂版 都市防災学　地震対策の理論と実践

梶秀樹・塚越功 編著　　　　　　　　A5 判・280 頁・本体 3200 円＋税

大都市の地震防災対策の歴史や理論、各領域の最新の知識、実践事例を簡潔にまとめ、体系だてて都市防災を学べるようにした初めての教科書。大学での教科書としてはもちろん、行政担当者にも役立ち、独学にも充分対応できるよう配慮している。今回、東日本大震災をふまえて、液状化、情報伝達と避難、企業防災など増補改訂した。

実証・仮設住宅　東日本大震災の現場から

大水敏弘 著　　　　　　　　　　　A5 判・236 頁・本体 2500 円＋税

東南海地震など大災害が予想される現在、仮設住宅建設の下準備は自治体等の喫緊の課題だが、資料があまりに乏しい。本書では岩手県で仮設住宅建設の陣頭指揮にあたった著者が、東日本大震災における仮設住宅の建設状況を振り返りながら、大規模な災害時における課題と今後のあり方を率直に語っている。関係者待望の書。

都市縮小時代の土地利用計画　多様な都市空間創出へ向けた課題と対応策

日本建築学会 編　　　　　　　　B5 変判・232 頁・本体 4400 円＋税

人口減少に対して都市のコンパクト化論が盛んだが、その後退的で否定的な印象によるマイナス思考が、地方の希望を損ねかねない。必要なのはパラダイムシフトを好機と捉え、空き地や空き家を活かして多様な都市空間を生み出し、新しい暮らしと都市への希望を創り出すことだ。計画は何ができるか、なすべきかを明らかにする。

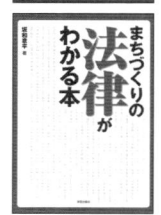

まちづくりの法律がわかる本

坂和章平 著　　　　　　　　　　A5 判・192 頁・本体 2500 円＋税

都市計画法だけを読んでも、まちづくりの法律はわからない！複雑・膨大な法体系に横串を通し、要点だけをわかりやすく解説。また、戦後の復興期から人口減少時代の現在まで、時代的・政治的背景も含めて読みとくことで、なぜ、どういう経緯で今の法体系になっているのか、実際のまちづくりにどう活かせるのかがわかる 1 冊。

都市経営時代のアーバンデザイン

西村幸夫 編　　　　　　　　　　B5 判・224 頁・本体 3700 円＋税

人口減少と社会の成熟が進み、ハードとソフトを併せた都市政策が求められている。デザインの力を信じ共有できる都市生活の実感を梃子に実践を進めているデトロイト、バッファロー、シュトゥットガルト、南相馬市小高区、バルセロナ、ミラノ、柏の葉、横浜、台北、ニューヨーク、マルセイユ、ロンドン、フローニンゲンを紹介。

ポスト 2020 の都市づくり

一般社団法人 国際文化都市整備機構(FIACS) 編　四六判・288 頁・本体 2400 円＋税

従来のハード開発とは違うソフト開発の分野から、まちづくりに関わる人が増えている。クリエイティブシティ、ポップカルチャー＆テクノロジー、アートマネジメント、エンターテインメント、ブランディング、エリアマネジメントのエキスパートが実践に基づき提案する、ソフトパワーによるイノベーティブなまちづくり。